新世纪计算机基础教育丛书　丛书主编 谭浩强

Visual Basic 程序设计教程题解与上机指导（第四版）

刘炳文 编著

清华大学出版社

北京

内 容 简 介

本书是配合《Visual Basic 程序设计教程(第四版)》一书编写的参考书，全书由三部分组成。第一部分是《Visual Basic 程序设计教程(第四版)》习题与参考解答，包括了清华大学出版社出版的《Visual Basic 程序设计教程(第四版)》一书中各章的全部习题，对每个编程题都给出了参考解答。第二部分是上机实验指导，介绍了 Visual Basic 6.0 的安装、程序调试和错误处理。第三部分是上机实验安排，结合教材内容提供了 14 个实验，给出了实验目的和要求以及程序提示。

本书内容丰富，实用性强，是学习 Visual Basic 程序设计十分有用的一本参考书。适合高等学校师生或计算机培训班使用，也可供自学者参考。

图书在版编目(CIP)数据

Visual Basic 程序设计教程题解与上机指导 / 刘炳文编著. —4 版. —北京：清华大学出版社，2009.11(2023.3 重印)
(新世纪计算机基础教育丛书)
ISBN 978-7-302-20826-6

Ⅰ. V… Ⅱ. 刘… Ⅲ. BASIC 语言—程序设计—高等学校—教学参考资料 Ⅳ. TP312

中国版本图书馆 CIP 数据核字(2009)第 156650 号

责任编辑：焦 虹
封面设计：傅瑞学
责任校对：白 蕾
责任印制：沈 露

出版发行：清华大学出版社
网 址：http://www.tup.com.cn，http://www.wqbook.com
地 址：北京清华大学学研大厦 A 座 邮 编：100084
社 总 机：010-83470000 邮 购：010-62786544
投稿与读者服务：010-62776969，c-service@tup.tsinghua.edu.cn
质 量 反 馈：010-62772015，zhiliang@tup.tsinghua.edu.cn
印 装 者：涿州市般润文化传播有限公司
经 销：全国新华书店
开 本：185mm×260mm **印 张**：17.5 **字 数**：411 千字
版 次：2009 年 11 月第 4 版 **印 次**：2023 年 3 月第 16 次印刷
定 价：49.00元

产品编号：034666-04

丛书序言

现代科学技术的飞速发展，改变了世界，也改变了人类的生活。作为新世纪的大学生，应当站在时代发展的前列，掌握现代科学技术知识，调整自己的知识结构和能力结构，以适应社会发展的要求。新世纪需要具有丰富的现代科学知识，能够独立完成面临的任务，充满活力，有创新意识的新型人才。

掌握计算机知识和应用，无疑是培养新型人才的一个重要环节。现在计算机技术已深入到人类生活的各个角落，与其他学科紧密结合，成为推动各学科飞速发展的有力的催化剂。无论学什么专业的学生，都必须具备计算机的基础知识和应用能力。计算机既是现代科学技术的结晶，又是大众化的工具。学习计算机知识，不仅能够掌握有关知识，而且能培养人们的信息素养。这是高等学校全面素质教育中极为重要的一部分。

高校计算机基础教育应当遵循的理念是：面向应用需要；采用多种模式；启发自主学习；重视实践训练；加强创新意识；树立团队精神，培养信息素养。

计算机应用人才队伍由两部分人组成：一部分是计算机专业出身的计算机专业人才，他们是计算机应用人才队伍中的骨干力量；另一部分是各行各业中应用计算机的人员。这后一部分人一般并非计算机专业毕业，他们人数众多，既熟悉自己所从事的专业，又掌握计算机的应用知识，善于用计算机作为工具解决本领域中的任务。他们是计算机应用人才队伍中的基本力量。事实上，大部分应用软件都是由非计算机专业出身的计算机应用人员研制的。他们具有的这个优势是其他人难以代替的。从这个事实可以看到在非计算机专业中深入进行计算机教育的必要性。

非计算机专业中的计算机教育，无论目的、内容、教学体系、教材、教学方法等各方面都与计算机专业有很大的不同，绝不能照搬计算机专业的模式和做法。全国高等院校计算机基础教育研究会自1984年成立以来，始终不渝地探索高校计算机基础教育的特点和规律。2004年，全国高等院校计算机基础教育研究会与清华大学出版社共同推出了《中国高等院校计算机基础教育课程体系2004》（简称CFC2004）；2006年、2008年又共同推出了《中国高等院校计算机基础教育课程体系2006》（简称CFC2006）及《中国高等院校计算机基础教育课程体系2008》（简称CFC2008），由清华大学出版社正式出版发行。

1988年起，我们根据教学实际的需要，组织编写了《计算机基础教育丛书》，邀请有丰富教学经验的专家、学者先后编写了多种教材，由清华大学出版社出版。丛书出版后，迅速受到广大高校师生的欢迎，对高等学校的计算机基础教育起了积极的推动作用。广大读者反映这套教材定位准确，内容丰富，通俗易懂，符合大学生的特点。

1999年，根据新世纪的需要，在原有基础上组织出版了《新世纪计算机基础教育丛书》。由于内容符合需要，质量较高，被许多高校选为教材。丛书总发行量1000多万册，这在国内是罕见的。

最近，我们又对丛书作了进一步的修订，根据发展的需要，增加了新的书目和内容。本丛书有以下特点：

(1) 内容新颖。根据21世纪的需要，重新确定丛书的内容，以符合计算机科学技术的发展和教学改革的要求。本丛书除保留了原丛书中经过实践考验且深受群众欢迎的优秀教材外，还编写了许多新的教材。在这些教材中反映了近年来迅速得到推广应用的一些计算机新技术，以后还将根据发展不断补充新的内容。

(2) 适合不同学校组织教学的需要。本丛书采用模块形式，提供了各种课程的教材，内容覆盖了高校计算机基础教育的各个方面。丛书中既有理工类专业的教材，也有文科和经济类专业的教材；既有必修课的教材，也包括一些选修课的教材。各类学校都可以从中选择到合适的教材。

(3) 符合初学者的特点。本丛书针对初学者的特点，以应用为目的，以应用为出发点，强调实用性。本丛书的作者都是长期在第一线从事高校计算机基础教育的教师，对学生的基础、特点和认识规律有深入的研究，在教学实践中积累了丰富的经验。可以说，每一本教材都是他们长期教学经验的总结。在教材的写法上，既注意概念的严谨和清晰，又特别注意采用读者容易理解的方法阐明看似深奥难懂的问题，做到例题丰富，通俗易懂，便于自学。这一点是本丛书一个十分重要的特点。

(4) 采用多样化的形式。除了教材这一基本形式外，有些教材还配有习题解答和上机指导，并提供电子教案。

总之，本丛书的指导思想是内容新颖、概念清晰、实用性强、通俗易懂、教材配套。简单概括为："新颖、清晰、实用、通俗、配套"。我们经过多年实践形成的这一套行之有效的创作风格，相信会受到广大读者的欢迎。

本丛书多年来得到了各方面人士的指导、支持和帮助，尤其是得到了全国高等院校计算机基础教育研究会的各位专家和各高校老师们的支持和帮助，我们在此表示由衷的感谢。

本丛书肯定有不足之处，希望得到广大读者的批评指正。

欢迎访问谭浩强网站：http：//www.tanhaoqiang.com

丛 书 主 编

全国高等院校计算机基础教育研究会会长

谭 浩 强

前言

本书是配合《Visual Basic 程序设计教程(第四版)》一书编写的参考书,可以与《Visual Basic 程序设计教程(第四版)》配套使用。

全书分为以下三个部分:

第一部分:“《Visual Basic 程序设计教程(第四版)》习题与参考解答”。在这一部分中,对《Visual Basic 程序设计教程(第四版)》一书中的全部习题进行了解答。为了节省篇幅,对于那些能在教材中直接找到答案的概念问答题,读者可以通过看书得到解答。为了便于阅读和理解程序,对编程题除给出参考程序外,还给出运行结果,以使读者对照分析。需要说明的是,书中给出的习题答案只是一种参考答案,既不是“标准”答案,更不是“最佳”答案。对同一个题目可以编写出多种程序,这里给出的只是其中的一种。在理解教材的基础上,相信读者会编写出质量更好的程序。因此,希望读者不要局限和满足于书中给出的答案,而应当有所创新,有所前进。这一部分中的所有程序都已在 Visual Basic 6.0 环境调试下通过。

第二部分:“上机实验指导”。在这一部分中,介绍了 Visual Basic 6.0 的运行环境、安装过程和联机帮助,并较为系统、详细地介绍了 Visual Basic 的程序调试和错误处理方法,这是上机实验必须了解的内容,对于程序的调试,特别是大型程序的调试,这部分内容是比较重要的。希望读者把这部分内容与上机实验结合起来,力争在实验的过程中逐步掌握程序调试和错误处理的方法和技巧。在这一部分中,还介绍了 Visual Basic 的常用内部函数。应当说,它与上机指导没有直接关系,但它是教材内容的必要补充。在实际的应用中,内部函数有着重要的作用。由于受篇幅限制,在教材中没能详细介绍。

第三部分:“上机实验安排”。Visual Basic 程序设计是一门实践性非常强的课程,没有上机实验,要真正掌握 Visual Basic 程序设计几乎是不可能的,学习 Visual Basic 程序设计必须十分重视实践环节。在这一部分中,针对课程的重点和难点设计实验内容,对于每个实验,除给出具体要求外,还给出了较为完整的程序提示和操作步骤。为了能更好地掌握所学内容，请读者认真思考，力争能独立完成实验，不要一开始就阅读程序提示。

感谢读者选择和使用本书，欢迎专家和广大读者对本书内容提出批评和修改建议。

刘炳文

2009 年 6 月于北京

目 录

第一部分 《Visual Basic 程序设计教程(第四版)》习题与参考解答

第1章 Visual Basic 编程环境 …… 1
第2章 对象 …… 4
第3章 建立简单的 Visual Basic 应用程序 …… 6
第4章 数据类型、运算符与表达式 …… 9
第5章 数据输入输出 …… 12
第6章 常用标准控件 …… 17
第7章 Visual Basic 控制结构 …… 25
第8章 数组与记录 …… 39
第9章 过程 …… 51
第10章 键盘与鼠标事件过程 …… 71
第11章 菜单程序设计 …… 81
第12章 对话框程序设计 …… 89
第13章 多窗体程序设计与环境应用 …… 95
第14章 文件 …… 106

第二部分 上机实验指导

第15章 Visual Basic 6.0 的安装和联机帮助 …… 137
15.1 Visual Basic 6.0 的运行环境 …… 137

15.2 安装 Visual Basic 6.0 …… 138
15.3 联机帮助 …… 141

第16章 程序调试与错误处理 …… 145

16.1 Visual Basic 模式及错误类型 …… 145
16.1.1 Visual Basic 的模式 …… 145
16.1.2 Visual Basic 的错误类型 …… 147
16.2 中断与程序跟踪 …… 150
16.2.1 中断执行 …… 150
16.2.2 程序跟踪 …… 154
16.3 监视点与监视表达式 …… 157
16.3.1 监视点 …… 157
16.3.2 监视表达式 …… 159
16.4 立即窗口 …… 160
16.4.1 在立即窗口中输出信息 …… 160
16.4.2 修改变量或属性值 …… 162
16.4.3 测试过程 …… 165
16.5 错误处理 …… 166
16.5.1 错误处理子程序 …… 166
16.5.2 错误的模拟 …… 170
16.6 Err 对象 …… 173
16.6.1 Err 对象的属性和方法 …… 173
16.6.2 程序举例 …… 178

第17章 常用内部函数 …… 182

17.1 转换函数 …… 182
17.2 数学函数 …… 188
17.3 字符串函数 …… 189
17.4 日期和时间函数 …… 193
17.5 随机数函数 …… 198

第三部分 上机实验安排

第18章 上机实验的目的和要求 …… 201

第19章 上机实验内容 …… 204

19.1　实验1　Visual Basic集成开发环境 …… 204
19.2　实验2　Visual Basic界面设计 …… 206
19.3　实验3　简单 Visual Basic 程序设计 …… 207
19.4　实验4　数据类型、运算符和表达式 …… 211
19.5　实验5　数据输入输出 …… 213
19.6　实验6　常用内部控件 …… 219
19.7　实验7　Visual Basic控制结构 …… 224
19.8　实验8　数组 …… 229
19.9　实验9　过程 …… 236
19.10　实验10　键盘与鼠标事件 …… 241
19.11　实验11　菜单程序设计 …… 248
19.12　实验12　对话框程序设计 …… 255
19.13　实验13　多窗体 …… 258
19.14　实验14　数据文件 …… 259

10.1 实验1 Visual Basic集成开发环境 …… [illegible]
10.2 实验2 Visual Basic编程基础 …… [illegible]
10.3 实验3 [illegible] Visual Basic程序设计 …… [illegible]
10.4 实验4 数据类型、运算符和表达式 …… [illegible]
10.5 实验5 数据输入输出 …… [illegible]
[illegible]

第一部分 《Visual Basic 程序设计教程（第四版）》习题与参考解答

第 1 章 Visual Basic 编程环境

1.1 在设计界面时，可视化程序设计语言与传统的程序设计语言有什么区别？

解：略。

1.2 事件驱动编程机制与传统的面向过程的程序设计有什么区别？

解：略。

1.3 在正确安装 Visual Basic 6.0 后，可以通过几种方式启动 Visual Basic？在这些方式中，你认为哪一种方式较好？

解：书中提供了 4 种方法，即使用"开始"菜单中的"程序"命令，使用"我的电脑"，使用"开始"菜单中的"运行"命令及建立启动 Visual Basic 6.0 的快捷方式。书中只详细介绍了前 3 种方法，第 4 种方法没有介绍。实际上，启动 Visual Basic 较好的方式就是第 4 种，即建立快捷方式，可按如下步骤操作。

(1) 在资源管理器窗口中找到 Visual Basic 的安装目录，并在该目录下选择 Vb6.exe，如图 1.1 所示。

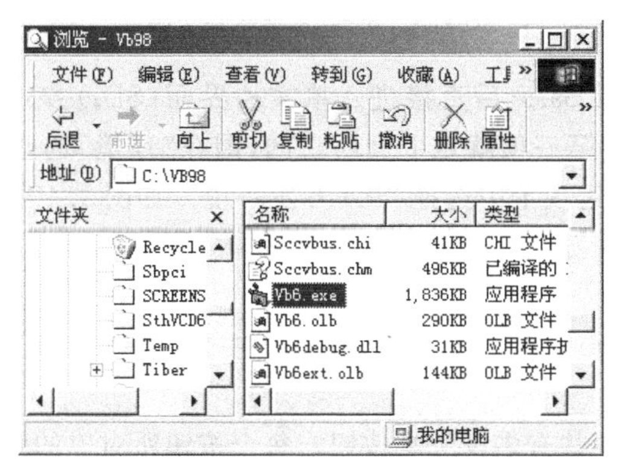

图 1.1 建立启动 Visual Basic 的快捷方式(1)

(2) 执行"文件"菜单中的"创建快捷方式"命令，在当前目录下建立 Vb6.exe 的快捷方式。

图 1.2 建立启动 Visual Basic 的快捷方式(2)

(3) 把建立的快捷方式拖放到桌面上,如图 1.2 所示。

建立快捷方式后,只要在 Windows 桌面上双击该快捷方式,即可启动 Visual Basic。

1.4 Visual Basic 6.0 集成开发环境由哪些部分组成?每个部分的主要功能是什么?

解:略。

1.5 在一般情况下,启动 Visual Basic 时要显示"新建工程"对话框。为了不显示该对话框,直接进入 Visual Basic 集成环境并建立"标准 EXE"文件,应如何操作?如果想在启动 Visual Basic 后直接进入单文档界面(SDI)方式并建立"标准 EXE"文件,应如何操作?

解:这两个问题可以通过"工具"菜单中的"选项"命令来解决。执行该命令后,将打开"选项"对话框,在该对话框的"环境"选项卡中选择"创建缺省工程",如图 1.3 所示。然后单击"确定"按钮,即可在启动 Visual Basic 时不显示"新建工程"对话框。

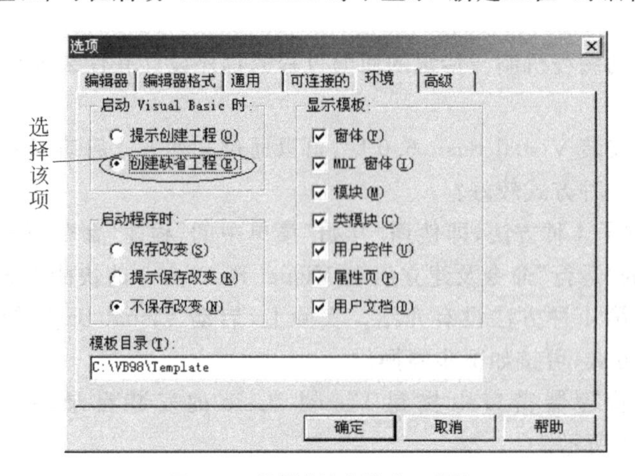

图 1.3 设置"创建缺省工程"

为了在启动 Visual Basic 后直接进入单文档界面(SDI)方式并建立"标准 EXE"文件,必须进行两项设置,第一项就是上面所讲的,即在"环境"选择卡中选择"创建缺省工程";第二项是在"高级"选项卡中选择"SDI 开发环境",如图 1.4 所示。

1.6 如何用鼠标和键盘打开菜单和执行菜单命令?

解:略。

1.7 Visual Basic 6.0 集成环境中包括哪些主要窗口?如何打开和关闭?

解:略。

1.8 标准工具栏中共有多少工具按钮?每个按钮所对应的菜单命令是什么?

解:略。

1.9 Visual Basic 6.0 的工程包括哪几类文件?

解:略。

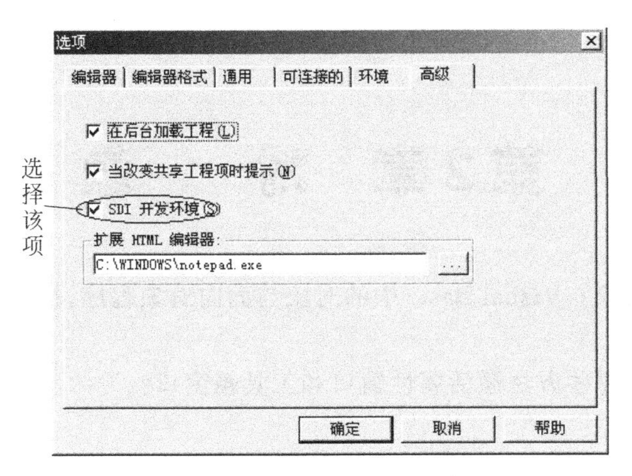

图 1.4　设置"SDI 开发环境"

1.10　属性窗口由哪几部分组成？它的功能是什么？

解：属性窗口主要用来在设计阶段为对象(窗体、控件)设置属性。除窗口标题外，属性窗口分为 4 部分，分别为对象框、属性显示方式、属性列表和属性解释。

第2章 对　　象

2.1　什么是对象？Visual Basic 中的对象与面向对象程序设计中的对象有何区别？

解：略。

2.2　可以通过哪些方法激活属性窗口和工具箱窗口？

解：

可以用下面几种方法激活属性窗口：

(1) 用鼠标单击属性窗口的任何部位。

(2) 执行"视图"菜单中的"属性窗口"命令。

(3) 按 F4 键。

(4) 单击工具栏上的"属性窗口"按钮。

(5) 按 Ctrl+PgDn 组合键或 Ctrl+PgUp 组合键。

可以用下面两种方法激活工具箱窗口：

(1) 执行"视图"菜单中的"工具箱"命令。

(2) 单击标准工具栏上的"工具箱"按钮。

2.3　如何设置对象的属性？

解：略。

2.4　什么是内部控件？什么是 ActiveX 控件？如何在窗体上画控件？

解：略。

2.5　在窗体上画一个命令按钮，然后通过属性窗口设置下列属性：

Caption	这是命令按钮
Font	宋体　粗体　三号
Visible	False
Style	1-Graphical

解：见图 2.1。

2.6　在窗体的左上部画两个命令按钮和两个文本框，然后选择这 4 个控件，并把它们移到窗体的右下部。

解：见图 2.2。

图 2.1　设置命令按钮属性

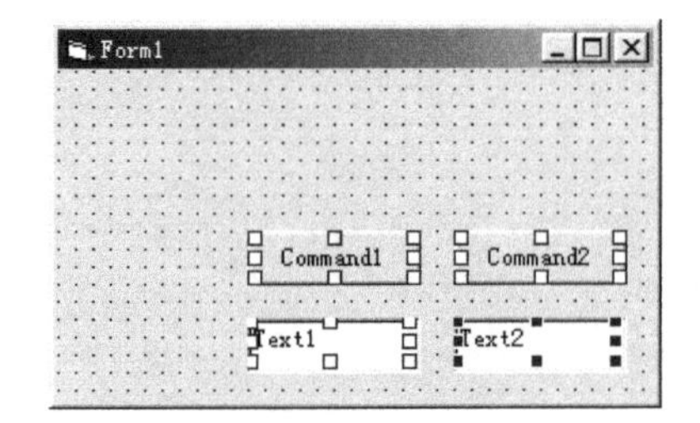

图 2.2　选择和移动控件

2.7 在窗体的任意位置画一个文本框，然后在属性窗口中设置下列属性：

Left 1 600

Top 2 400

Height 1 000

Width 2 000

解：见图 2.3。

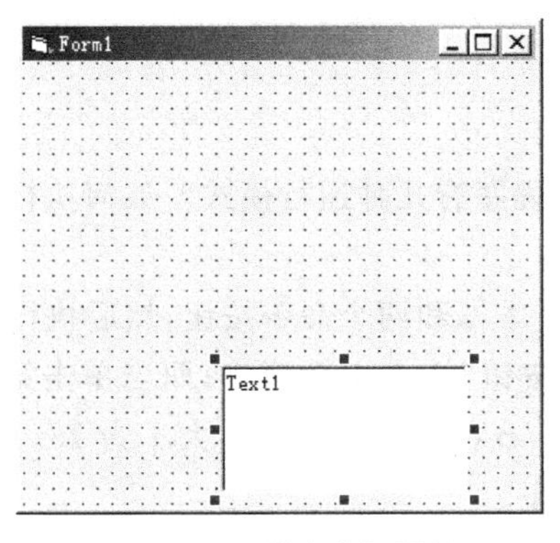

图 2.3 设置文本框属性

2.8 为了把窗体上的某个控件变为活动的，应执行什么操作？

解：单击该控件的内部。

2.9 确定一个控件在窗体上的位置和大小的是什么属性？

解：确定一个控件在窗体上的位置的属性是 Top 和 Left，而确定控件大小属性的是 Width 和 Height。

2.10 为了同时改变一个活动控件的高度和宽度，应执行什么操作？

解：拖动控件四个角上的控制句柄。

2.11 假定一个文本框的 Name 属性为 Text1，为了在该文本框中显示“Hello!”，应使用什么语句？

解：所使用的语句是：

```
Text1.Text = "Hello!"
```

或：

```
Text1 = "Hello!"
```

2.12 为了选择多个控件，应按住什么键，然后单击每个控件？

解：应按住 Shift 键或 Ctrl 键。

第3章 建立简单的 Visual Basic 应用程序

3.1 在用 Visual Basic 开发应用程序时，一般分为几步进行？每一步需要完成什么操作？

解：略。

3.2 Visual Basic 应用程序有几种运行模式？如何执行？

解：略。

3.3 在窗体上画一个文本框和两个命令按钮，然后执行如下操作：

(1) 当单击第一个命令按钮时，文本框消失；而当单击第二个命令按钮时，文本框重新出现，并在文本框中显示“VB 程序设计”，字体大小为 16。

(2) 以解释方式运行程序。

(3) 把程序保存到磁盘上，其工程文件名为 myprog.vbp，窗体文件名为 myprog.frm。

(4) 退出 Visual Basic。

(5) 重新启动 Visual Basic，装入上面建立的程序，并在窗体上增加一个命令按钮，当单击该按钮时，结束程序运行。保存所作的修改。

(6) 把当前程序编译为可执行文件，其文件名为 myprog.exe。

(7) 退出 Visual Basic，在 Windows 环境下运行 myprog.exe。

解：(1) 界面如图 3.1 所示。

程序如下：

```
Private Sub Command1_Click()
    Text1.Visible = False
End Sub

Private Sub Command2_Click()
    Text1.Visible = True
    Text1.FontSize = 16
    Text1.Text = "VB 程序设计"
End Sub
```

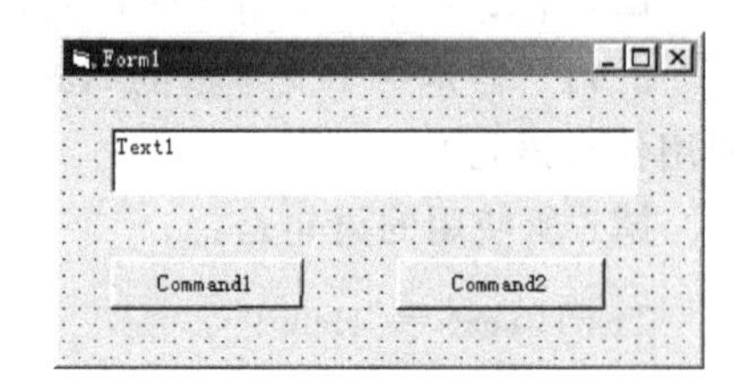

图 3.1 界面设计

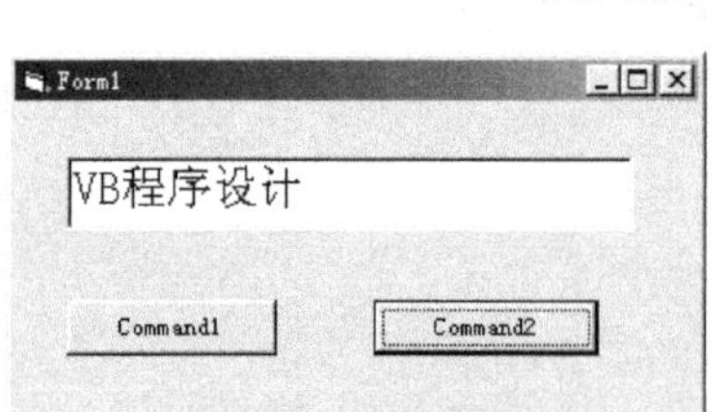

图 3.2 运行情况

(2) 运行情况如图 3.2 所示。

(3)～(7)略。

3.4 Visual Basic 应用程序通常由几类模块组成？在存盘时各使用什么扩展名？

解：通常由三类模块组成，即窗体模块、标准模块和类模块，在存盘时使用的文件扩展名分别为.frm、.bas 和.cls。

3.5 假定窗体的名称为 Form1，为了把窗体的标题设置为“VB Test”，应使用什么语句？

解：可以使用以下语句

```
Form1.Caption = "VB Test"
```

或

```
Me.Caption = "VB Test"
```

或

```
Caption = "VB Test"
```

3.6 可以通过哪几种方法打开代码窗口？

解：打开代码窗口与进入事件过程是相同的操作，可以用以下几种方法打开代码窗口。

(1) 双击已建立好的控件。

(2) 执行“视图”菜单中的“代码窗口”命令。

(3) 按 F7 键。

(4) 单击“工程资源管理器”窗口中的“查看代码”按钮。

3.7 在窗体上画两个文本框和一个命令按钮，然后在代码窗口中编写如下事件过程：

```
Private Sub Command1_Click()
    Text1.Text = "VB Programming"
    Text2.Text = Text1.Text
    Text1.Text = "ABCD"
End Sub
```

程序运行后，单击命令按钮，在两个文本框中各显示什么内容？

解：在两个文本框中显示的内容分别为“ABCD”和“VB Programming”。

3.8 在窗体上画一个文本框和两个命令按钮，并把两个命令按钮的标题分别设置为“显示”和“清除”。程序运行后，在文本框中输入一行文字(例如“程序设计”)，如果单击第一个命令按钮，则把文本框的内容显示为窗体标题；如果单击第二个命令按钮，则清除文本框中的内容。

解：按以下步骤操作。

(1) 按题目要求画一个文本框和两个命令按钮并设置其属性，如图 3.3 所示。

(2) 编写两个命令按钮的事件过程：

```
Private Sub Command1_Click()
    Caption = Text1.Text
End Sub
```

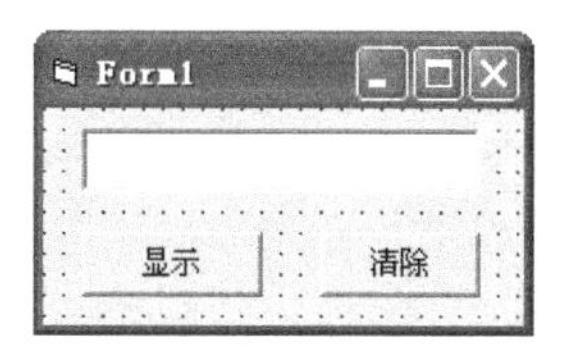

图 3.3 界面设计

```
Private Sub Command2_Click()
    Text1.Text = ""
End Sub
```

(3) 运行程序,在文本框中输入“程序设计”,然后单击“显示”命令按钮,结果如图 3.4 所示;如果单击“清除”命令按钮,则清除文本框中的内容。

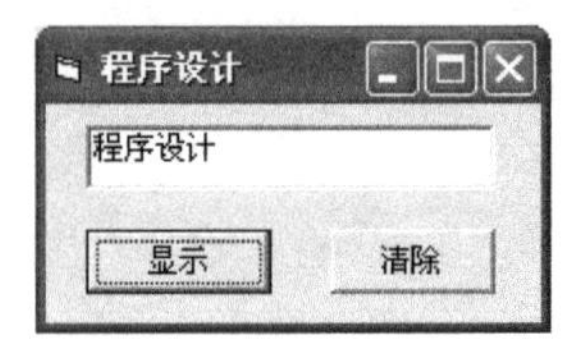

图 3.4 程序运行情况

第4章 数据类型、运算符与表达式

4.1 下列哪些可作为 Visual Basic 的变量名，哪些不行？

4 * Delta　　Alpha　　4ABC　　ABπ　　ReadData

Filename　　A(A+B)　　C254D　　Read

解：可作为 Visual Basic 变量名的是 Alpha、ReadData、Filename、C254D、Read。其他均不能作为变量名。

4.2 Visual Basic 中是否允许出现下列形式的数？

±25.74　　3.457E－10　　.368　　1.87E＋50

10^(1.256)　　D32　　2.5E　　12E3

8.75D＋6　　0.258

解：允许出现的数为 3.457E－10、.368、12E3、8.75D＋6、0.258。

4.3 把下面的数写成普通的十进制数：

(1) 2.65358979335278D－006　　(2) 1.21576654590569D＋019

(3) 8.6787E＋8　　(4) 2.567E－12

解：(1) 0.00000265358979335278

(2) 12157665459056900000

(3) 867870000

(4) 0.000000000002567

4.4 符号常量和变量有什么区别？什么情况下宜用符号常量？什么情况下宜用变量？

解：略。

4.5 指出下列 Visual Basic 表达式中的错误，并写出正确的形式：

(1) CONTT.DE＋cos(28°)　　(2) －3/8＋8.INT24.8

(3) (8＋6)^(4÷(－2))＋sin(2 * π)　　(4) [(x＋y)＋z]×80－5(C＋D)

解：正确的形式是：

(1) CONTT * DE＋Cos(28 * 3.14159/180)

(2) (－3)/8＋8 * Int(24.8)

(3) (8＋6)^(4/(－2))＋Sin(2 * 3.14159)

(4) ((x＋y)＋z) * 80－5 * (C＋D)

4.6 将下列数学式子写成 Visual Basic 表达式：

(1) $\cos^2(c+d)$　　(2) $5+(a+b)^2$

(3) $\cos(x)(\sin(x)+1)$　　(4) e^2+2

(5) $2a(7+b)$　　(6) $8e^3.\ln 2$

解：(1) Cos(c+d)^2　或　Cos(c+d) * Cos(c+d)

(2) 5+(a+b)^2　或　5+(a+b) * (a+b)

(3) Cos(x) * (Sin(x)+1)

(4) Exp(2)+2

(5) 2 * a * (7+b)

(6) 8 * Exp(3) * Log(2)

4.7　设 a=2，b=3，c=4，d=5，求下列表达式的值：

(1) a>b And c<=d Or 2 * a>c

(2) 3>2 * b Or a=c And b<>c Or c>d

(3) Not a<=c Or 4 * c=b^2 And b<>a+c

解：(1) False

(2) False

(3) False

4.8　在立即窗口中实验下列函数的操作：

(1) print chr$(65) <CR>　　(<CR>为回车，下同)

print chr$(&hcea2) <CR>　　(用汉字内码显示汉字)

(2) print sgn(2) <CR>

print sqr(2) <CR>

(3) a$ ="Good " <CR>

b$ ="morning" <CR>

Print a$ +b$ <CR>

Print a$ & b$ <CR>

(4) s$ ="ABCDEFGHIJK" <CR>

print left$(s$,2) <CR>

print right$(s$,2) <CR>

print mid$(s$,3,4) <CR>

print len(s$) <CR>

print instr(s$,"efg") <CR>

print lcase$(s$) <CR>

(5) print now <CR>

print day(now) <CR>

print month(now) <CR>

print year(now) <CR>

print weekday(now) <CR>

(6) print rnd <CR>

for I=1 to 5:print rnd:next <CR>

解：(1) 见图 4.1。

(2) 见图 4.2。

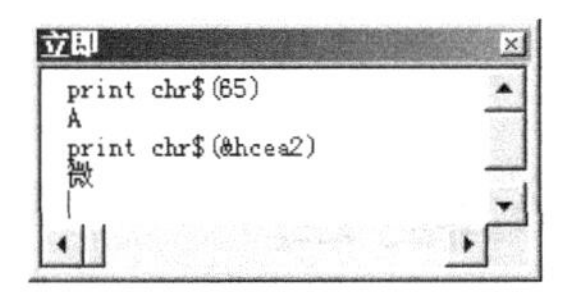

图 4.1　实验内部函数(1)

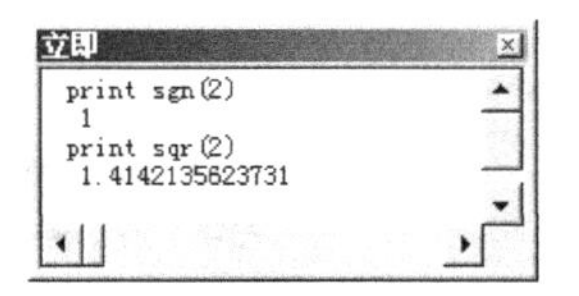

图 4.2　实验内部函数(2)

(3) 见图 4.3。

(4) 见图 4.4。

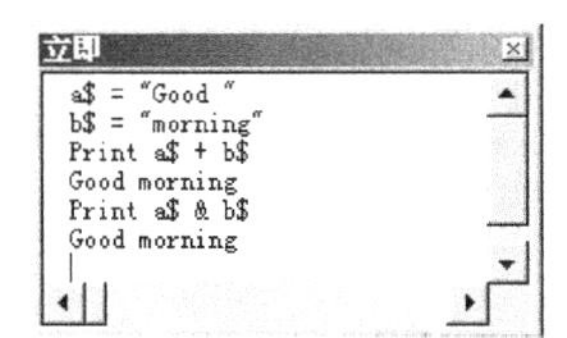

图 4.3　实验内部函数(3)

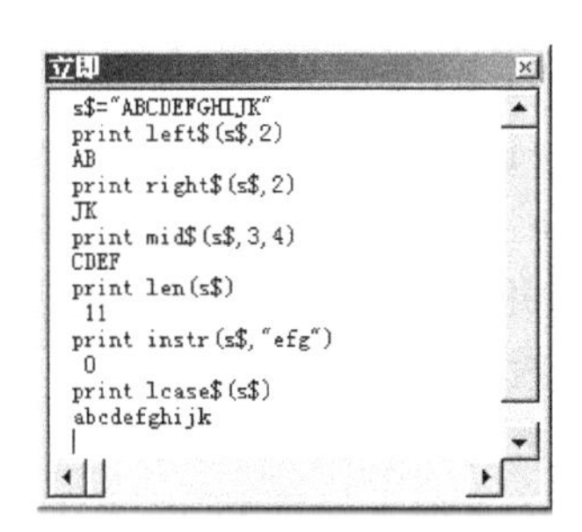

图 4.4　实验内部函数(4)

(5) 见图 4.5。

(6) 见图 4.6。

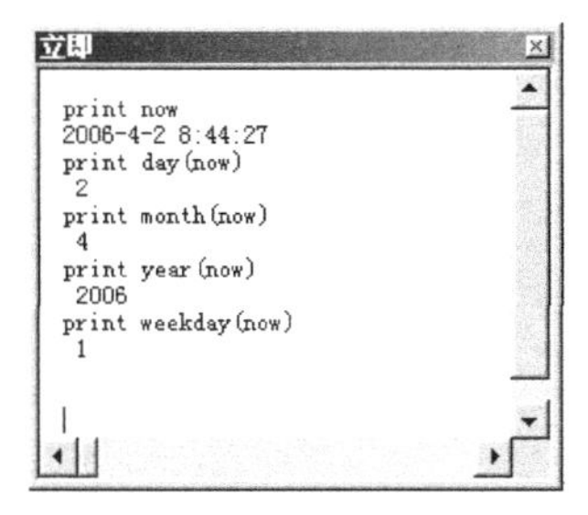

图 4.5　实验内部函数(5)

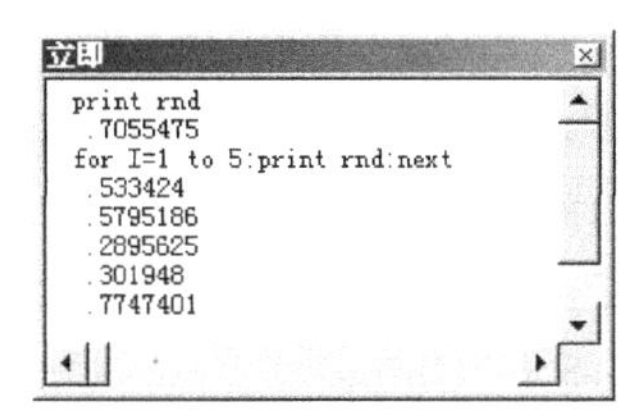

图 4.6　实验内部函数(6)

第5章　数据输入输出

5.1　改正下列语句中的错误：

(1) A＄=abc　　(2) Print a = 34+23

(3) x=5, y=6　　(4) Print "c=":5+6

(5) Text1.Print "##########"　　(6) A * 5 = B+2

解：(1) 缺少引号，应改为：A＄="abc"。

(2) a = 34+23 是一个关系式，如果想输出该关系的值，则这个语句没有错误。如果想计算并输出34+23的值，则应改为：Print "a=";34+23。

(3) 改为：x=5:y=6。

(4) 改为：Print "c=";5+6。

(5) 文本框不支持Print方法，应改为：

```
Print "##########"
```

或

```
Picture1. Print "##########"
```

(6) 这是一个关系表达式。

5.2　写出下列语句的输出结果，并上机验证：

(1) Print "25+32="; 25+32

(2) x=12.5
Print "x=";x

(3) s＄="China"
s＄="Beijing"
Print s＄

(4) a%=3.14156
Print a%

(5) Print "China";"Beijing","Tianjin";"Shanghai","Wuhan",
Print "Nanjing";
Print "Shenyang","Chongqing";"Wulumuqi"
Print , ,"Guangzhou",,"Chengdu"

(6) Print Tab(5);100;Space＄(5);200,Tab(35);300
Print Tab(10);400;Tab(23);500; Space＄(5);600

(7) a=Sqr(3)
Print Format＄(a,"000.00")

```
Print Format$(a,"###.#00")
Print Format$(a,"00.00E+00")
Print Format$(a,"-#.####")
```

解：(1) 25+32= 57

(2) x= 12.5

(3) Beijing

(4) 3

(5) ChinaBeijing　TianjinShanghai　　Wuhan　　NanjingShenyang
ChongqingWulumuqi（这两个字符串在上一行显示）
　　　　Guangzhou　　　　Chengdu

(6)　　　100　　　　200　　　　300
　400　　　　500　　　　600

(7) 001.73
1.732
17.32E−01
−1.7321

5.3　写出下列程序的输出结果：

```
Sub Form_Click()
    a=10:b=15:c=20:d=25
    Print a;Spc(5);b;Spc(7);c
    Print a;Space$(8);b;Space$(5);c
    Print c;Spc(3);"+";Spc(3);d;
    Print Spc(3);"=";Spc(3);c+d
End Sub
```

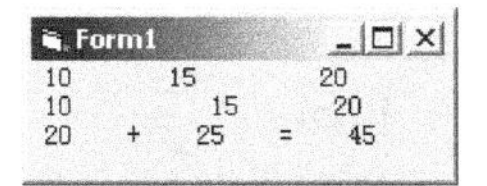

图 5.1　习题 5.3 程序输出结果

解：见图 5.1。

5.4　从键盘上输入 4 个数，编写程序，计算并输出这 4 个数的和及平均值。通过 InputBox 函数输入数据，在窗体上显示和及平均值。

解：程序如下：

```
Sub Form_Click()
    a = InputBox("输入第一个数")
    a = Val(a)
    b = InputBox("输入第二个数")
    b = Val(b)
    c = InputBox("输入第三个数")
    c = Val(c)
    d = InputBox("输入第四个数")
    d = Val(d)
    sum = a + b + c + d
    aver = sum / 4
```

```
    Print "所输入的4个数分别为："; a, b, c, d
    Print "4个数的和为："; sum
    Print "4个数的平均值为："; aver
End Sub
```

程序运行后，单击窗体，根据提示输入4个数，程序将输出这4个数的和及平均值。运行情况如图5.2所示。

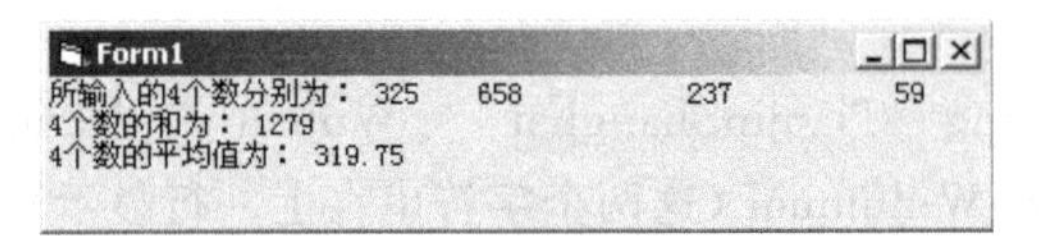

图5.2 计算和及平均值

5.5 编写程序，要求用户输入下列信息：姓名、年龄、通信地址、邮政编码、电话号码，然后将输入的数据用适当的格式在窗体上显示出来。

解：程序如下：

```
Private Sub Form_Click()
    n$ = InputBox("请输入您的姓名")
    Age$ = InputBox("请输入您的年龄")
    Addr$ = InputBox("请输入通信地址")
    Pos$ = InputBox("请输入邮政编码")
    Tel$ = InputBox("请输入电话号码")
    Print
    Print Tab(6); "姓名"; Space$(3); "年龄"; Space$(3); "通信地址"; _
                Space$(5); "邮政编码"; Space$(3); "电话号码"
    Print
    Print Tab(5); n$; Space$(3); Age$; Space$(3); Addr$; _
                Space$(3); Pos$; Space$(3); Tel$
End Sub
```

程序运行后，单击窗体，将依次显示5个输入对话框，在这5个对话框中分别输入姓名、年龄、通信地址、邮政编码和电话号码，即可在窗体上显示所输入的信息。程序的执行情况如图5.3所示。

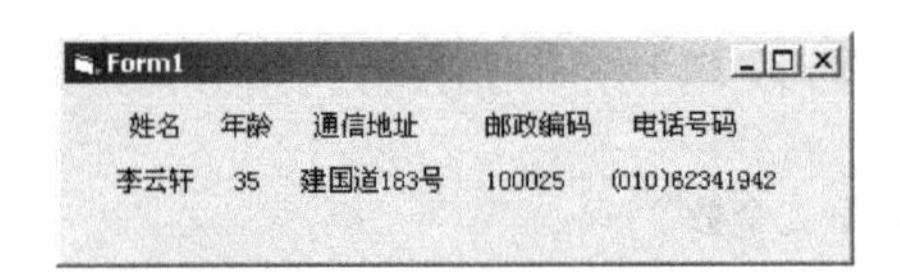

图5.3 习题5.5程序执行情况

5.6 编写程序，求解鸡兔同笼问题。一个笼子中有鸡x只，兔y只，每只鸡有2只脚，每只兔有4只脚。今知鸡和兔的总头数为h，总脚数为f。问笼中鸡和兔各若干？

提示：根据数学知识，可以写出如下的联立方程式。

$$\begin{cases} x + y = h & (1) \\ 2x + 4y = f & (2) \end{cases}$$

(2) 式－2×(1)式：2y=f－2h　故　y=(f－2×h)/2

4×(1)－(2)式：2x=4h－f　故　x=(4×h－f)/2

可按上式编写程序。用 InputBox 函数输入 h 和 f 的值，设 h=71，f=158，请编写程序并上机运行。

解：程序如下：

```
Private Sub Form_Click()
    h = InputBox("请输入鸡和兔的总的头数")
    h = Val(h)
    f = InputBox("请输入鸡和兔的总的脚数")
    f = Val(f)
    y = (f - 2 * h) / 2
    x = (4 * h - f) / 2
    Print "笼中有鸡"; x; "只,兔"; y; "只"
End Sub
```

程序运行后，单击窗体，在输入对话框中分别输入 71(总头数)和 158(总脚数)，程序将输出：

```
笼中有鸡 63 只,兔 8 只
```

5.7　设 a=5，b=2.5，c=7.8，编程序计算：

$$y = \frac{\pi ab}{a + bc}$$

解：程序如下：

```
Private Sub Form_Click()
    a = 5: b = 2.5: c = 7.8
    y = (3.1416 * a * b) / (a + b * c)
    Print "y="; y
End Sub
```

程序运行后，单击窗体，输出结果为：

```
y= 1.60285714285714
```

5.8　输入以秒为单位表示的时间，编写程序，将其换算成几日几时几分几秒。

解：程序如下：

```
Private Sub Form_Click()
    Dim Second, Minute, Hour, Day As Long
    Dim Second1 As Long
    Second = InputBox("请输入秒数")
    Second = Val(Second)
    Second1 = Second
    Minute = Int(Second / 60)
```

```
    Second = Second Mod 60
    Hour = Int(Minute / 60)
    Minute = Minute Mod 60
    Day = Int(Hour / 24)
    Hour = Hour Mod 24
    Print Second1; "秒="; Day; "天"; Hour; "小时"; Minute; "分"; Second; "秒"
End Sub
```

程序运行后，单击窗体，在输入对话框中输入秒数，将在窗体上输出相应的天、小时、分和秒。程序运行情况如图 5.4 所示。

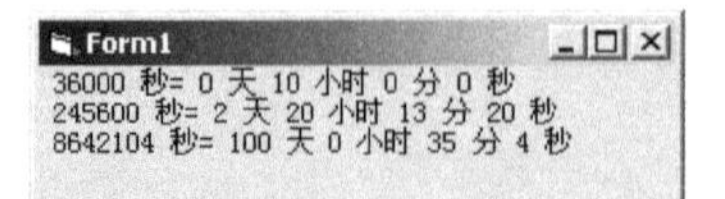

图 5.4　习题 5.8 程序运行情况

5.9　自由落体位移公式为：

$$S=\frac{1}{2}gt^2+v_0t$$

其中 v_0 为初始速度，g 为重力加速度，t 为经历的时间，编写程序，求位移量 S。设 $v_0=4.8m/s$，$t=0.5s$，$g=9.81m/s^2$，在程序中把 g 定义为符号常量，用 InputBox 函数输入 v_0 和 t 两个变量的值。

解：程序如下：

```
Private Sub Form_Click()
    Const g = 9.81
    v0 = InputBox("请输入 v0 的值")
    v0 = Val(v0)
    t = InputBox("请输入 t 的值")
    t = Val(t)
    S = 0.5 * (g * t ^ 2) + v0 * t
    Print "位移量为:"; S
End Sub
```

程序运行后，单击窗体，在两个输入对话框中分别输入 v_0 和 t 的值(4.8 和 0.5)，将在窗体上输出：

```
位移量为：3.62625
```

5.10　在窗体上画一个命令按钮，然后编写如下事件过程：

```
Private Sub Command1_Click()
    a = InputBox("Enter the First integer")
    b = InputBox("Enter the Second integer")
    Print b + a
End Sub
```

程序运行后，单击命令按钮，先后在两个输入对话框中分别输入 456 和 123，则输出结果是什么？

解：InputBox 函数的返回值是一个字符串。在该题中，变量 a 和 b 没有显式定义，因而是变体(Variant)类型，当通过 InputBox 函数输入这两个变量的值时，所得到的值分别为 a = "456"和 b = "123"，执行 Print a + b 后，把两个字符串连接起来。因此，该题的输出结果为字符串“456123”。

第6章 常用标准控件

6.1 内部控件与 ActiveX 控件有什么区别？

解：略。

6.2 所有的控件都有 Name 属性，大部分控件有 Caption 属性，对于同一个控件来说，这两个属性有什么区别？

解：略。

6.3 图片框和图像框控件有什么区别？在什么情况下可以互相代替？在什么情况下必须使用图片框控件？

解：略。

6.4 怎样在图片框中显示文本信息？在图片框和图像框中可以显示哪几种格式的图形？

解：略。

6.5 可以通过哪几种方法在图片框或图像框中装入图形？用图形编辑软件（如 Windows 下的“画图”）画一个简单的图形，然后把它复制到图片框。

解：在设计阶段，可以通过属性窗口中的 Picture 属性把图形装入图片框，或者通过剪贴板把用其他绘图软件所画的图形复制到图片框中。在运行阶段，可以通过 LoadPicture 函数装入图形。

为了把用图形编辑软件所画的图形装入图片框，可按如下步骤操作：

（1）用“画图”软件画一个图形，如图 6.1 所示。

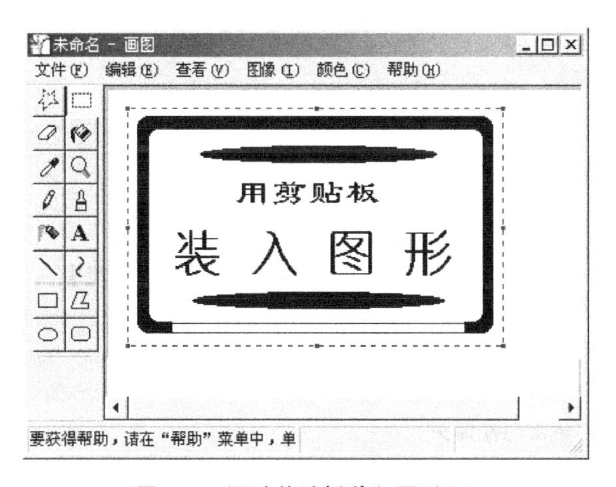

图 6.1 通过剪贴板装入图形(1)

（2）选择所画的图形，然后执行“编辑”菜单中的“复制”命令（或按 Ctrl+C 组合键），把图形复制到剪贴板。

(3) 启动 Visual Basic,在窗体上画一个图片框。

(4) 保持图片框为活动状态,执行“编辑”菜单中的“粘贴”命令,即可把图形装入图片框中,如图 6.2 所示。

图 6.2 通过剪贴板装入图形(2)

6.6 用标签和文本框都可以显示文本信息,二者有什么区别?

解: 略。

6.7 在窗体上画四个图像框和一个文本框,在每个图像框中装入一个箭头图形,分为 4 个不同的方向,把文本框的 MultiLine 属性设置为 True。编写程序,当单击某个图像框时,在文本框中显示相应的信息。例如,单击向右的箭头时,在文本框中显示“单击向右箭头”。

解: 按以下步骤操作。

(1) 在窗体上画一个文本框和四个图像框,在四个图像框中分别装入 arw02up.ico、arw02dn.ico、arw02lt.ico 和 arw02rt.ico(这 4 个图标文件在 vb60\graphics\icons\arrows 目录下),如图 6.3 所示。

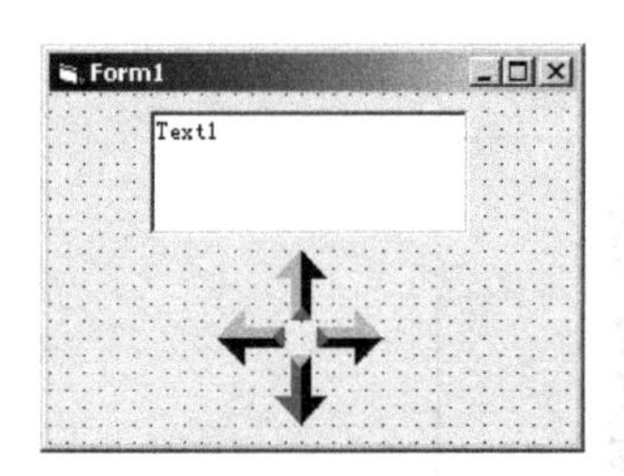

图 6.3 习题 6.7 程序界面设计

(2) 编写如下代码:

```
Private Sub Image1_Click()
    Text1.Text = "单击向上箭头"
End Sub

Private Sub Image2_Click()
    Text1.Text = "单击向下箭头"
End Sub

Private Sub Image3_Click()
    Text1.Text = "单击向左箭头"
End Sub

Private Sub Image4_Click()
    Text1.Text = "单击向右箭头"
```

End Sub

(3) 运行程序，单击某个图像框，将在文本框中显示相应的信息，如图 6.4 所示。

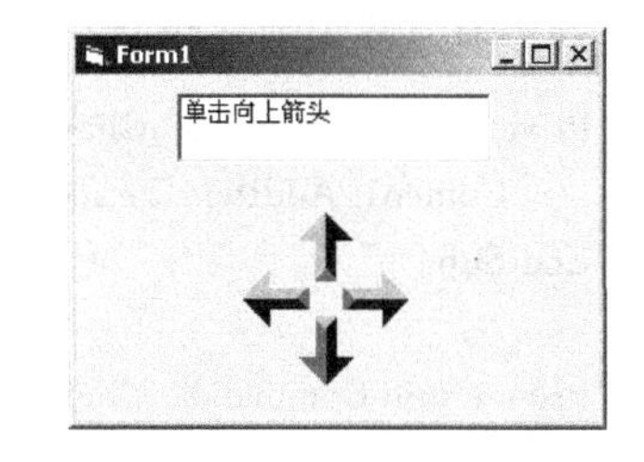

图 6.4　习题 6.7 程序运行情况

6.8　在窗体上画一个标签(标题为“添加项目”)、一个文本框(初始内容为空白)、一个下拉式组合框和两个命令按钮，如图 6.5 所示。把两个命令按钮的标题分别设置为“添加”和“统计”；通过属性窗口向组合框中输入若干项目，例如“AAAA”、“BBBB”、“CCCC”、“DDDD”，然后编写两个命令按钮的 Click 事件过程。程序运行后，在 Text1 中输入字符，如果单击“添加”按钮，则 Text1 中的内容将作为一个项目被添加到组合框的列表中；如果单击“统计”按钮，则在窗体上显示组合框中当前项目的个数和被选中的项目，如图 6.6 所示。

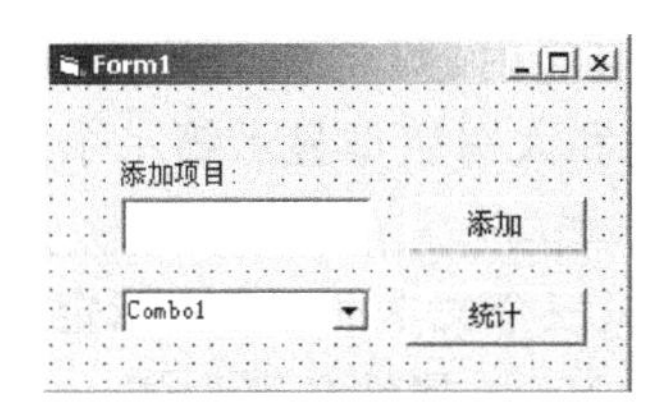

图 6.5　界面设计

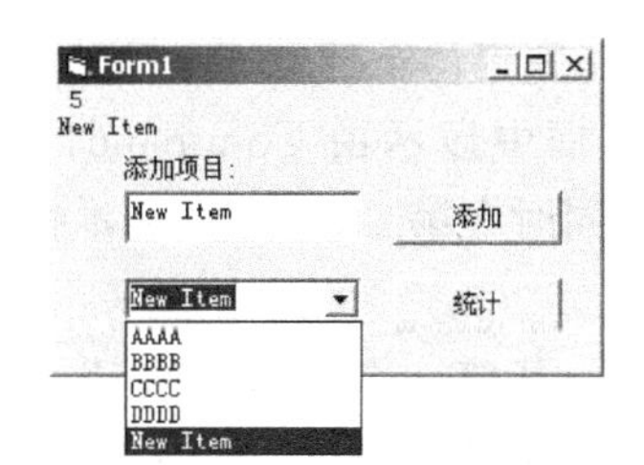

图 6.6　程序运行情况

解：本题需要完成两个操作：第一，把文本框中的内容添加到组合框中；第二，统计当前组合框中的项目数并显示被选中的项目，这两个操作分别与两个命令按钮的事件过程相对应。第一个操作用组合框的 AddItem 方法来实现，而第二个操作可以通过组合框的 ListCount 属性和 Text 属性来实现。

按以下步骤操作：

(1) 在窗体上画一个标签、一个文本框、一个组合框和两个命令按钮。

(2) 按 F4 键，激活属性窗口，在属性窗口中设置各控件的属性，见表 6.1。

表 6.1　控件属性设置

控　　件	属　性	设 置 值
组合框	名称	Combo1
	List	AAAA
		BBBB
		CCCC
		DDDD
	Style	2
文本框	名称	Text1
	Text	空白
命令按钮	名称	Command1
	Caption	添加
命令按钮	名称	Command2
	Caption	统计

(3) 编写两个命令按钮的 Click 事件过程：

```
Private Sub Command1_Click()
    Combo1. AddItem Text1. Text
End Sub

Private Sub Command2_Click()
    Print Combo1. ListCount
    Print Combo1. Text
End Sub
```

(4) 运行程序，在文本框中输入一行文本(例如“New Item”)，单击“添加”命令按钮，然后下拉显示组合框中的项目，看是否已添加到列表中；从下拉列表中选择一个项目，单击“统计”命令按钮，看窗体上显示的内容是否符合题目要求。

6.9 在窗体上建立三个文本框和一个命令按钮。程序运行后，单击命令按钮，在第一个文本框中显示由 Command1_Click 事件过程设定的内容(例如“Microsoft Visual Basic”)，同时在第二、第三个文本框中分别用小写字母和大写字母显示第一个文本框中的内容。

提示：用第一个文本框的 Change 事件过程在第二、三个文本框中显示指定的内容。

解：在窗体上建立三个文本框和一个命令按钮，其 Name 属性分别为 Text1、Text2、Text3 和 Command1，然后编写如下的事件过程。

```
Private Sub Command1_Click()
    Text1. Text = "Microsoft Visual Basic 6. 0"
End Sub

Private Sub Text1_Change()
    Text2. Text = LCase(Text1. Text)
    Text3. Text = UCase(Text1. Text)
End Sub
```

程序运行后，单击命令按钮，在第一个文本框中显示的是由 Command1_Click 事件过程设定的内容，执行该事件后，将引发第一个文本框的 Change 事件，执行 Text1_Change 事件过程，从而在第二、第三个文本框中分别用小写字母和大写字母显示文本框 Text1 中的内容。程序的执行结果如图 6.7 所示。

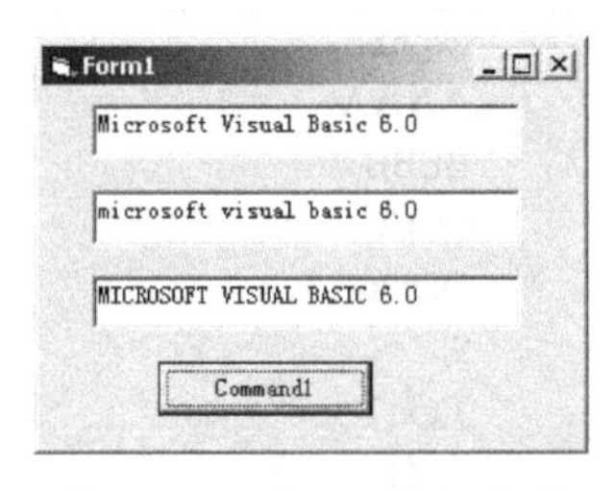

图 6.7　习题 6.9 执行结果

6.10 在窗体上画一个图片框、一个垂直滚动条和一个命令按钮(标题为“设置属性”)，通过属性窗口在图片框中装入一个图形，图片框的宽度与图形的宽度相同，图片框的高度任意，如图 6.8 所示。编写适当的事件过程。程序运行后，如果单击命令按钮，则设置垂直滚动条的如下属性：

Min　　　　　　　　100
Max　　　　　　　　2400
LargeChange　　　　200
SmallChange　　　　20

之后就可以通过移动滚动条上的滚动块来放大或缩小图片框，如图 6.9 所示。

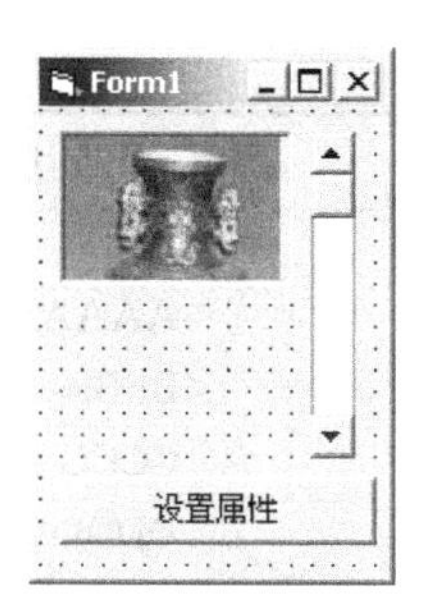

图 6.8　界面设计

图 6.9　程序运行情况

解：本题要求程序实现两个方面的功能，其一是当单击命令按钮时设置滚动条的几个属性；其二是当移动滚动条的滚动框时扩大或缩小图片框的高度。第一个功能可以通过下面的事件过程来实现：

```
Private Sub Command1_Click()
    VScroll1.Min = 100
    VScroll1.Max = 2400
    VScroll1.LargeChange = 200
    VScroll1.SmallChange = 20
End Sub
```

第二个功能可以用下面的事件过程来实现：

```
Private Sub VScroll1_Change()
    Picture1.Height = VScroll1.Value
End Sub
```

6.11　在窗体上画一个列表框，名称为 L1，通过属性窗口向列表框中添加 4 个项目，分别为“AAAA”、“BBBB”、“CCCC”和“DDDD”，然后再画一个文本框，名称为 Text1，编写适当的事件过程。程序运行后，如果双击列表框中的某一项，则把该项从列表框中删除，并移到文本框中。程序的运行情况如图 6.10 和图 6.11 所示。

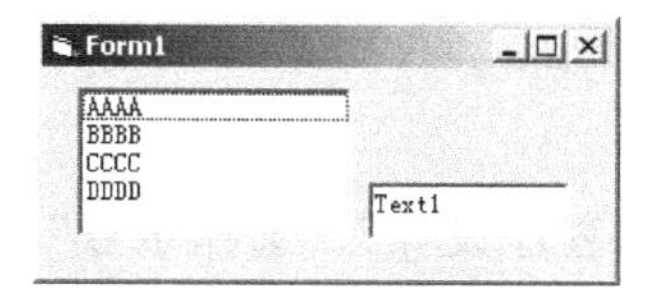

图 6.10　界面设计

图 6.11　程序运行情况

解：本题要求当双击列表框中某一项时，把该项移到文本框中。因此，应编写列表框的 DblClick 事件过程，在该过程中实现项目移动。

按以下步骤操作：

(1) 在窗体上画一个列表框和一个文本框。

(2) 按 F4 键激活属性窗口，在属性窗口中设置列表框和文本框的属性，见表 6.2。

表 6.2　控件属性设置

控　件	属　性	设置值
列表框	名称	L1
	(List)	AAAA
		BBBB
		CCCC
		DDDD
文本框	名称	Text1

列表框中的项目通过属性窗口中的 List 属性添加。

(3) 编写列表框的 DblClick 事件过程：

```
Private Sub L1_DblClick()
    Text1.Text = L1.Text
    L1.RemoveItem L1.ListIndex
End Sub
```

6.12　编写程序，用计时器按秒计时。在窗体上画一个计时器控件和一个标签，程序运行后，在标签内显示经过的秒数，并响铃。

解：在窗体上画一个计时器控件和一个标签，其 Name 属性分别为 Timer1 和 Label1，并把计时器的 Interval 属性设置为 1 000，然后编写如下事件过程：

```
Private Sub Form_Load()
    Label1.FontSize = 16
End Sub

Private Sub Timer1_Timer()
    Static c As Integer
    c = c + 1
    Label1.Caption = Str$(c)
    Beep
End Sub
```

程序运行后，将在标签内显示经过的秒数，并响铃。

6.13　在窗体上画三个标签，标题分别为“计算机程序设计”、“选择字号”、“选择字体”，再画两个组合框，如图 6.12 所示。然后为第一个组合框添加“10”、“16”、“20” 3 个项目，为第二个组合框添加“黑体”、“幼圆”、“宋体” 3 个项目，编写适当的事件过程。程序运行后，如果在第一个组合框中选择一种字号，或者在第二个组合框中选一种字体，则标签中的文字立即变为所选定的字号或字体。程序的运行情况如图 6.13 所示。

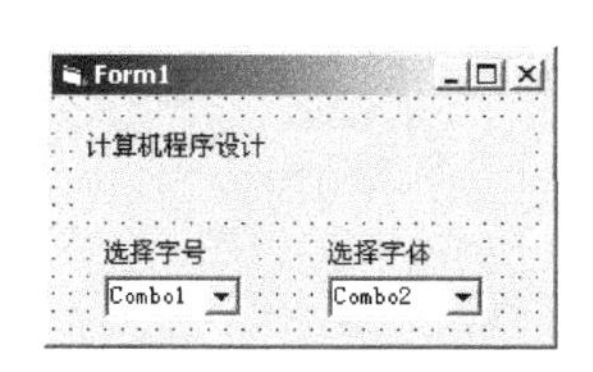

图 6.12　界面设计

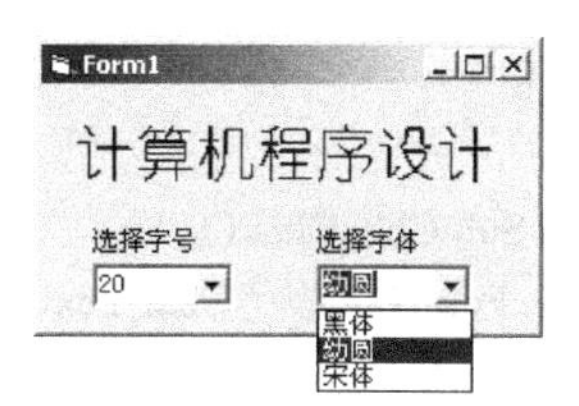

图 6.13　程序运行情况

解：本题通过在两个组合框中选择字体和字号来改变标签中所显示的文本，要求只要在组合框中选择一种字号或字体，标签中的文字立即变为所选定的字号或字体。这可以通过组合框的 Click 事件来实现。

按以下步骤操作：

(1) 在窗体上画三个标签和两个组合框。

(2) 按 F4 键，激活属性窗口，在属性窗口中设置各控件的属性，见表 6.3。

表 6.3　控件属性设置

控　件	属　性	设 置 值
标签	名称	L1
	Caption	计算机程序设计
	Height	500
	Width	3 000
标签	名称	B1
	Caption	选择字号
标签	名称	B2
	Caption	选择字体
组合框	名称	Cb1
	Style	0
组合框	名称	Cb2
	Style	0

(3) 编写窗体的 Load 事件过程，向两个组合框中添加项目：

```
Private Sub Form_Load()
    Cb1.AddItem "10"
    Cb1.AddItem "16"
    Cb1.AddItem "20"
    Cb2.AddItem "黑体"
    Cb2.AddItem "幼圆"
    Cb2.AddItem "宋体"
End Sub
```

```
Private Sub Cb1_Click()
    L1. FontSize = Cb1. Text
End Sub

Private Sub Cb2_Click()
    L1. FontName = Cb2. Text
End Sub
```

第7章　Visual Basic控制结构

7.1　编写程序，计算1+2+3+…+100。

解：使用For循环语句，程序如下。

```
Private Sub Form_Click()
    Static Sum As Integer
    For i = 1 To 100
        Sum = Sum + i
    Next i
    Print Sum
End Sub
```

程序运行后，单击窗体，输出结果为：5050。

如果使用while循环语句，则程序如下。

```
Private Sub Form_Click()
    Static Sum As Integer
    i = 1
    While i <= 100
        Sum = Sum + i
        i = i + 1
    Wend
    Print Sum
End Sub
```

7.2　我国现有人口为13亿，设年增长率为1%，编写程序，计算多少年后增加到20亿。

解：程序如下：

```
Private Sub Form_Click()
    Dim p As Double
    Dim r As Single
    Dim n As Integer
    p = 1300000000
    r = 0.01
    While p < 2000000000
        p = p + p * r
        n = n + 1
    Wend
    p = Int(p)
```

```
    Print n; "年后，全国人口为："; p
End Sub
```

运行程序，单击窗体，输出结果为：

```
44 年后，全国人口为：2014112823
```

7.3 给定三角形的三条边长，计算三角形的面积。编写程序，首先判断给出的三条边能否构成三角形，如可以构成，则计算并输出该三角形的面积，否则要求重新输入。当输入－1时结束程序。

从几何学可知，三角形的两边之和大于第三边。因此，如果输入的三角形的三条边中两边之和小于或等于另一边长，则不能构成三角形。在这种情况下，给出适当的信息，并要求重新输入。如果能构成三角形，则输出该三角形的面积。

解：设三角形的三条边分别为 a、b、c，则三角形的面积的计算公式为：

$$t = \sqrt{s \times (s-a) \times (s-b) \times (s-c)}$$

其中

$$s = \frac{a+b+c}{2}$$

程序如下：

```
Private Sub Form_Click()
    Dim a, b, c, s, t As Single
    a = InputBox("请输入 A 边的边长")
    a = Val(a)
    If a < 0 Then End
    b = InputBox("请输入 B 边的边长")
    b = Val(b)
    c = InputBox("请输入 C 边的边长")
    c = Val(c)
    If a + b <= c Or b + c <= a Or c + a <= b Then
        MsgBox "所输入的值不能构成三角形，请重新输入", , ""
        Exit Sub
    End If
    s = (a + b + c) / 2
    t = Sqr(s * (s - a) * (s - b) * (s - c))
    Print "三角形的面积为："; t
End Sub
```

程序运行后，单击窗体，依次显示三个输入对话框，在三个对话框中分别输入三角形的三条边长，程序先判断输入的边长是否能构成三角形，然后决定之后的操作，用信息框显示提示信息或者在窗体上输出三角形的面积。当输入 1、2、3 时，将显示信息框，提示不能构成三角形，要求重新输入，并退出程序；如果输入 8、7、6，则输出结果为：

```
三角形的面积为：20.33316
```

如果在第一个输入对话框中输入－1或小于0的值，则结束程序。

7.4 运输部门的货物运费与里程有关,距离越远,每吨货物的单价就越低。假定每吨单价 p(元)与距离 s(公里)之间的关系如下:

$$p=\begin{cases}32 & s<100\\ 28 & 100\leqslant s<200\\ 25 & 200\leqslant s<300\\ 22.5 & 300\leqslant s<400\\ 20 & 400\leqslant s<1000\\ 15 & s\geqslant 1000\end{cases}$$

编写程序,从键盘上输入要托运的货物重量,然后计算并输出总运费。

解:设总运费为 t(元),要托运的货物重量为 w(吨),则计算公式为

$$t = p \cdot w \cdot s$$

程序如下:

```
Private Sub Form_Click()
    Dim w As Single, s As Single
    Dim p As Single, t As Single
    w = InputBox("输入货物重量(吨)")
    s = InputBox("输入托运距离(公里)")
    If s <= 0 Then End
    Select Case s
        Case Is < 100
            p = 32
        Case Is < 200
            p = 28
        Case Is < 300
            p = 25
        Case Is < 400
            p = 22.5
        Case Is < 1000
            p = 20
        Case Else
            p = 15
    End Select
    t = p * w * s
    Print w; "吨货物"; s; "公里的总运费为:"; t; "元"
End Sub
```

程序运行后,单击窗体,在输入对话框中分别输入货物重量和托运距离,程序将输出总运费。假定输入的货物重量和托运距离分别为 5 和 50,则输出结果为:

```
5 吨货物 50 公里的总运费为:8000 元
```

7.5 编写程序,打印如下所示的"数字金字塔":

```
                1
               121
            1  232  1
         1  2  343  2  1
               ...
1  2  3  4  5  6  7  898  7  6  5  4  3  2  1
```

解：程序如下：

```
Private Sub Form_Click()
    For i = 1 To 9
        For j = 1 To 30 - 3 * i
            Print " ";
        Next j
        For k = 1 To i
            Print k;
        Next k
        For k = i - 1 To 1 Step -1
            Print k;
        Next k
        Print
    Next i
End Sub
```

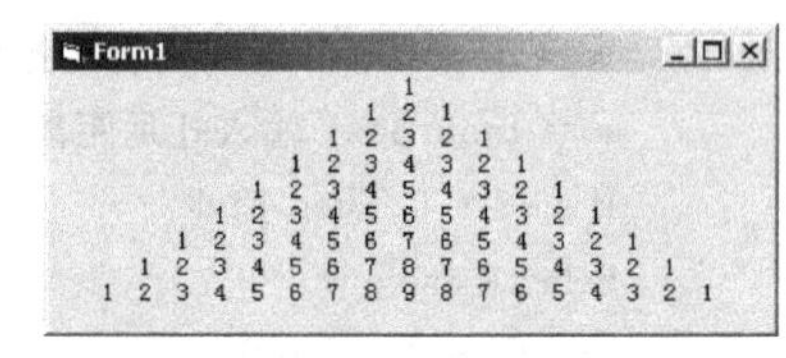

图 7.1　习题 7.5 程序运行结果

程序运行后，单击窗体，结果如图 7.1 所示。

7.6　勾股定理中三个数的关系是：$a^2+b^2=c^2$。编写程序，输出 20 以内满足上述关系的整数组合，例如 3、4、5 就是一个整数组合。

解：程序如下：

```
Private Sub Form_Click()
    Print " a", " b", " c", "a * a", "b * b", "c * c"
    Print
    For a = 1 To 20
        For b = 1 To 20
            For c = 1 To 20
                If a * a + b * b = c * c Then
                    Print a, b, c, a * a, b * b, c * c
                End If
            Next c
        Next b
    Next a
End Sub
```

程序运行后，单击窗体，将输出 20 以内满足关系的整数 a、b、c 组合，同时显示相应的 a^2、b^2、c^2，结果如图 7.2 所示。

Form1

a	b	c	a*a	b*b	c*c
3	4	5	9	16	25
4	3	5	16	9	25
5	12	13	25	144	169
6	8	10	36	64	100
8	6	10	64	36	100
8	15	17	64	225	289
9	12	15	81	144	225
12	5	13	144	25	169
12	9	15	144	81	225
12	16	20	144	256	400
15	8	17	225	64	289
16	12	20	256	144	400

图 7.2　习题 7.6 程序运行结果

7.7　从键盘上输入两个正整数 M 和 N,求最大公因子。

解:程序如下:

```
Private Sub Form_Click()
    Dim m, n As Integer
    m = InputBox("请输入 M 的值")
    m = Val(m)
    m1 = m
    n = InputBox("请输入 N 的值")
    n = Val(n)
    n1 = n
    Do While n <> 0
        remin = m Mod n
        m = n
        n = remin
    Loop
    Print m1; " 和 "; n1; " 的最大公因子是:"; m
End Sub
```

该程序通过辗转相除法求两个正整数的最大公因子。程序运行后,在输入对话框中分别输入 96 和 64,输出结果为

```
96  和  64  的最大公因子是: 32
```

7.8　如果一个数的因子之和等于这个数本身,则称这样的数为"完全数"。例如,整数 28 的因子为 1、2、4、7、14,其和 1+2+4+7+14=28,因此 28 是一个完全数。试编写一个程序,从键盘上输出正整数 N 和 M,求出 M 和 N 之间的所有完全数。

解:程序如下:

```
Private Sub Form_Click()
    n = InputBox("请输入 N 的值")
    n = Val(n)
    m = InputBox("请输入 M 的值")
    m = Val(m)

    For j = n To m
        n = 0
```

```
            s = j
            For i = 1 To j - 1
                If j Mod i = 0 Then
                    n = n + 1
                    s = s - i
                    Select Case n
                        Case 1
                            k0 = i
                        Case 2
                            k1 = i
                        Case 3
                            k2 = i
                        Case 4
                            k3 = i
                        Case 5
                            k4 = i
                        Case 6
                            k5 = i
                        Case 7
                            k6 = i
                        Case 8
                            k7 = i
                        Case 9
                            k8 = i
                        Case 10
                            k9 = i
                    End Select
                End If
            Next i
            If s = 0 Then
                Print j;"是一个完全数,它的因子是:";
                If n > 1 Then Print k0; k1;
                If n > 2 Then Print k2;
                If n > 3 Then Print k3;
                If n > 4 Then Print k4;
                If n > 5 Then Print k5;
                If n > 6 Then Print k6;
                If n > 7 Then Print k7;
                If n > 8 Then Print k8;
                If n > 9 Then Print k9;
                Print
            End If
        Next j
    End Sub
```

程序运行后，单击窗体，在两个输入对话框中分别输入 N 和 M 的值，即可输出 N 和 M 之间的“完全数”。假定输入的 N 和 M 的值分别为 2 和 1000，则结果如图 7.3 所示。

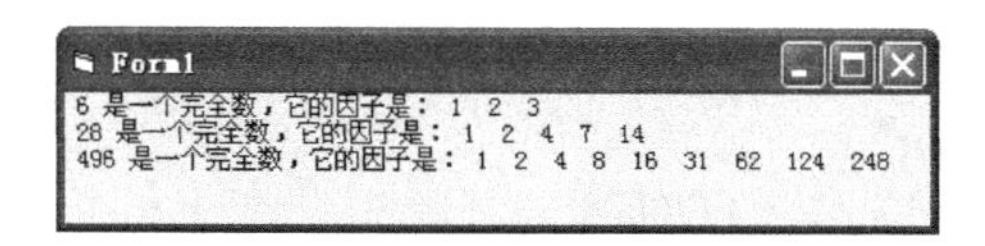

图 7.3　习题 7.8 程序运行结果

注意，该题如果用数组来解，则代码可以大为简化。

7.9　编写程序，打印如下的乘积表：

```
*   3   6   9   12
15    …
16    …
17    …
18    …
```

解：程序如下：

```
Private Sub Form_Click()
    Print "   *"; Tab(9); 3, Tab(18); 6; Tab(27); 9; Tab(36); 12
    Print
    For i = 15 To 18
        Print i;
        For j = 3 To 12 Step 3
            Print Tab(3 * j); j * i;
        Next j
        Print
    Next i
End Sub
```

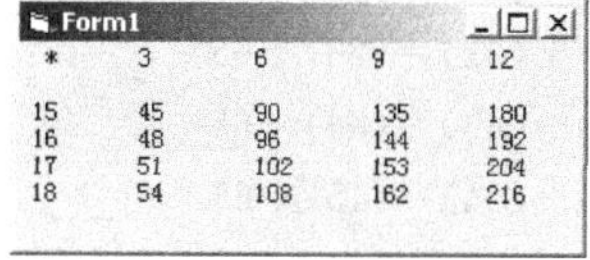

*	3	6	9	12
15	45	90	135	180
16	48	96	144	192
17	51	102	153	204
18	54	108	162	216

图 7.4　习题 7.9 程序运行结果

程序的运行结果如图 7.4 所示。

7.10　从键盘上输入一个学生的学号和考试成绩，然后输出该学生的学号、成绩，并根据成绩按下面的规定输出对该学生的评语：

成绩	80～100	60～79	50～59	40～49	0～39
评语	Very good	Good	Fair	Poor	Fail

解：程序如下：

```
Private Sub Form_Click()
    n = InputBox("请输入学号")
    s = InputBox("请输入分数")
    If s >= 80 Then
        MsgBox "学号" & n & ",分数为" & s & ",Very good" _
            , , "Very good"
    ElseIf s >= 60 And s <= 79 Then
```

```
        MsgBox "学号" & n & ",分数为" & s & ",good" _
                , , "good"
    ElseIf s >= 50 And s <= 59 Then
        MsgBox "学号" & n & ",分数为" & s & ",Fair" _
                , , "Fair"
    ElseIf s >= 40 And s <= 49 Then
        MsgBox "学号" & n & ",分数为" & s & ",Poor" _
                , , "Poor"
    ElseIf s >= 0 And s <= 39 Then
        MsgBox "学号" & n & ",分数为" & s & ",Fail" _
                , , "Fail"
    End If
End Sub
```

程序运行后，单击窗体，在输入对话框中分别输入学号和分数，程序将在输出对话框中输出适当的评语。例如，假定输入的学号为28，分数为85，则结果如图7.5所示。

图 7.5　习题 7.10 程序运行情况

7.11　一个两位的正整数，如果将它的个位数字与十位数字对调，则产生另一个正整数，我们把后者叫做前者的对调数。现给定一个两位的正整数，请找到另一个两位的正整数，使得这两个两位正整数之和等于它们各自的对调数之和。例如，12＋32＝23＋21。编写程序，把具有这种特征的一对对两位正整数找出来。下面是其中的一种结果：

```
56+(10)=(1)+65          56+(65)=(56)+65
56+(21)=(12)+65         56+(76)=(67)+65
56+(32)=(23)+65         56+(87)=(78)+65
56+(43)=(34)+65         56+(98)=(89)+65
56+(54)=(45)+65
```

解：程序如下：

```
Private Sub Form_Click()
    k = InputBox("请输入一个两位数")
    k = Val(k)
    g = Int(k / 10)
    h = k - g * 10
    m = h * 10 + g
    Print
    Print "输入的两位数是"; k
    Print
    For n = 0 To 99
        i = Int(n / 10)
        j = n - i * 10
        t = i * 10 + j
        s = j * 10 + i
```

```
            If k + n = m + s Then
                Print "        "; k; "+("; t; ")=("; s; ")+"; m
            End If
        Next n
    End Sub
```

本题通过试探法求解。在输入一个两位数 k 后，通过 g = Int(k/10)和 h=k−g＊10 可以求出它的十位数和个位数，把这两个数对调，即可得到 k 的对调数。进入循环后，从 0 开始，用上面的方法求出对调数，然后把它的对调数和 k 的对调数相加，比较二者是否相等，如果相等，则 0 即为 k 的解，不相等，则不是解；再用 1、2、3、…、99 进行试探，直到求出所有的解。在试探过程中，如果一个数是 k 的解，则输出该数。

程序运行后，单击窗体，在输入对话框中输入一个两位数，程序将输出 99 以内所有的对调数。运行情况如图 7.6 所示。

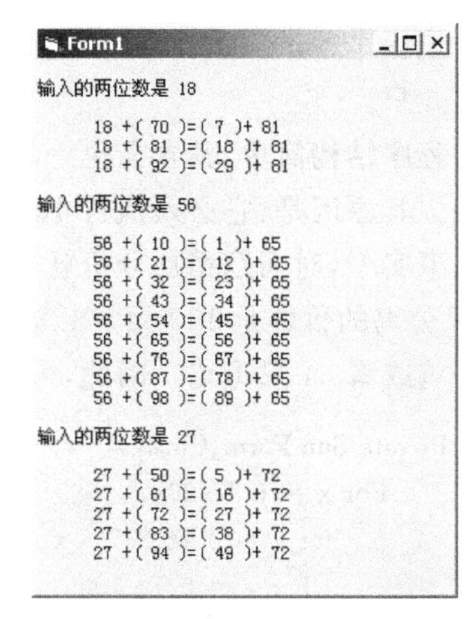

图 7.6　习题 7.11 程序运行情况

7.12　编写程序，求解“百鸡问题”。

公元五世纪末，我国古代数学家张丘建在他编写的《算经》里提出了一个不定方程问题，世界数学史上称为“百鸡问题”。题目是这样的：

鸡翁一，值钱五，鸡母一，值钱三，鸡雏三，值钱一。百钱买百鸡，问鸡翁、母、雏各几何？

译成现代汉语为：

每只公鸡价值 5 个钱，每只母鸡价值 3 个钱，每 3 只小鸡价值 1 个钱。现有 100 个钱想买 100 只鸡，问公鸡、母鸡和小鸡各应买几只？

解：根据题意，设 x，y，z 分别为鸡翁，鸡母，鸡雏的数目，则可得如下联立方程

$$5x+3y+z/3=100$$

$$x+y+z=100$$

三个未知数，只有两个方程，因此这是一个不定方程问题。要得到这个方程的解，必须使 x、y、z 的值满足上述两个方程。据此，编写程序如下：

```
Private Sub Form_Click()
    For x = 1 To 100
        For y = 1 To 100
            For z = 1 To 100
                Sum = x + y + z
                RSUM = 5 * x + 3 * y + z / 3
                If (Sum = 100) And (RSUM = 100) Then
                    Print x, y, z
                End If
```

```
            Next z
          Next y
        Next x
End Sub
```

该程序通过三重循环,根据鸡的总数和钱的总数是否同时都是 100 来判断每种鸡各应买几只。

程序结构简单,其含义也一目了然。但是,这个程序的效率较低,运行时需要较长的时间。其原因是,它必须执行 100×100×100=1000000 次循环。

事实上,对问题稍加分析就会发现,都进行 100 次循环既没有必要,也不可能。因为 20 只公鸡的价钱是 100 元,33.3 只母鸡的价钱是 100 元。就是说,100 元钱最多能买 20 只公鸡或者 34 只母鸡。因此,可以减少循环的次数。修改后程序如下:

```
Private Sub Form_Click()
    For x = 0 To 20
        For y = 0 To 34 - x
          For z = 0 To 100
             Sum = x + y + z
             RSUM = 5 * x + 3 * y + z / 3
             If (Sum = 100) And (RSUM = 100) Then
                 Print x, y, z
             End If
          Next z
       Next y
    Next x
End Sub
```

与前一个程序相比,该程序的循环次数大大减少了,运行速度要快得多。实际上,进一步提高程序设计技巧,还可以节省更多的时间。例如,把三重循环改为二重循环,就能大大提高程序的运行效率。

程序如下:

```
Private Sub Form_Click()
    For x = 0 To 20
        For y = 0 To 34
            Z = 100 - x - y
            If 5 * x + 3 * y + Z / 3 = 100 Then
                    Print x, y, Z
            End If
        Next y
    Next x
End Sub
```

显然,这个程序的运行时间很短。从这个例子可以看出,在设计程序时必须注意质量,而节省内存空间和运行时间是高质量程序的一个重要标准。

运行程序，单击窗体，结果如图 7.7 所示。

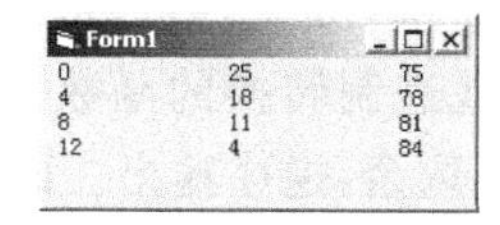

图 7.7　习题 7.12 程序运行结果

7.13　编写程序，用近似公式：

$$\frac{\pi}{4} \approx 1-\frac{1}{3}+\frac{1}{5}-\frac{1}{7}+\cdots(-1)^{n-1}\frac{1}{2n-1}$$

求 π 的近似值，直到最后一项的绝对值小于 10^{-4} 为止。

解：本题通过累加算法计算 π 的值，实际上是求一个数列前 n 项之和，要求第 n 项的绝对值小于 10^{-4}。可以用 While 循环来实现，循环结束的条件是最后一项（第 n 项）的绝对值小于 10^{-4}。

为了编写程序，应先找出该数列中各项的变化规律。从上面的近似公式可以看出，数列中第 n 项的分母是第 n－1 项的分母加上 2，第 n 项的分子是第 n－1 项的分子乘以 －1，把数列中小于 10^{-4} 之前的项累加起来，其和就是所求的 π 的近似值。

程序如下：

```
Private Sub Form_Click()
    Dim s As Integer
    Dim n As Single, t As Single
    Dim PI As Single
    t = 1                 ' t 用来存放当前项的值，初值为 1
    PI = 0                ' PI 用来存放所求的累加和，初值为 0
    n = 1                 ' n 存放每项的分母
    s = 1                 ' s 存放每项的分子
    While Abs(t) >= 0.0001
        PI = PI + t
        n = n + 2
        s = -s            ' 改变符号
        t = s / n
    Wend
    PI = PI * 4
    Print PI
End Sub
```

在上面的程序中，定义了 4 个变量，即 s、n、t、PI，分别用来存放数列中每项的分子、分母、当前项的值及累加和的值。

运行程序，单击窗体，将在窗体上输出 π 的近似值：3.141397。

用上面的程序所求得的值与实际 π 的值相差较大。其精度与数列中项的多少有关，上面程序要累加的最后一项的绝对值小于 0.0001。如果把最后项的绝对值定得再小一些，例如 0.000001，即 10^{-6}，则求得的 π 的近似值为：3.141594。

7.14 编写程序,把十进制数转换为 2～16 任意进制的字符串。

解: Visual Basic 提供了 Hex $ 和 Oct $ 函数,可以把一个十进制数分别转换为十六进制数和八进制数,但没有提供其他进制转换的函数。为了把一个十进制数 d 转换为 r 进制的数,通常采取的方法是:除 r 取余,逆序输出。即把 d 连续除以 r 取余数,直到商等于 0 为止,将所求得的余数放在一个数组中,按相反的顺序得到结果,最后得到的余数是转换后的最高位。

在窗体上画三个标签和三个文本框,如图 7.8 所示。

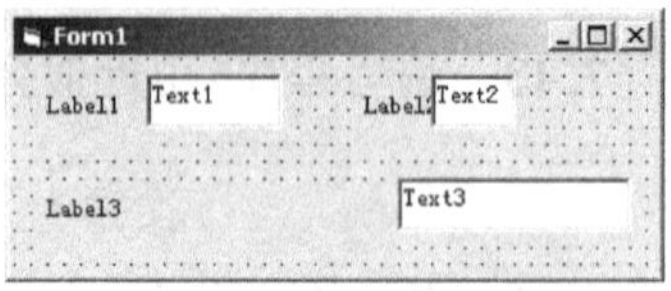

图 7.8 数制转换(界面设计)

编写如下程序:

```
Private Sub Form_Load()
    Label1.Caption = "十进制数"
    Label2.Caption = "进制"
    Text1.Text = ""
    Text2.Text = ""
    Text3.Text = ""
End Sub

Private Sub Form_Click()
    Dim dec As Integer, base As Integer
    Dim decR(30) As Integer
    Dim strDecR As String * 30
    Dim strBase As String * 16
    Dim b As Integer, n As Integer
    strBase = "0123456789ABCDE"
    dec = Val(Text1.Text)
    base = Val(Text2.Text)
    If base < 2 Or base > 16 Then
        res = MsgBox("进制超出范围", vbRetryCancel)
        If res = vbRetry Then
            Text1.Text = ""
            Text1.SetFocus
        Else
            End
        End If
    End If

    n = 0
    Do While dec <> 0
        decR(n) = dec Mod base
        dec = dec \ base
        n = n + 1
    Loop
```

```
    strDecR = ""
    n = n - 1
    Do While n >= 0
        b = decR(n)
        strDecR = RTrim(strDecR) + Mid(strBase, b + 1, 1)
        n = n - 1
    Loop
    Label3.Caption = Text1.Text & " 转换为 " & Text2.Text & " 进制后为:"
    Text3 = strDecR
End Sub
```

运行程序,在第一个文本框中输入要转换的十进制数,在第二个文本框中输入进制,然后单击窗体,即可在第三个文本框中输出转换后的数,如图 7.9 所示。

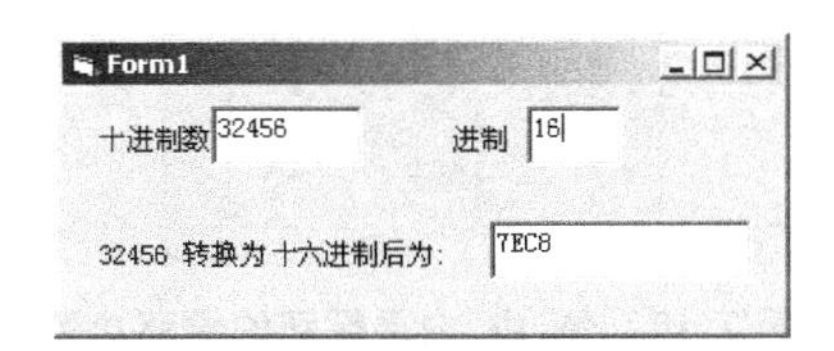

图 7.9　数制转换(运行情况)

7.15　假定有下面的程序段:

```
For i = 1 To 3
    For j = 1 To i
        For k = j To 3
            Print "i = "; i, "j = "; j, "k = "; k
        Next k
    Next j
Next i
```

这是一个三重循环程序,在这个程序中,外层、中层和内层循环的循环次数分别是多少?

解:在多重循环中,外层循环变化一次,内层循环从头到尾执行一遍。该题是一个三重循环,而且中层循环变量的终值和内层循环变量的初值是随上一层循环的循环变量的变化而变化的,因此需要逐层加以计算后累加出各层的循环次数。模拟计算机的计算过程,计算各层的循环次数如下。

(1) 外层循环:i = 1 To 3,循环次数为 3。

(2) 中层循环:当 i = 1 时,j = 1 To 1,循环 1 次;
　　　　　　　当 i = 2 时,j = 1 To 2,循环 2 次;
　　　　　　　当 i = 3 时,j = 1 To 3,循环 3 次;

中层循环的循环次数为 6。

(3) 内层循环:当 j = 1 时,k = 1 To 3,循环 3 次;
　　　　　　　当 j = 1 时,k = 1 To 3,循环 3 次;

当 j = 2 时,k = 2 To 3,循环 2 次;

当 j = 1 时,k = 1 To 3,循环 3 次;

当 j = 2 时,k = 2 To 3,循环 2 次;

当 j = 3 时,k = 3 To 3,循环 1 次;

内层循环的循环次数为 14。

因此,外层、中层和内层循环的循环次数分别为 3、6 和 14。

把该题的代码放在一个事件过程(Form_Click 或 Command1_Click)中,运行程序,结果如图 7.10 所示。可以把这个结果与上面分析的情况对照。

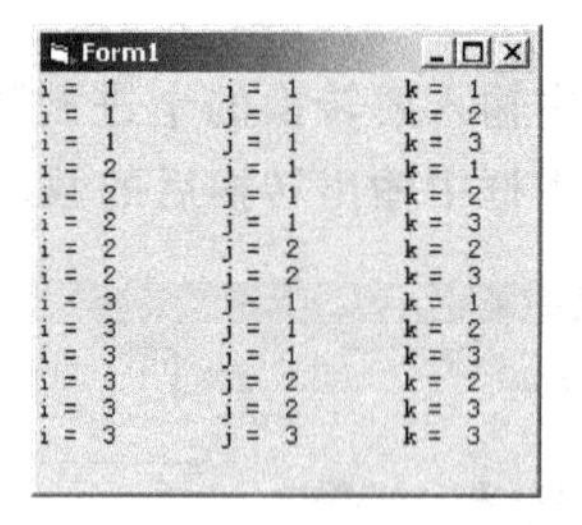

图 7.10 外、中、内层循环的循环次数

第8章　数组与记录

8.1　Visual Basic 中的数组与其他语言中的数组有什么区别？

解：主要区别是，其他语言中一个数组的每个元素必须是同一种类型的数据，而在 Visual Basic 中，一个数组中的各个元素可以是不同类型的数据。

8.2　在 Visual Basic 中可以通过哪几个语句定义数组，它们之间的区别是什么？

解：略。

8.3　用下面语句定义的数组中各有多少个元素：

(1) Dim arr(12)

(2) Dim arr(3 To 8)

(3) Dim arr(3 To 5, -2 To 2)

(4) Dim arr(2, 4, 6)

(5) Option Base 1
　　Dim arr(3, 3)

(6) Option Base 1
　　Dim arr(22)

(7) Dim arr(-5 To 5)

(8) Option Base 1
　　Dim arr(-8 To -2, 4)

解：(1) 13　　(2) 8

(3) 15　　(4) 105

(5) 9　　(6) 22

(7) 11　　(8) 28

8.4　从键盘上输入 10 个整数，并放入一个一维数组中，然后将其前 5 个元素与后 5 个元素对换，即：第 1 个元素与第 10 个元素互换，第 2 个元素与第 9 个元素互换……第 5 个元素与第 6 个元素互换。分别输出数组原来各元素的值和对换后各元素的值。

解：为了节省时间，可以通过 Array 函数为数组的各元素赋值。

程序如下：

```
Option Base 1
Private Sub Form_Click()
    arr = Array(1, 2, 3, 4, 5, 6, 7, 8, 9, 10)
    Print "原来数组："
    For i = 1 To 10
        Print arr(i);
    Next i
    Print
    For i = 1 To 5
        For j = 6 To 10
            t = arr(i)
            arr(i) = arr(j)
```

```
            arr(j) = t
        Next j
    Next i
    Print "对换后数组："
    For i = 1 To 10
        Print arr(i);
    Next i
End Sub
```

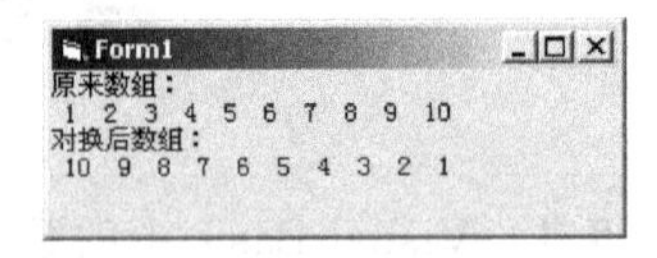

图 8.1 习题 8.4 程序运行结果

运行程序后，单击窗体，结果如图 8.1 所示。

8.5 设有如下两组数据

A：2，8，7，6，4，28，70，25

B：79，27，32，41，57，66，78，80

编写一个程序，把上面两组数据分别读入两个数组中，然后把两个数组中对应下标的元素相加，即 2+79，8+27，…，25+80，并把相应的结果放入第三个数组中，最后输出第三个数组的值。

解：程序如下：

```
Option Base 1
Private Sub Form_Click()
    Dim A, B, C(8) As Integer
    A = Array(2, 8, 7, 6, 4, 28, 70, 25)
    B = Array(79, 27, 32, 41, 57, 66, 78, 80)
    For i = 1 To 8
        C(i) = A(i) + B(i)
    Next i
    Print
    Print "第一个数组为：";
    For i = 1 To 8
        Print Tab(12 + 5 * i); A(i);
    Next i
    Print
    Print
    Print "第二个数组为：";
    For i = 1 To 8
        Print Tab(12 + 5 * i); B(i);
    Next i
    Print
    Print
    Print "结果数组为：";
    For i = 1 To 8
        Print Tab(12 + 5 * i); C(i);
    Next i
End Sub
```

程序运行后，单击窗体，结果如图 8.2 所示。

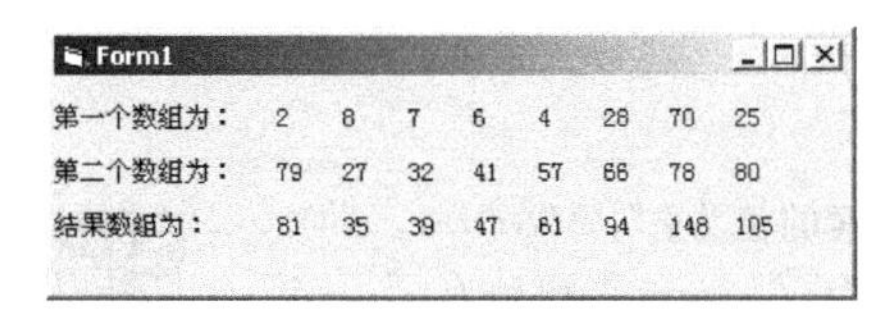

图 8.2　习题 8.5 程序运行结果

8.6　有一个 n×m 的矩阵，编写程序，找出其中最大的那个元素所在的行和列，并输出其值及行号和列号。

解：程序如下：

```
Option Base 1
Private Sub Form_Click()
    Dim Mat() As Integer
    Dim N, M As Integer
    N = InputBox("请输入矩阵的行数")
    N = Val(N)
    M = InputBox("请输入矩阵的列数")
    M = Val(M)

    ReDim Mat(N, M) As Integer
    For i = 1 To N
        For j = 1 To M
            Mat(i, j) = InputBox("请输入数组第" & i & "行第" & j & "列元素值")
            Mat(i, j) = Val(Mat(i, j))
        Next j
    Next i

    Print "所建立的矩阵为："
    For i = 1 To N
        For j = 1 To M
            Print Mat(i, j); "  ";
        Next j
        Print
    Next i

    Max = Mat(1, 1)
    For i = 1 To N
        For j = 1 To M
            If Max < Mat(i, j) Then
                Max = Mat(i, j)
                col = j
                row = i
```

```
            End If
        Next j
    Next i
    Print
    Print "矩阵最大的元素的值为："; Mat(row, col)
    Print "它所在的行号为："; row; ",列号为："; col
End Sub
```

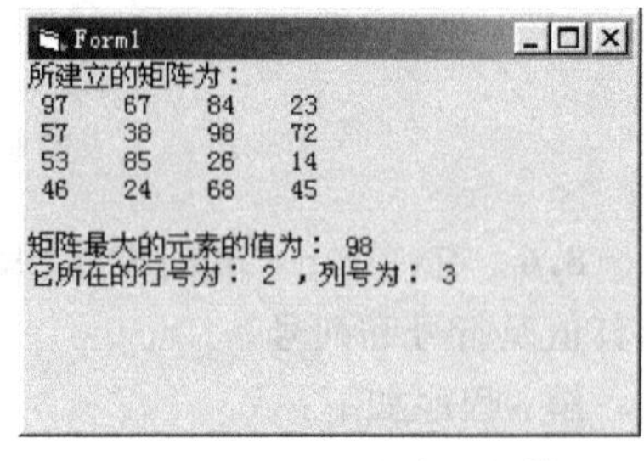

图 8.3　习题 8.6 程序运行情况

上述事件过程用来输出矩阵的最大值。程序运行后，单击窗体，首先输入矩阵的行数和列数，根据输入的值定义数组的大小，然后根据提示输入每个元素的值，输出完最后一个元素后，程序输出计算结果，如图 8.3 所示。

8.7　编写程序，把下面的数据输入一个二维数组中：

```
25  36  78  13
12  26  88  93
75  18  22  32
56  44  36  58
```

然后执行以下操作。

(1) 输出矩阵两个对角线上的数。

(2) 分别输出各行和各列的和。

(3) 交换第一行和第三行的位置。

(4) 交换第二列和第四列的位置。

(5) 输出处理后的数组。

解：程序如下：

```
Option Base 1
Private Sub Form_Click()
    Dim Mat(4, 4) As Integer
    Dim N, M As Integer
    N = 4
    M = 4

  '输入矩阵
    For i = 1 To N
        For j = 1 To M
            Mat(i, j) = InputBox("请输入数组第 " & i _
                        & " 行第 " & j & "列元素值")
            Val (Mat(i, j))
        Next j
    Next i
```

```
' 输出原始矩阵
Print
Print "初始矩阵为："
Print
For i = 1 To N
    For j = 1 To M
        Print Tab(6 * j); Mat(i, j);
    Next j
    Print
Next i

' 输出矩阵对角线上的数
Print
Print "矩阵对角线上的数为："
Print
For i = 1 To N
    For j = 1 To M
        If i = j Then
            Print Tab(6 * j); Mat(i, j);
        End If
    Next j
Next i

Print
For i = 1 To N
    For j = 1 To M
        If i + j = 5 Then
            Print Tab(6 * i); Mat(i, j);
        End If
    Next j
Next i

' 交换第一行和第三行
Print
For i = 1 To N
    For j = 1 To M
       If i = 1 Then
           t = Mat(1, j)
           Mat(1, j) = Mat(3, j)
           Mat(3, j) = t
       End If
    Next j
Next i
```

```
    Print
    Print "交换第一行和第三行后的矩阵为："
    Print
    For i = 1 To N
        For j = 1 To M
            Print Tab(6 * j); Mat(i, j);
        Next j
        Print
    Next i

    ' 交换第二列和第四列
    For i = 1 To N
        For j = 1 To M
           If j = 2 Then
               t = Mat(i, 2)
               Mat(i, 2) = Mat(i, 4)
               Mat(i, 4) = t
           End If
        Next j
    Next i

    Print
    Print "交换第二列和第四列后的矩阵为："
    Print
    For i = 1 To N
        For j = 1 To M
            Print Tab(6 * j); Mat(i, j);
        Next j
        Print
    Next i
End Sub
```

程序运行后，单击窗体，程序将显示输入对话框，提示输入第某行第某列的元素。输入完后，将在窗体上输出处理结果，如图 8.4 所示。

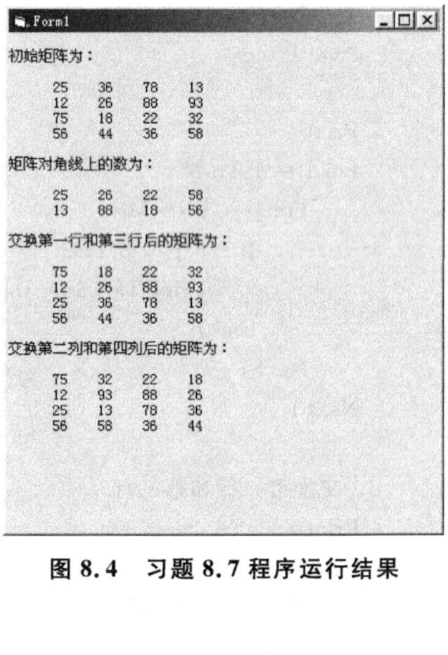

图 8.4　习题 8.7 程序运行结果

8.8　有如下人员名册：

姓　名	性别	年龄	文化程度	籍贯
张得功	男	24	大学本科	河北
李得胜	男	30	高中毕业	北京
王　丽	女	25	研究生	山东
…	…	…	…	…

试编写一个程序，对该名册进行检索。程序运行后，只要在键盘上输入一个人名，就可以在屏幕上显示出这个人的情况。例如，输入“张得功”，则显示：

张得功　　男　　24　　大学本科　　河北

要求：

(1) 使用动态数组，输入的人数可以根据实际情况改变。

(2) 当检索名册中不存在的人名时，输出相应的信息。

(3) 每次检索结束后，询问是否继续检索，根据输入的信息确定是否结束程序。

解：与其他程序设计语言不同，在 Visual Basic 中可以建立"混合数组"(默认数组)，即一个数组中可以含有不同类型的数据。这样，就可以把一个人员名册放入一个二维混合数组中，然后对这个数组进行处理。程序如下所示。

```
Option Base 1
Private Sub Form_Click()
    Dim arr(), s
    s = Array("姓名", "性别", "年龄", "文化程度", "籍贯")
    n = InputBox("请输入人数")
    n = Val(n)
    ReDim arr(n, 5)
    Print
    For i = 1 To n
        For j = 1 To 5
            arr(i, j) = InputBox("请输入第 " & i & " 个人的" & s(j))
        Next j
    Next i

    Print "输入的人员名册:"
    For i = 1 To n
        For j = 1 To 5
            Print arr(i, j); "  ";
        Next j
        Print
    Next i

    Print
    Print "检索情况:"
  Do
    sn = InputBox("请输入要查找的名字")
    For i = 1 To n
        For j = 1 To 5
            If sn = arr(i, 1) Then
                row = i
                Exit For
            Else
                row = 0
            End If
```

```
            Next j
            If row <> 0 Then Exit For
        Next i

        Print "要检索的字符串为:"; sn
        Print
        If row <> 0 Then
            For i = 1 To 5
                Print arr(row, i); "    ";
            Next i
            Print
        Else
            Print "没有要查找的信息"
        End If
        Print
        a = MsgBox("是否继续检索?", 19, "选择")
        If a <> 6 Then
            Exit Do
        End If
    Loop
End Sub
```

程序运行后，首先询问人员名册的人数，根据输入的人数建立二维数组，接着在输入对话框中提示输入每个人的姓名、性别、年龄、文化程度和籍贯。输入完成后，在窗体上显示输入的名册，然后询问要查找的人的名字，输入后开始查找，如果找到了，则显示该人的情况；如果没有找到，则显示相应的信息。程序的运行情况如图 8.5 所示。

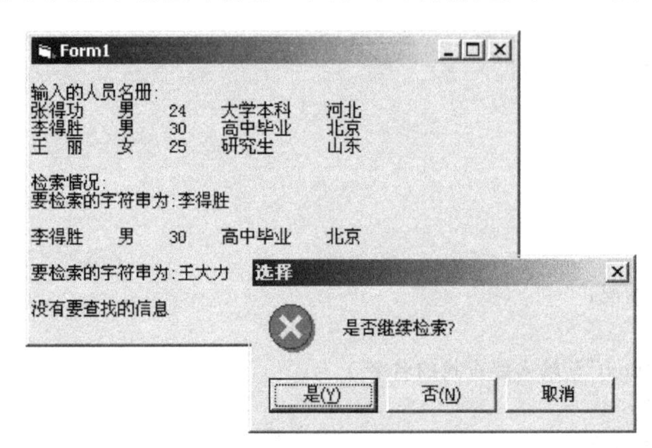

图 8.5　习题 8.8 程序运行情况

8.9　某单位开运动会，共有 10 人参加男子 100 米短跑，运动员号和成绩如下：

207 号	14.5 秒	077 号	15.1 秒
156 号	14.2 秒	231 号	14.7 秒
453 号	15.1 秒	176 号	13.9 秒

096 号	15.7 秒	122 号	13.7 秒
339 号	14.7 秒	302 号	14.5 秒

编写程序，按成绩排出名次，并按如下格式输出：

名次	运动员号	成绩
1	…	…
2	…	…
3	…	…
…	…	…
10	…	…

解：程序如下：

```
Option Base 1
Private Sub Form_Click()
    Dim M, X
    M = Array(207, 156, 453, 96, 339, 77, 231, 176, 122, 302)
    X = Array(14.5, 14.2, 15.1, 15.7, 14.7, 15.1, 14.7, 13.9, 13.7, 14.5)
    Print
    Print , "名次", "运动员号", " 成绩"
    Print
    For i = 1 To 9
        For j - i + 1 To 10
            If X(i) > X(j) Then
                t = X(i)
                X(i) = X(j)
                X(j) = t
                t = M(i)
                M(i) = M(j)
                M(j) = t
            End If
        Next j
        Print , i, M(i), X(i)
    Next i
    Print , 10, M(10), X(10)
End Sub
```

程序运行后，单击窗体，结果如图 8.6 所示。

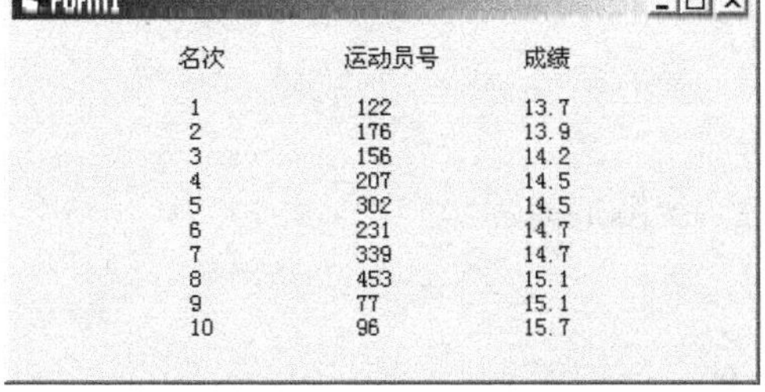

Form1

名次	运动员号	成绩
1	122	13.7
2	176	13.9
3	156	14.2
4	207	14.5
5	302	14.5
6	231	14.7
7	339	14.7
8	453	15.1
9	77	15.1
10	96	15.7

图 8.6　习题 8.9 程序运行结果

8.10 编写程序,建立并输出一个 10×10 的矩阵,该矩阵对角线元素为 1,其余元素均为 0。

解:程序如下:

```
Option Base 1
Private Sub Form_Click()
    Dim mat(10, 10)
    For i = 1 To 10
        For j = 1 To 10
            If i = j Then
                mat(i, j) = 1
            Else
                mat(i, j) = 0
            End If
        Next j
    Next i
    For i = 1 To 10
        For j = 1 To 10
            Print mat(i, j);
        Next j
        Print
    Next i
End Sub
```

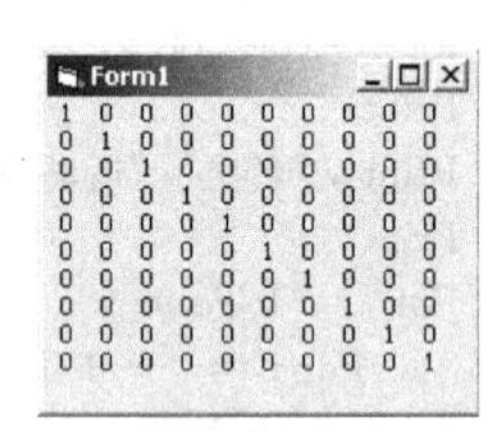

图 8.7　习题 8.10 程序运行结果

程序运行后,单击窗体,结果如图 8.7 所示。

8.11 编写程序,实现矩阵转置,即将一个 n×m 的矩阵的行和列互换。例如,a 矩阵为:

$$a=\begin{bmatrix}1 & 2 & 3\\4 & 5 & 6\end{bmatrix}$$

转置后的矩阵 b 为:

$$b=\begin{bmatrix}1 & 4\\2 & 5\\3 & 6\end{bmatrix}$$

解:程序如下:

```
Option Base 1
Private Sub Form_Click()
    Const n = 3
    Const m = 4
    Dim a(n, m), b(m, n) As Integer

    For i = 1 To n
        For j = 1 To m
            a(i, j) = Int(Rnd * 90) + 10
        Next j
```

```
    Next i

    For i = 1 To n
        For j = 1 To m
            b(j, i) = a(i, j)
        Next j
    Next i

    Print
    Print "矩阵 a(转置前):"
    Print
    For i = 1 To n
        For j = 1 To m
            Print Tab(5 * j); a(i, j);
        Next j
        Print
    Next i

    Print
    Print "矩阵 b(转置后):"
    Print
    For i = 1 To m
        For j = 1 To n
            Print Tab(5 * j); b(i, j);
        Next j
        Print
    Next i
End Sub
```

该程序用随机数函数产生一个两位整数的3行4列矩阵，然后进行转置，最后分别输出原来的矩阵和转置后的矩阵。程序运行后，单击窗体，结果如图8.8所示。

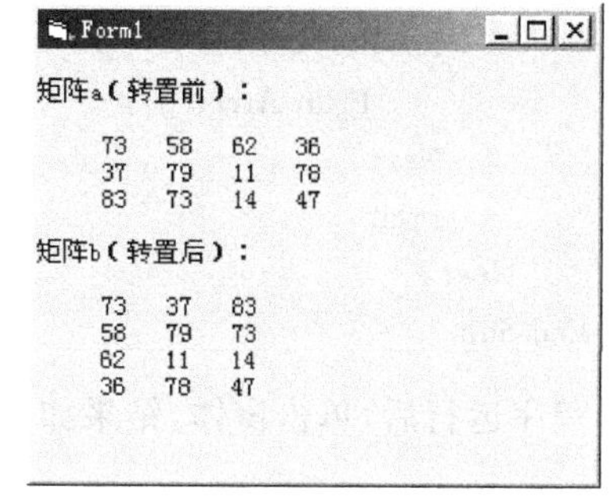

图8.8　习题8.11程序运行结果

8.12　编写程序，输出"杨辉三角形"。

杨辉三角形的每一行是$(x+y)^n$的展开式的各项的系数。例如第1行是$(x+y)^0$，其系数为1，第2行为$(x+y)^1$，其系数为1，1，第3行为$(x+y)^2$，其展开式为$x^2+2xy+y^2$，系数分别为1，2，1…。一般形式如下：

```
1
1  1
1  2  1
1  3  3  1
1  4  6  4  1
1  5  10  10  5  1
…
```

分析上面的形式,可以找出其规律:对角线和每行的第 1 列均为 1,其余各项是它的上一行中前一个元素和上一行的同一列元素之和。例如第 4 行第 3 列的值为 3,它是第 3 行第 2 列与第 3 列元素值之和,可以一般地表示为:

$$a(I,j) = a(I-1,j-1) + a(I-1,j)$$

请编写程序,输出 n=10 的杨辉三角形(共 11 行)。

解:程序如下:

```
Option Base 1
Private Sub Form_Click()
    Const N = 10
    Dim Arr(N, N) As Integer
    For i = 1 To N
        Arr(i, i) = 1
        Arr(i, 1) = 1
    Next i
    For i = 3 To N
        For j = 2 To i - 1
            Arr(i, j) = Arr(i - 1, j - 1) + Arr(i - 1, j)
        Next j
    Next i
    For i = 1 To N
        For j = 1 To i
            Print Arr(i, j);
        Next j
        Print
    Next i
End Sub
```

程序运行后,单击窗体,结果如图 8.9 所示。

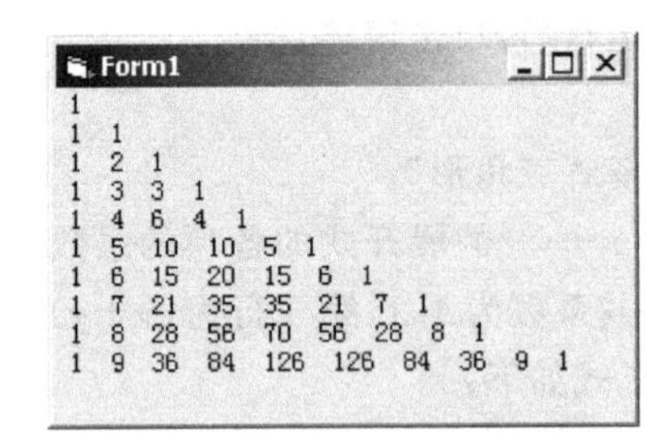

图 8.9 输出杨辉三角形

第9章 过 程

9.1 编写求3个数中最大值的过程Max和最小值的过程Min，然后用这两个过程分别求3个数和5个数、7个数中的最大值和最小值。

解：在窗体模块或标准模块中编写如下两个通用过程。

```
' 求3个数中最大值的过程
Function Max(ByVal a As Integer, ByVal b As Integer, ByVal c As Integer)
    If a > b Then
        m = a
    Else
        m = b
    End If
    If m > c Then
        Max = m
    Else
        Max = c
    End If
End Function

' 求3个数中最小值的过程
Function Min(ByVal a As Integer, ByVal b As Integer, ByVal c As Integer)
    If a < b Then
        m = a
    Else
        m = b
    End If
    If m < c Then
        Min = m
    Else
        Min = c
    End If
End Function
```

这两个通用过程分别用来求3个数中的最大值和最小值，各有3个形参，都使用传值方式。在下面的事件过程中调用这两个过程，分别求3个数、5个数、7个数中的最大值、最小值：

```
Private Sub Form_Click()
    ' 求3个数中的最大值、最小值
    Print
```

```
    Print "3 个数 34、124、68 的最大值是：";  Max(34, 124, 68)
    Print "3 个数 34、124、68 的最小值是：";  Min(34, 124, 68)

    ' 求 5 个数中的最大值、最小值
    Print
    Print "5 个数 34、124、68、73、352 的最大值是：";
    max1 = Max(34, 124, 68)
    max1 = Max(max1, 73, 352)
    Print max1
    Print "5 个数 34、124、68、73、352 的最小值是：";
    min1 = Min(34, 124, 68)
    min1 = Min(min1, 73, 352)
    Print min1

    ' 求 7 个数中的最大值、最小值
    Print
    Print "7 个数 34、124、68、73、352、493、25 的最大值是：";
    max1 = Max(34, 124, 68)
    max1 = Max(max1, 73, 352)
    max1 = Max(max1, 493, 25)
    Print max1
    Print "7 个数 34、124、68、73、352、493、25 的最小值是：";
    min1 = Min(34, 124, 68)
    min1 = Min(min1, 73, 352)
    min1 = Min(min1, 493, 25)
    Print min1
End Sub
```

3 个数中的最大值、最小值可以直接通过调用 Max、Min 函数求得。为了求 5 个数中的最大值、最小值，可以先求出前 3 个数的最大值、最小值，然后再求出这个值和其他两个数中的最大值、最小值。求 7 个数中最大值、最小值的操作与此类似。

程序运行后，单击窗体，结果如图 9.1 所示。

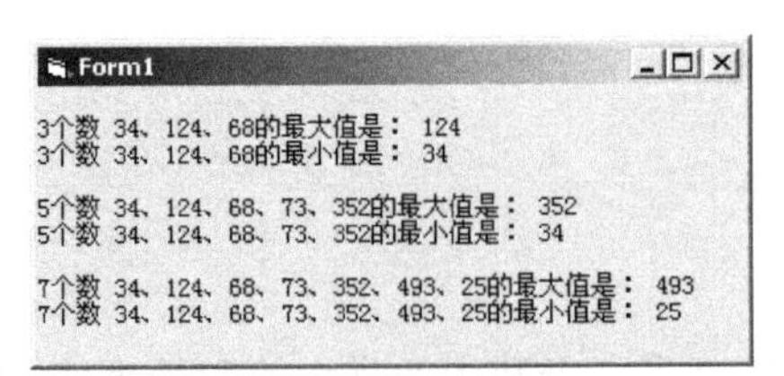

图 9.1　求 3 个、5 个、7 个数中的最大值、最小值

9.2　编写程序，求 S=A!+B!+C!，阶乘的计算分别用 Sub 过程和 Function 过程两种方法来实现。

解：按以下步骤操作。

(1) 在窗体上画两个命令按钮，如图 9.2 所示。

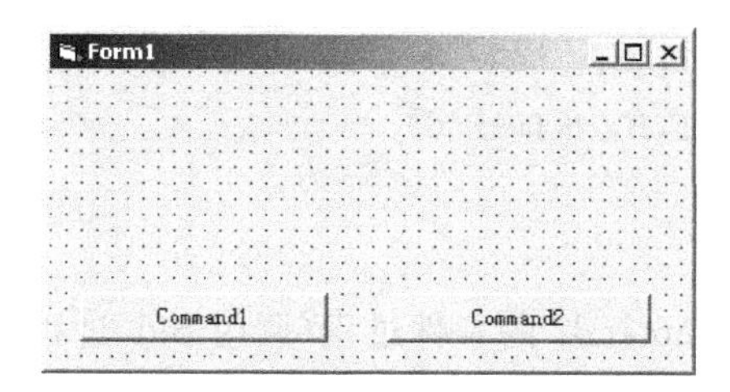

图 9.2　习题 9.2 程序界面设计

(2) 编写计算阶乘的 Function 和 Sub 过程。

- Function 过程：

```
Function factF(ByVal n As Integer)
    t = 1
    For i = 1 To n
        t = t * i
    Next i
    factF = t
End Function
```

- Sub 过程：

```
Sub factS(ByVal n As Integer, fac)
    fac = 1
    For i = 1 To n
        fac = fac * i
    Next i
End Sub
```

(3) 定义窗体层变量：

```
Dim A As Integer, B As Integer, C As Integer
```

(4) 编写窗体的 Load 事件过程：

```
Private Sub Form_Load()
    Command1.Caption = "调用 Function 过程"
    Command2.Caption = "调用 Sub 过程"
    A = 5
    B = 7
    C = 9
End Sub
```

在该过程中，把 5、7、9 赋予窗体层变量 A、B、C，即计算 5!+7!+9!。

(5) 编写命令按钮 Command1 的事件过程(调用 Function 过程)：

```
Private Sub Command1_Click()
```

```
    Print
    Print "调用 Function 过程时的输出结果："
    Print
    s = factF(A) + factF(B) + factF(C)
    Print s
End Sub
```

(6) 编写命令按钮 Command2 的事件过程(调用 Sub 过程)：

```
Private Sub Command2_Click()
    Print
    Print "调用 Sub 过程时的输出结果："
    Print
    Dim A1, B1, C1 As Double
    factS A, A1
    factS B, B1
    factS C, C1
    s = A1 + B1 + C1
    Print s
End Sub
```

程序运行后，单击命令按钮 1，将调用 Function 过程，输出 5!+7!+9!的值；而如果单击命令按钮 2，则将调用 Sub 过程，输出 5!+7!+9!的值。程序的运行结果如图 9.3 所示。

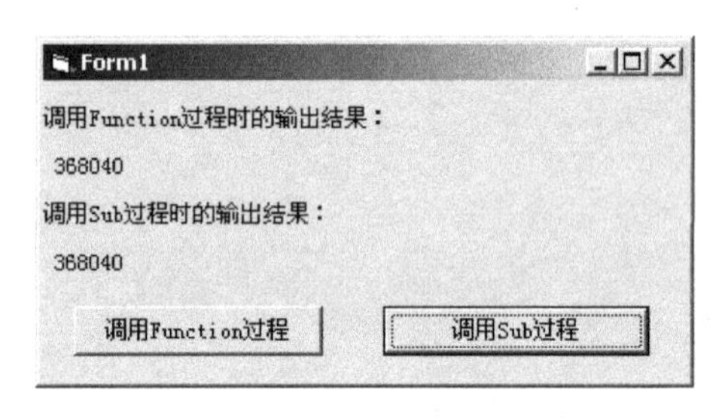

图 9.3　习题 9.2 程序运行情况

9.3　编写一个过程，以整型数作为形参，当该参数为奇数时输出 False，而当该参数为偶数时输出 True。

解：程序过程如下：

```
Function NumOE(ByVal n As Integer) As Boolean
    If n Mod 2 = 0 Then
        NumOE = True
    Else
        NumOE = False
    End If
End Function
```

这是一个 Function 过程，该过程有一个整型形参，其返回值为 Boolean 类型。当参数值为奇数时，过程返回 False，否则返回 True。在下面的事件过程中调用该过程：

```
Private Sub Form_Click()
    Dim RetNum As Boolean
    num = InputBox("请输入一个整数")
    num = Val(num)
    RetNum = NumOE(num)
    If RetNum = True Then
        a$ = "偶数"
    Else
        a$ = "奇数"
    End If
    Print RetNum; " ---- "; num; " 是一个"; a$
End Sub
```

程序运行后，单击窗体，在输入对话框中输入一个整数，程序将根据输入的数值输出相应的信息，如图 9.4 所示。

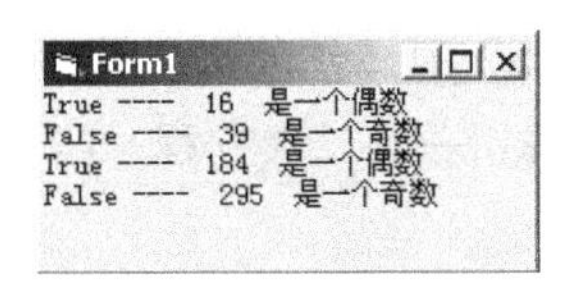

图 9.4　习题 9.3 程序运行情况

9.4　设 a 为一整数，如果能使 $a^2 = xxa$ 成立，则称 a 为“守形数”。例如 $5^2 = 25$，$25^2 = 625$，则 5 和 25 都是守形数。试编写一个 Function 过程 Automorphic，其形参为一正整数，判断其是否为守形数，然后用该过程查找 1～1000 内的所有守形数。

解：根据守形数的定义，如果对一个数的平方用 10 的幂求模(Mod)的结果仍为该数，则这个数就是守形数。例如，5 的平方是 25，而 25 Mod 10 = 5，因此 5 是一个守形数。据此，编写 Automorphic 过程如下。

```
Function Automorphic(ByVal Num As Long) As Boolean
    If Num * Num Mod 10 = Num Or Num * Num Mod 100 = Num Or _
            Num * Num Mod 1000 = Num Then
        Automorphic = True
    Else
        Automorphic = False
    End If
End Function
```

在下面的事件过程中调用 Automorphic 过程，输出 1 到 1000 内的所有守形数。

```
Private Sub Form_Click()
    Dim RetNum As Boolean
    For n = 1 To 1000
        RetNum = Automorphic(n)
        If RetNum = True Then
            Print n; "的平方为"; n * n, n; "是一个守形数"
        End If
    Next n
```

```
End Sub
```

程序运行后，单击窗体，结果如图 9.5 所示。

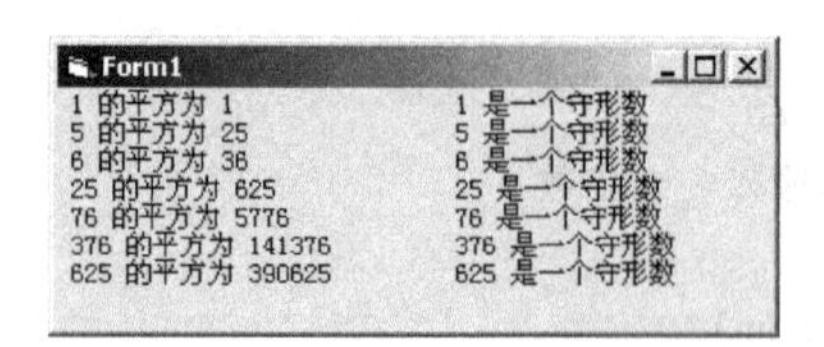

图 9.5　习题 9.4 程序运行结果

9.5　编写求解一元二次方程

$$ax^2 + bx + c = 0$$

的过程，要求 a、b、c 及解 x1、x2 都以参数传送的方式与主程序交换数据，输入 a、b、c 和输出 x1、x2 的操作放在主程序中。

解：一元二次方程

$$ax^2 + bx + c = 0$$

的解通常有以下几种可能。

(1) 当 $a=0$ 时，不是二次方程，不进行处理。

(2) 当 $b^2 - 4ac = 0$ 时，方程有两个相等实根。

(3) 当 $b^2 - 4ac > 0$ 时，方程有两个不等实根。

(4) 当 $b^2 - 4ac < 0$ 时，方程有两个共轭复根。

求解一元二次方程的通用过程如下：

```
Sub Equa(a As Single, b As Single, c As Single, x1, x2)
    If Abs(a) <= 0.000001 Then
        MsgBox "该方程不是二次方程"
        Exit Sub
    Else
        disc = b * b - 4 * a * c
    End If

    If Abs(disc) <= 0.000001 Then
        Flag = 1
        x1 = -b / (2 * a)
        x2 = -b / (2 * a)
    ElseIf disc > 0.000001 Then
        Flag = 2
        x1 = (-b + Sqr(disc)) / (2 * a)
        x2 = (-b - Sqr(disc)) / (2 * a)
    Else
        Flag = 3
        realpart = -b / (2 * a)
        imagpart = Sqr(-disc) / (2 * a)
```

```
        x1 = realpart & "+" & imagpart & "i"
        x2 = realpart & "-" & imagpart & "i"
    End If
End Sub
```

在上面的过程中,首先判断 a 的值是否为 0,如果为 0 则退出。如果不为 0,则计算判别式 b^2-4ac 的值,并把它赋予变量 disc。这里应注意,disc 是一个实数,由于实数在计算和存储时会有一些小的误差,因此不能直接判断 disc 是否等于 0,因为这样可能会出现本来是 0 的量,由于上述误差而被判定为不等于 0,从而导致结果错误。这里采取的办法是,判别 disc 的绝对值(Abs(disc))是否小于一个很小的数(例如 10^{-6}),如果小于此数,则认为 disc = 0。过程中用 realpart 和 imagpart 分别代表实部和虚部。

上述过程中的 Flag 是一个标志变量,在窗体层定义,当该变量为 1、2 和 3 时,分别代表方程有两个相同实根、两个不同实根和两个共轭复根三种情况。通过一个 Function 过程来返回这三种情况,该过程如下:

```
Function RootRet() As String
    If Flag = 1 Then
        RootRet = "方程有两个相同的根"
    ElseIf Flag = 2 Then
        RootRet = "方程有两个不同的根"
    ElseIf Flag = 3 Then
        RootRet = "方程有两个共轭复根"
    End If
End Function
```

该过程中的 Flag 的值在 Equa 过程中赋予。其初值为 0,在 Form_Load 过程中设置,过程如下:

```
Private Sub Form_Load()
    Flag = 0
End Sub
```

在下面的事件过程中调用上面的两个通用过程,输出一元二次方程的解:

```
Private Sub Form_Click()
    Equa 2, 6, 1, x1, x2
    Print
    Print "a = 2, b = 6, c = 1"
    Print RootRet
    Print "X1="; x1, "X2="; x2
    Print
    Flag = 0

    Equa 1, 2, 1, x1, x2
    Print
    Print "a = 1, b = 2, c = 1"
```

```
    Print RootRet
    Print "X1="; x1, "X2="; x2
    Print
    Flag = 0

    Equa 1, 2, 2, x1, x2
    Print
    Print "a = 1, b = 2, c = 2"
    Print RootRet
    Print "X1="; x1, "X2="; x2
    Flag = 0
End Sub
```

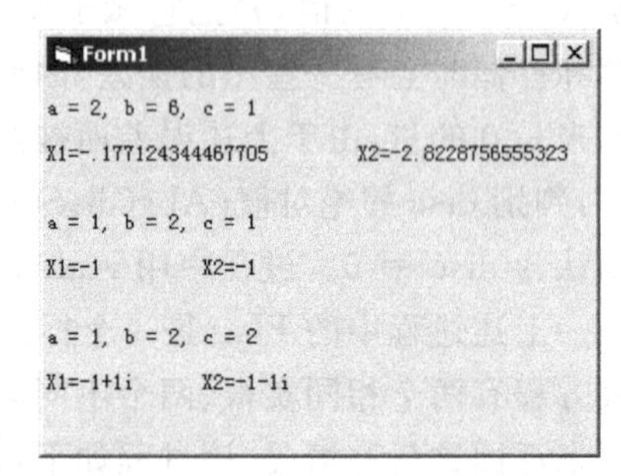

图 9.6　习题 9.5 程序运行情况

该过程通过三组数调用 Equa 和 RootRet 过程。这里直接对 a、b、c 进行赋值，也可以用 InputBox 函数从键盘上输入。程序运行后单击窗体，结果如图 9.6 所示。

9.6　斐波纳契(Fibonacci)数列的第一项是 1，第二项是 1，以后各项都是前两项的和，试用递归算法和非递归算法各编写一个程序，求斐波纳契数列前 N 项和第 N 项的值。

解：(1) 非递归算法。

斐波纳契数列的构成规律是：数列的第 1、2 个数是 1，从第 3 个数起，每个数是其前面两个数之和。据此，编写求斐波纳契前 N 项值的过程如下。

```
Sub Fibonacci(N As Integer)
    f1 = 1
    f2 = 1
    For i = 1 To N
        Print f1, f2,
        If i Mod 2 = 0 Then
            Print
        End If
        f1 = f1 + f2
        f2 = f2 + f1
    Next i
End Sub
```

注意，该过程用 For 循环来计算斐波纳契数列前 N 项的值，循环的终值是 N，而在每次循环中求两次值，因此实际上计算的是前 2N 项的值。

可以在下面的事件过程中调用该过程，输出斐波纳契数列的值：

```
Private Sub Form_Click()
        Fibonacci (20)
End Sub
```

程序运行后，单击窗体，结果如图 9.7 所示。

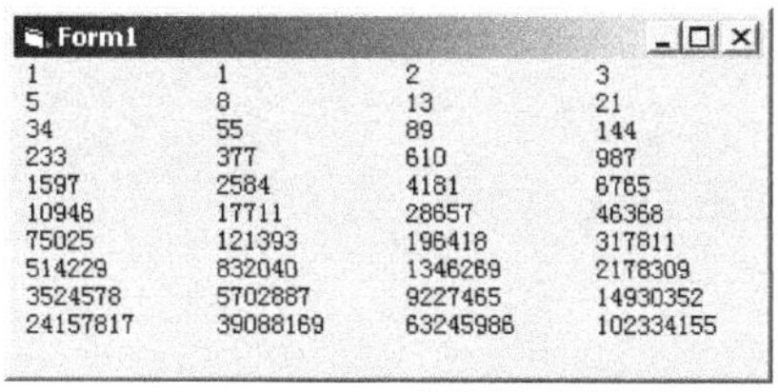

Form1			
1	1	2	3
5	8	13	21
34	55	89	144
233	377	610	987
1597	2584	4181	6765
10946	17711	28657	46368
75025	121393	196418	317811
514229	832040	1346269	2178309
3524578	5702887	9227465	14930352
24157817	39088169	63245986	102334155

图 9.7　用非递归算法求斐波纳契数列前 N 项的值

在上面求斐波纳契数列的过程中，第一次执行 f1 = f1 + f2 时得到的是第 3 个数，下一个赋值语句 f2 = f2 + f1 中赋值号右边的 f2 是数列中的第 2 个数，而 f1 已是第 3 个数(而不是原来的第 1 个数)了。因此求出的 f2(赋值号左边的 f2)是第 4 个数。

不难看出，该题目有这样一个特点：即给出前面的结果推出后面的结果。如果不知道前面两个数就推不出第 3 个数，只有知道第 2、3 个数才能推出第 4 个数……这种算法称为“递推”(Recurence)，即从前面的结果推出后面的结果。解决递推问题必须具备两个条件：

- 初始条件；
- 递推关系(或递推公式)。

对于斐波纳契问题来说，初始条件为：

$$f_1 = 1; \quad f_2 = 1$$

递推公式为：

$$f_n = f_{n-1} + f_{n-2}$$

合起来可以表示为：

$$\begin{cases} f_n = 1 & (n \leqslant 2) \\ f_n = f_{n-1} + f_{n-2} & (n > 2) \end{cases}$$

(2) 递归算法。

使用递归算法，斐波纳契数列的第 k 项可以表示为

$$Fib(k) = \begin{cases} 1 & (k \leqslant 2) \\ Fib(k-1) + Fib(k-2) & (k > 2) \end{cases}$$

例如，假定 k 为 5，则递归操作如下：

$$\begin{aligned} fib(5) &= fib(4) + fib(3) \\ &- fib(3) + fib(2) + fib(3) \\ &= fib(2) + fib(1) + 1 + fib(3) \\ &= 1 + 1 + 1 + fib(2) + fib(1) \\ &= 1 + 1 + 1 + 1 + 1 \\ &= 5 \end{aligned}$$

根据上面的算法分析，编写如下的斐波纳契数列递归过程：

```
Private Static Function fib(ByVal k As Integer)
    If k <= 2 Then
```

```
        fib = 1
        Exit Function
    Else
        fib = fib(k - 1) + fib(k - 2)
    End If
End Function
```

为了试验该过程的操作，可以在窗体上建立两个命令按钮，如图 9.8 所示。

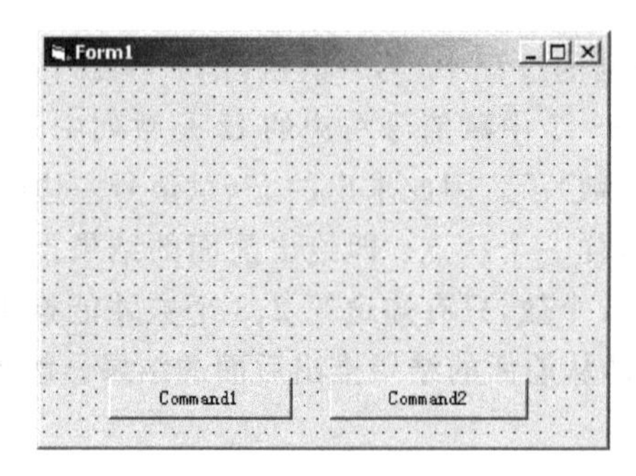

图 9.8　用递归算法求斐波纳契数列前 N 项的值(界面设计)

对窗体及两个命令按钮编写如下事件过程：

```
Private Sub Form_Load()
    Command1.Caption = "输出前 N 项"
    Command2.Caption = "输出第 N 项"
End Sub

Private Sub Command1_Click()
    Print
    k = InputBox("", "欲输出斐波纳契数列的前几项", "7")
    k = CInt(k)
    Print "数列的前"; k; "项是："
    For i = 1 To k
        d = fib(i)
        Print d,
        If i Mod 4 = 0 Then
            Print
        End If
    Next i
End Sub

Private Sub Command2_Click()
    Dim k As Long
    k = InputBox("", "欲求斐波纳契数列第几项", "7")
    k = CInt(k)
    d = fib(k)
```

```
    Print
    Print "数列的第"; k; "项是："; "f(" & k & ")=" & d
End Sub
```

程序运行后，如果单击第一个命令按钮，则显示一个输入对话框，要求输入要显示的数列的项数(前 N 项)，输入后单击“确定”，即可输出前 N 项。如果单击第二个命令按钮，则可输出数列的第 N 项。程序的运行情况如图 9.9 所示。

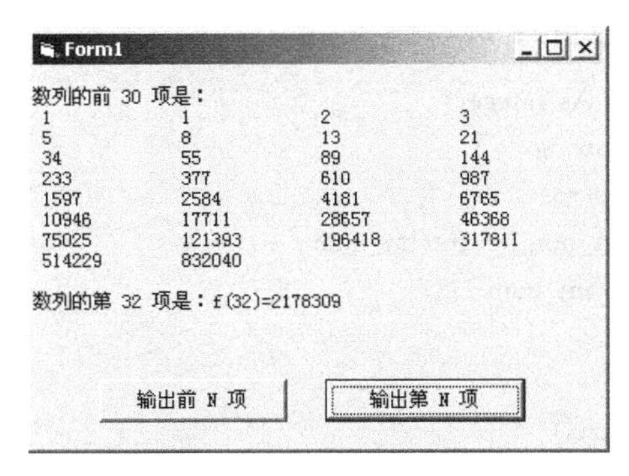

图 9.9　用递归算法求斐波纳契数列前 N 项的值(运行情况)

注意，与非递归算法相比，递归算法的运行速度要慢一些。当输入的 N 值较大时，程序需要运算一段时间。例如，如果输入 32，则即使在高档微机上，也需要几秒钟时间才能输出结果。

9.7　编写八进制数与十进制数相互转换的过程：

(1) 过程 ReadOctal，读入八进制数，然后转换为等值的十进制数。

(2) 过程 WriteOctal，将十进制正整数以等值的八进制形式输出。

解：Visual Basic 中的八进制数有两种类型，即整型(Integer)和长整型(Long)。其中整型的取值范围为 &O0 到 &O177777，也就是说，一个整型八进制数最多有 6 位数字。这里将只编写处理整型八进制数的过程。

按以下步骤操作。

(1) 编写 ReadOctal 过程：

```
Sub ReadOctal(oct_num As String)
    l = Len(oct_num)
    s = 0
    n = 0
    For i = l To 1 Step -1
        d = Mid(oct_num, i, 1)
        s = s + d * 8 ^ n
        n = n + 1
    Next i
    DecVal = s
End Sub
```

该过程有一个参数，其类型为 String，它是一个需要转换为十进制数的八进制数字符串。过程首先求出该字符串的长度，然后从右端开始，每次取一个数字，分别乘以 8^0、8^1、8^2…，把它们相加，其和即为等值的十进制数。例如，八进制数

$$\begin{aligned}(245)_8 &= 5\times 8^0 + 4\times 8^1 + 2\times 8^2\\ &= 5 + 32 + 128\\ &= (165)_{10}\end{aligned}$$

过程中有一个 DecVal 变量，它是一个模块级变量，需要在窗体层定义。

(2) 编写 WriteOctal 过程：

```
Sub WriteOctal(int_num As Integer)
    Dim OctStr(6) As String
    For i = 6 To 1 Step -1
        OctStr(i) = int_num - Int(int_num / 8) * 8
        int_num = Int(int_num / 8)
    Next i
    For i = 1 To 6
        s = s + OctStr(i)
    Next i
    OctVal = CInt(s)
End Sub
```

该过程用“除 8 取余”的方法把一个十进制数(int_num)转换为八进制数。它分为两步，首先是“除 8 取余”，然后把所得到的余数按相反的顺序排列。

该过程中的 OctVal 变量也需要在窗体层定义。

(3) 在窗体上画 4 个标签、四个文本和两个命令按钮，如图 9.10 所示。

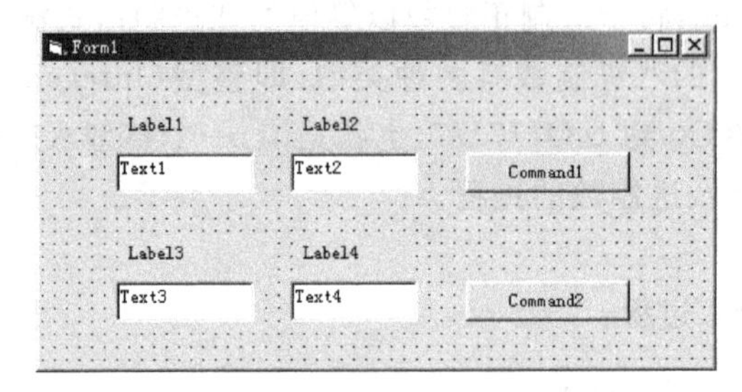

图 9.10　十进制数与八进制数转换(界面设计)

(4) 定义窗体层变量，编写窗体的 Load 事件过程：

```
Option Base 1
Dim OctVal, DecVal


Private Sub Form_Load()
    Label1.Caption = "十进制数"
    Label2.Caption = "八进制数"
    Label3.Caption = "八进制数"
    Label4.Caption = "十进制数"
```

```
    Text1.Text = ""
    Text2.Text = ""
    Text3.Text = ""
    Text4.Text = ""
    Command1.Caption = "十-->八转换"
    Command2.Caption = "八-->十转换"
End Sub
```

该过程对窗体中的控件进行初始化处理。

(5) 编写第一个命令按钮的事件过程：

```
Private Sub Command1_Click()
    If Val(Text1.Text) >= 0 And Val(Text1.Text) <= 32767 Then
        WriteOctal Val(Text1.Text)
        Text2.Text = OctVal
    Else
        MsgBox "请输入 Integer 类型的正数"
        Text1.Text = ""
    End If
End Sub
```

该过程调用 WriteOctal 过程，把第一个文本框中的十进制数转换为八进制数。它先判断在第一个文本框中输入的数是不是 Integer 型，如果是，则进行转换并在第二个文本框中显示相应的八进制数；如果不是，则要求重新输入。

(6) 编写第二个命令按钮的事件过程：

```
Private Sub Command2_Click()
    For i = Len(Text3.Text) To 1 Step -1
        d = Mid(Text3.Text, i, 1)
        If d > 7 Then
            MsgBox "请输入八进制数"
            Text3.Text = ""
            Exit Sub
        End If
    Next i
    If Val(Text3.Text) >= 0 And Val(Text3.Text) <= 32767 Then
        ReadOctal Text3.Text
        Text4.Text = DecVal
    Else
        MsgBox "请输入 Integer 类型的正数"
        Text3.Text = ""
    End If
End Sub
```

该过程调用 ReadOctal 过程，把第三个文本框中的八进制数转换为十进制数。它除了判断第三文本框中的数是否为整型外，还要判断输入的数是否是八进制数（即没有数字

8 和 9)。

程序运行后,在第一个文本框中输入一个十进制数,单击“十-->八转换”按钮,即可在后面的文本框中显示相应的八进制数。类似地,在第三个文本框中输入一个八进制数,单击“八-->十转换”按钮,即可在后面的文本框中显示相应的十进制数。程序的执行情况如图 9.11 所示。

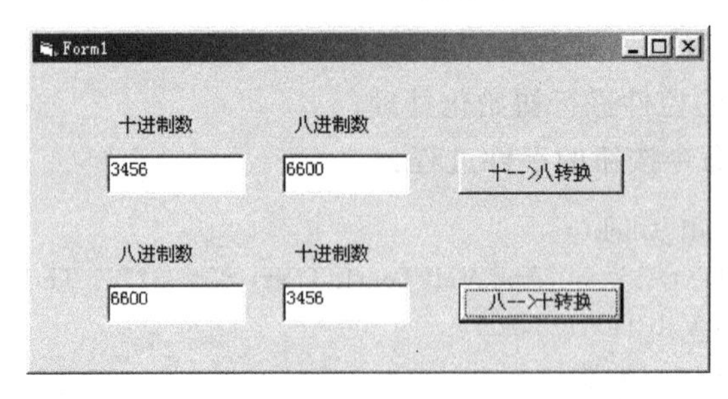

图 9.11　十进制数与八进制数转换(运行情况)

9.8　编写一个过程,用来计算并输出

$$S = 1 + \frac{1}{2} + \frac{1}{3} + \cdots + \frac{1}{100}$$

的值。

解:从公式可以看出,第 1 项为 1/1,第 2 项为 1/2,第 3 项为 1/3……,第 n 项为 1/n。也就是说,分母每次增加 1,而分子始终为 1。这个问题可以通过多种循环来解决,这里给出用 Do 循环和 For 循环编写的两个过程。

```
Function SumD(n As Integer) As Single
    s = 1
    i = 1
    Do
        i = i + 1
        s = s + 1 / i
    Loop Until i >= n
    SumD = s
End Function

Function SumF(n As Integer) As Single
    s = 1
    For i = 2 To n
        s = s + 1 / i
    Next i
    SumF = s
End Function
```

上述两个过程都可以求出前 n 项之和。其中 SumD 过程用 Do 循环实现,而 SumF 用 For 循环实现。注意,在用 For 循环实现时,循环初值不能从 1 开始,必须从 2 开始。

可以在下面的事件过程中试验上述过程的操作，求前 100 项之和：

```
Private Sub Form_Click()
    sum1 = SumD(100)
    sum2 = SumF(100)
    Print
    Print "sum1="; sum1
    Print "sum2="; sum2
End Sub
```

图 9.12　习题 9.8 程序运行结果

运行程序，单击窗体，结果如图 9.12 所示。

9.9　编写过程，用下面的公式计算 π 的近似值：

$$\frac{\pi}{4}=1-\frac{1}{3}+\frac{1}{5}-\frac{1}{7}+\cdots(-1)^{n-1}\frac{1}{2n-1}$$

在事件过程中调用该过程，并输出当 n=100、500、1000、5000 时 π 的近似值。

解：计算 π 的近似值的过程如下。

```
Function solPi(n As Integer) As Single
    Dim s As Integer
    Dim pi As Single
    pi = 0
    For i = 1 To n
        pi = pi + (-1) ^ (i - 1) / (2 * i - 1)
    Next i
    solPi = pi * 4
End Function
```

该过程有一个参数，它是循环的终值，即迭代的次数 n。n 的值越大，计算出来的值越接近于实际值。可以用下面的事件过程试验上述过程的操作：

```
Private Sub Form_Click()
    Dim pi As Single
    pi = solPi(100)
    Print "n=100, π的近似值为："; pi
    pi = solPi(500)
    Print "n=500, π的近似值为："; pi
    pi = solPi(1000)
    Print "n=1000, π的近似值为："; pi
    pi = solPi(5000)
    Print "n=5000, π的近似值为："; pi
    pi = solPi(10000)
    Print "n=10000, π的近似值为："; pi
End Sub
```

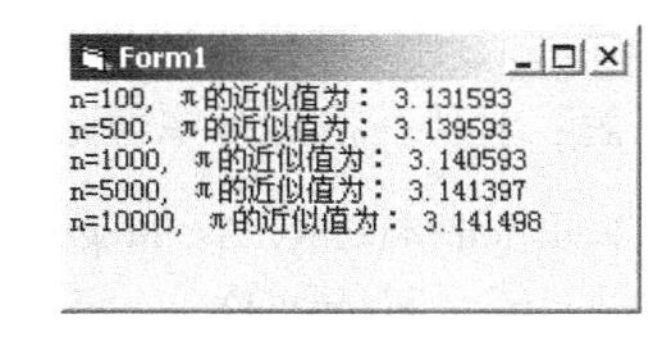

图 9.13　习题 9.9 程序运行情况

程序运行后，单击窗体，结果如图 9.13 所示。

9.10　在主教材第 9 章中介绍了用梯形法求定积分的方法(例 9.10)，请编写用矩形法求定积分的程序。矩形法与梯形法的区别是：梯形法以一个小梯形(曲顶矩形)的面积近似代替小区间内曲顶梯形的实际面积，而矩形法则是以一个矩形来代替。例如，sinx 曲线在(a, b)区间里可分为 n 个区间，每一个区间的宽为 h=(b−a)/n，高为 sin(a)。

编写用矩形法求定积分：

$$\int_a^b \cos dx$$

的程序，用 a=0，b=1，n=10、100、1000、10000 进行试验。

解：用矩形法求定积分的 Function 过程如下。

```
Function Integ(a As Integer, b As Integer, n As Integer) As Single
    x = a
    h = (b - a) / n
    f0 = Cos(x)
    s = 0
    For i = 1 To n
        si = f0 * h
        s = s + si
        x = x + h
        f0 = Cos(x)
    Next i
    Integ = s
End Function
```

可以在下面的事件过程中调用上述过程求出积分：

```
Private Sub Form_Click()
    Dim n As Integer
    n = InputBox("", "请输入矩形区间数", 100)
    i = Integ(0, 1, n)
    Print "当矩形区间为"; n; "时，积分值为："; ""; i
End Sub
```

图 9.14　习题 9.10 程序运行结果

程序运行后，单击窗体，在输入对话框中输入矩形区间数，程序将输出相应的积分值，如图 9.14 所示。

9.11　用随机数函数 Rnd 生成一个 8 行 8 列的数组(各元素值在 100 以内)，然后找出某个指定行内值最大的元素所在的列号。要求：查找指定行内值最大的元素所在列号的操作通过一个过程来实现。

解：求某一指定行中值最大的元素所在列号的 Function 过程代码如下。

```
Function Max(b() As Integer, row As Integer)
    m = b(row, 1)
    col = 1
    For i = 2 To UBound(b, 2)
        If b(row, i) > m Then
            Let m = b(row, i)
```

```
            col = i
        End If
    Next i
    Max = col
End Function
```

该过程有两个参数，其中第一个参数是数组，第二个参数是数组中指定行的行号。在这个过程中，首先把指定行的第一列的值赋予一个变量，其列号为 1，然后把该值与其后各列的值进行比较，如果比该值大，则用较大的值取代，同时记下其列号。

编写窗体的 Click 事件过程：

```
Private Sub Form_Click()
    Randomize
    Dim A(1 To 8, 1 To 8) As Integer
    Dim row As Integer
    For i = 1 To 8
        For j = 1 To 8
            A(i, j) = Int(Rnd * 100)
        Next j
    Next i

    Print "所生成的数组为："
    For i = 1 To 8
        For j = 1 To 8
            Print A(i, j);
        Next j
        Print
    Next i

    Do
        row = InputBox("请输入指定的行号:")
    Loop Until row >= 1 And row <= 8

    col = Max(A(), row)
    Print
    Print "第 "; row; " 行中最大元素所在列号为:"; col
End Sub
```

该过程首先用随机数函数 Rnd 生成一个 8 行 8 列的数组，然后要求输入一个行号，程序将输出该行中最大值所在的列号。程序运行后，单击窗体，在输入对话框中输入一个行号，程序将输出该行中值最大的元素所在的列号，如图 9.15 所示。

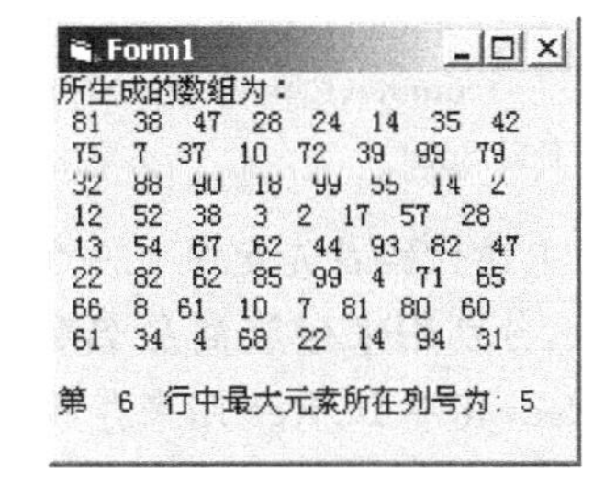

图 9.15　求数组某行中的最大元素所在的列号

9.12　某商场有一个价目表，该表有两项内容，即商品名和商品价格。原来的表中有

4 种商品的价格，即：

电冰箱　　　2340

电视机　　　5300

洗衣机　　　3320

自行车　　　890

编写程序，把上面的价目表存入一个数组，然后把新的商品名及其价格插入数组中。

解：本例主要是为了说明用记录作为过程的参数。可以把每种商品的名称和价格作为一个记录，把多个记录放到一个数组中。插入记录的操作通过一个过程来实现，用记录作为实参调用插入过程。

按以下步骤操作。

(1) 执行“工程”菜单中的“添加模块”命令，添加一个新的标准模块，打开代码窗口，输入以下代码：

```
Type commodity
    comname As String
    price As Currency
End Type
Public commo() As commodity
Public InsRec As commodity

Sub InsCommo(t As commodity, p As Integer)
    Dim L AS, H Integer AS Integer, i As Integer
    L = LBound(commo())
    H = UBound(commo())
    H = H + 1
    If p > (H - L) Then i = H - L
    ReDim Preserve commo(L To H)
    For i = H To L + p Step -1
        commo(i).comname = commo(i - 1).comname
        commo(i).price = commo(i - 1).price
    Next i
    commo(L + p - 1).comname = t.comname
    commo(L + p - 1).price = t.price
End Sub
```

上述代码首先定义了一个记录类型 commodity，该记录有两个成员，即 comname 和 price，分别用来存放商品名称和价格。接着定义了该记录类型的数组 commo 和变量 InsRec，其中 InsRec 用来存放要插入的记录。

过程 InsCommo 用来向数组中插入一个记录，它有两个形参，其中 t 是要插入的记录，p 是插入位置。该过程首先求出原来数组的上下界，让上界加 1，再用 ReDim 语句重新定义其大小，如果在调用时给出的插入位置大于数组长度，则把记录加到数组末尾。过程中的 For 循环用来建立一个插入位置，它从原来数组的最后一个元素开始，到插入位置,依次后移一个位置,从而空出插入位置。过程的最后两行执行插入操作。

(2) 在窗体上画两个标签、两个图片框和3个命令按钮,如图9.16所示。

(3) 编写Form_Load事件过程。

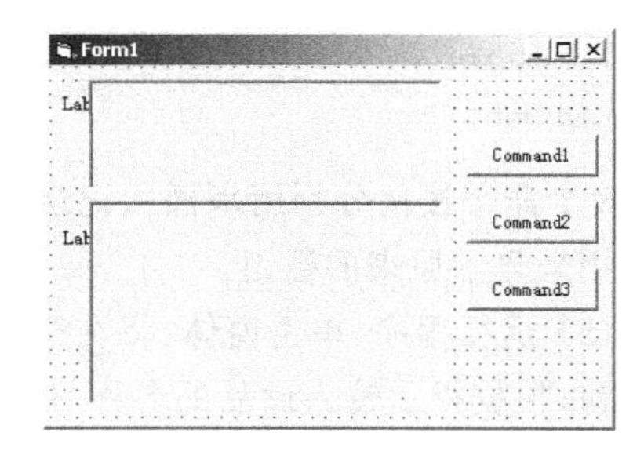

图9.16 传送记录参数(界面设计)

```
Private Sub Form_Load()
    ReDim commo(1 To 4) As commodity
    commo(1).comname = "电冰箱"
    commo(1).price = 2340
    commo(2).comname = "电视机"
    commo(2).price = 5300
    commo(3).comname = "洗衣机"
    commo(3).price = 3320
    commo(4).comname = "自行车"
    commo(4).price = 890
    Command1.Caption = "插    入"
    Command2.Caption = "显    示"
    Command3.Caption = "退    出"
    Label1.Caption = "插入前"
    Label2.Caption = "插入后"
End Sub
```

该过程用来建立初始数组,并对窗体上的控件进行初始化处理。初始数组有4个元素。

(4) 编写3个命令按钮及窗体的Click事件过程。

```
Private Sub Command1_Click()
    Dim inspos As Integer
    InsRec.comname = InputBox("请输入要插入的商品名")
    InsRec.price = InputBox("请输入商品价格")
    inspos = InputBox("请输入插入位置")
    InsCommo InsRec, inspos
End Sub

Private Sub Command2_Click()
    Picture2.Cls
    Picture2.Print
    For i = LBound(commo()) To UBound(commo())
        Picture2.Print commo(i).comname, , commo(i).price
    Next i
End Sub

Private Sub Command3_Click()
    End
End Sub
```

```
Private Sub Form_Click()
    For i = 1 To 4
        Picture1. Print commo(i). comname, , commo(i). price
    Next i
End Sub
```

3个命令按钮分别用来插入记录、显示插入后的数组及退出程序，窗体的 Click 事件过程用来显示原来的数组。

(5) 运行程序，单击窗体，将在第一个图片框中显示原来数组的内容。单击第一个命令按钮，根据提示输入商品的名称、价格和插入位置，即可把它插入数组中，每单击一次命令按钮插入一个记录，可插入任意多个记录。单击第二个命令按钮，将在第二个图片框中显示插入后的数组的内容。如果单击第三个命令按钮，则结束程序。

假定插入4种商品，见表9.1。

表9.1 插入的商品

商品名称	价　格	插入位置
空调机	2600	3
手机	1600	4
激光打印机	3200	5
电话机	325	6

则程序的运行情况如图9.17所示。

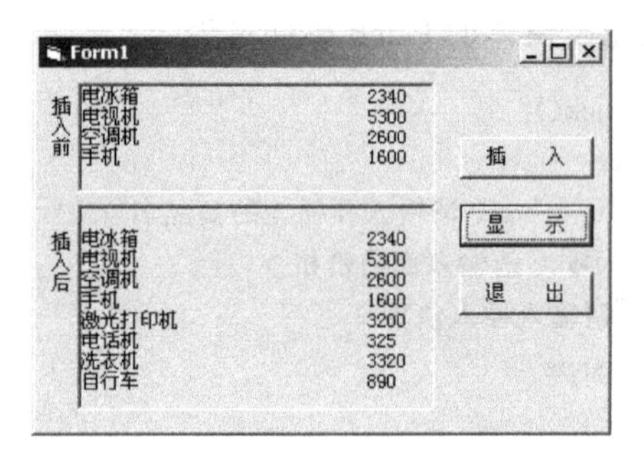

图9.17　传送记录参数(运行情况)

第 10 章　键盘与鼠标事件过程

10.1　编写如下两个事件过程：

```
Private Sub Form_KeyDown(KeyCode As Integer, Shift As Integer)
    Print Chr(KeyCode)
End Sub

Private Sub Form_KeyPress(KeyAscii As Integer)
    Print Chr(KeyAscii)
End Sub
```

在一般情况下(即不按住 Shift 键或锁定大写),运行程序,如果按“A”键,则程序的输出是什么?

解：在第一个事件过程中,参数 KeyCode 是实际的 ASCII 码,该码以“键”为准,而不是以“字符”为准,即大写字母(上档字符)与小写字母(下档字符)使用同一个键,其 KeyCode 相同,使用大写字母(下档字符)的 ASCII 码。当直接按“A”键或者按住 Shift 键的同时按“A”键时,参数 KeyCode 的值均为 65,因此,该事件过程的输出为：

```
Chr(65)
```

即大写字母“A”。

在第二个事件过程中,参数 KeyAscii 是所按键的 ASCII 码,如果直接按“A”键,则输入的是小写字母“a”,参数 KeyAscii 的值为 97;而如果在按住 Shift 键的同时按“A”键,则输入的是大写字母“A”,参数 KeyAscii 的值为 65。因此,当直接按“A”键时,该事件过程的输出为：

```
Chr(97)
```

即小写字母“a”。

综上所述可知,程序运行后,如果直接按“A”键,则在窗体上的输出结果为：

```
A
a
```

10.2　在窗体上画一个命令按钮和一个文本框,并把窗体的 KeyPreview 属性设置为 True,然后编写如下代码：

```
Dim SaveAll As String
Private Sub Command1_Click()
    Text1.Text = UCase(SaveAll)
End Sub
```

```
Private Sub Form_KeyPress(KeyAscii As Integer)
    SaveAll = SaveAll + Chr(KeyAscii)
End Sub
```

程序运行后，在键盘上输入 abcdefg，单击命令按钮，则文本框中显示的内容是什么？

解：在该题中，窗体的 KeyPreview 属性被设置为 True，如果按下键盘上的某个键，则激活的是窗体的键盘事件过程。因此，程序运行后，如果从键盘上输入 abcdefg，则这些字符被存入变量 SaveAll 中，当单击命令按钮时，在文本框中显示的内容为：

```
ABCDEFG
```

10.3 在窗体上画一个文本框，然后编写如下事件过程：

```
Private Sub Text1_KeyPress(KeyAscii As Integer)
    Dim char As String
    char = Chr(KeyAscii)
    KeyAscii = Asc(UCase(char))
    Text1.Text = String(6, KeyAscii)
End Sub
```

程序运行后，如果在键盘上输入字母"a"，则文本框中显示的内容是什么？

解：在该事件过程中，参数 KeyAscii 是所按键的 ASCII 码，区分大小写。程序运行后，如果在键盘上输入字母"a"，则 KeyAscii 的值为 97，经过转换后，KeyAscii 的值变为 65。最后执行 String 函数，在文本框中输入 6 个"A"，即：

```
AAAAAA
```

10.4 把窗体的 KeyPreview 属性设置为 True，然后编写如下过程：

```
Private Sub Form_KeyDown(KeyCode As Integer, Shift As Integer)
    Print Chr(KeyCode)
End Sub

Private Sub Form_KeyUp(KeyCode As Integer, Shift As Integer)
    Print Chr(KeyCode + 2)
End Sub
```

程序运行后，如果按"A"键，则输出结果是什么？

解：在 KeyDown 和 KeyUp 事件过程中，参数 KeyCode 是按键的 ASCII 码，该码以"键"为准。因此，程序运行后，如果按"A"键，则参数 KeyCode 的值为 65，输出"A"；而当松开该键时，将输出"C"。

10.5 假定编写了如下事件过程：

```
Private Sub Form_MouseMove(Button As Integer, _
            Shift As Integer, X As Single, Y As Single)
    If (Button And 3) = 3 Then
```

```
        Print "AAAA"
    End If
End Sub
```

程序运行后,为了在窗体上输出"AAAA",应按下鼠标什么键?

解:应先把鼠标光标移到窗体上,然后同时按住鼠标左、右键,并移动鼠标。

10.6 在窗体上画两个文本框,其名称分别为 Text1 和 Text2,然后编写如下事件过程:

```
Private Sub Form_Load()
    Show
    Text1.Text = ""
    Text2.Text = ""
    Text2.SetFocus
End Sub

Private Sub Text2_KeyDown(KeyCode As Integer, Shift As Integer)
    Text1.Text = Text1.Text + Chr(KeyCode - 4)
End Sub
```

程序运行后,如果在 Text2 文本框中输入 efghi,则 Text1 文本框中的内容是什么?

解:对于 KeyDown 事件过程来说,参数 KeyCode 以"键"为准,即使输入小写字母,KeyCode 的值仍为相应的大写字母的 ASCII 码。因此,如果在 Text2 文本框中输入 efghi,则 Text1 文本框中的内容为 ABCDE,如图 10.1 所示。

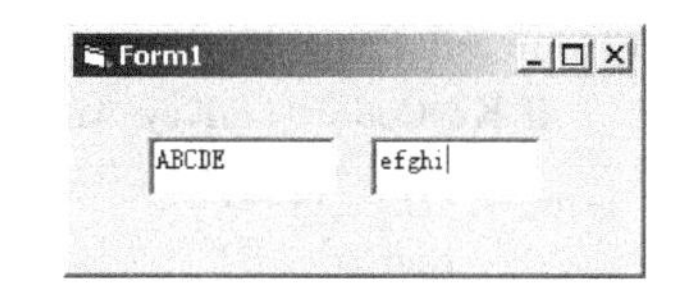

图 10.1 习题 10.6 程序运行结果

10.7 在窗体上画一个文本框,然后编写程序。程序运行后,如果按下键盘上的 A、B、C、D(或 a、b、c、d)键,则在文本框中显示 EFGH。

解:在窗体上画一个命令按钮和一个文本框,把窗体的 KeyPreview 属性设置为 True,然后编写如下程序:

```
Private Sub Form_Load()
    Show
    Command1.SetFocus
    Text1.Text = ""
End Sub

Private Sub Form_KeyDown(KeyCode As Integer, _
                    Shift As Integer)
    Text1.Text = Text1.Text + Chr(KeyCode + 4)
End Sub
```

在上面的程序中,Form_Load 事件过程用来清除文本框中的内容,并把焦点移到命令按钮中。程序运行后,如果在键盘上输入 A、B、C、D 或 a、b、c、d,则可在文本框中显示

EFGH，如图 10.2 所示。

该程序中的命令按钮主要用来转移焦点，否则从键盘上输入的字符将在文本框中显示。

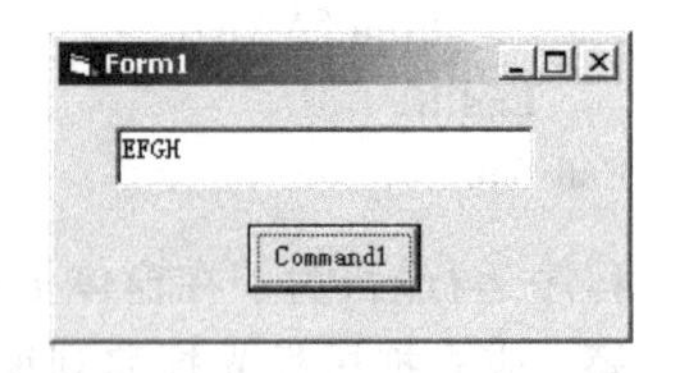

图 10.2 习题 10.7 程序运行情况

10.8 编写一个程序，当同时按下 Alt 键和 F6 键或者同时按下 Shift 键和 F6 键时，在窗体上显示"再见!"，并终止程序的运行。

解：程序如下：

```
Const altKey = 4
Const shiftKey = 1
Const f6Key = &H75

Private Sub Form_KeyDown(KeyCode As Integer, Shift As Integer)
    If KeyCode = f6Key And Shift = altKey Or Shift = shiftKey Then
        Print "再见!"
        End
    End If
End Sub
```

事件过程也可以改为：

```
Private Sub Form_KeyDown(KeyCode As Integer, Shift As Integer)
    If KeyCode = f6Key And Shift = altKey Then 'Or Shift = shiftKey Then
        Print "再见!"
        End
    End If
    If KeyCode = f6Key And Shift = shiftKey Then
        Print "再见!"
        End
    End If
End Sub
```

10.9 在窗体上画一个文本框、一个图片框和一个命令按钮。编写程序，使得当鼠标光标位于不同的控件或窗体上时，鼠标光标具有不同的形状，此时如果按下鼠标右键，则显示相应的信息。例如，当鼠标光标移到图片框上时，如果按下鼠标右键，则用一个信息框显示："现在鼠标光标位于图片框中"。要求：在文本框和窗体上的鼠标光标使用系统提供的光标形状，而图片框和命令按钮上的鼠标光标使用自定义的形状。

解：在窗体上画一个文本框、一个图片框和一个命令按钮，然后编写如下程序。

```
Private Sub Command1_MouseMove(Button As Integer, _
            Shift As Integer, X As Single, Y As Single)
    Command1.MousePointer = 99
    Command1.MouseIcon = LoadPicture("d:\resource\ico\ARW02RT.ICO")
End Sub
```

```
Private Sub Form_MouseMove(Button As Integer, _
                Shift As Integer, X As Single, Y As Single)
    Form1.MousePointer = 10
End Sub

Private Sub Text1_MouseMove(Button As Integer, _
                Shift As Integer, X As Single, Y As Single)
    Text1.MousePointer = 12
End Sub

Private Sub Picture1_MouseMove(Button As Integer, _
                Shift As Integer, X As Single, Y As Single)
    Picture1.MousePointer = 99
    Picture1.MouseIcon = LoadPicture("d:\resource\ico\ARW02LT.ICO")
End Sub

Private Sub Form_MouseDown(Button As Integer, _
                Shift As Integer, X As Single, Y As Single)
    If Button = 2 Then
        MsgBox "现在鼠标光标位于窗体上", , "窗体"
    End If
End Sub

Private Sub Command1_MouseDown(Button As Integer, _
                Shift As Integer, X As Single, Y As Single)
    If Button = 2 Then
        MsgBox "现在鼠标光标位于命令按钮框中", , "命令按钮"
    End If
End Sub

Private Sub Picture1_MouseDown(Button As Integer, _
                Shift As Integer, X As Single, Y As Single)
    If Button = 2 Then
        MsgBox "现在鼠标光标位于图片框中", , "图片框"
    End If
End Sub

Private Sub Text1_MouseDown(Button As Integer, _
                Shift As Integer, X As Single, Y As Single)
    If Button = 2 Then
        MsgBox "现在鼠标光标位于文本框中", , "文本框"
    End If
End Sub
```

程序运行后，把鼠标光标移到某个控件中，鼠标光标变为自定义的形状，此时如果按下鼠标右键，则显示相应的信息，如图 10.3 所示。

图 10.3　习题 10.9 程序运行情况

10.10　编写一个类似于"回收站"的程序。用适当的图形作为"回收站"，程序运行后，把窗体上其他的对象拖到"回收站"上，松开鼠标按键后，显示一个信息框，询问是否确实要把该对象放入"回收站"，此时单击"是"按钮即放入"回收站"，对象从窗体上消失；单击"否"按钮则对象仍回到原来位置。

解：以命令按钮为例编写程序，即把一个命令按钮拖到"回收站"上，松开鼠标按键后，显示一个信息框，询问是否把命令按钮放入"回收站"。

按以下步骤操作。

（1）在窗体上画一个命令按钮和一个图像框。

（2）设置图像框的 Picture 属性和命令按钮的 DragIcon 属性：

```
Private Sub Form_Load()
    Image1.Picture = LoadPicture("d:\resource\ico\waste.ico")
    Command1.DragIcon = LoadPicture("d:\resource\ico\world.ico")
End Sub
```

上述过程中，第一个语句用来在图像框中装入一个图标，该图标是一个"回收站"的图形。第二个语句用来设置在拖动命令按钮过程中所显示的图形。

（3）用 MouseDown 事件过程打开拖拉开关：

```
Private Sub Command1_MouseDown(Button As Integer, _
                Shift As Integer, X As Single, Y As Single)
    Command1.Drag 1
End Sub
```

上述过程是当按下鼠标按键时所产生的操作，即用 Drag 方法打开拖拉开关，产生拖拉操作。

（4）关闭拖拉开关，停止拖拉并产生 DragDrop 事件：

```
Private Sub Command1_MouseUp(Button As Integer, _
                Shift As Integer, X As Single, Y As Single)
    Command1.Drag 2
End Sub
```

（5）编写 DragDrop 事件过程：

```
Private Sub Form_DragDrop(Source As Control, _
```

```
                    X As Single, Y As Single)
    Source.Move (X - Source.Width / 2), (Y - Source.Height / 2)
End Sub
```

关闭拖拉开关(用 Drag 2)后,将停止拖拉并产生 DragDrop 事件。即在松开鼠标按键后,把控件放到鼠标光标位置。在一般情况下,鼠标光标所指的是控件的左上角,而在该过程中,鼠标光标所指的是控件的中心。

(6) 编写图像框的 DragOver 事件过程:

```
Private Sub Image1_DragOver(Source As Control, _
                X As Single, Y As Single, State As Integer)
    X = MsgBox("是否把该对象放入回收站", vbYesNo, "选择")
    If X = 6 Then
        Command1.Visible = False
    End If
End Sub
```

当拖动的对象位于"回收站"上方时,发生 DragOver 事件,此时将显示一个信息框,如图 10.4 所示,询问是否把该对象放入回收站,如果单击"是"按钮,则对象(命令按钮)消失;而如果单击"否"按钮,则对象不消失。

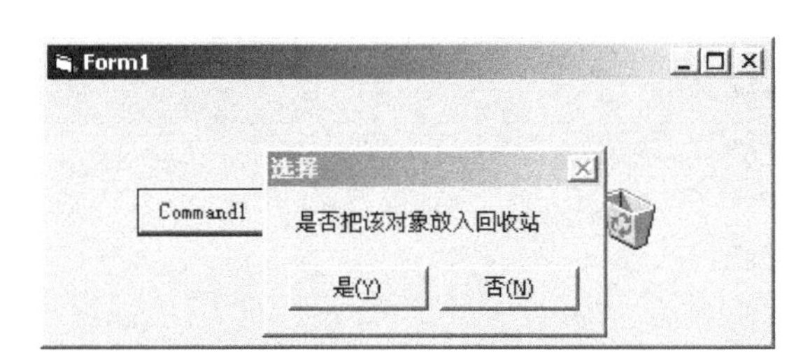

图 10.4　习题 10.10 程序运行情况

10.11　在窗体上画若干个控件,然后画两个列表框,其中一个列表框用来列出当前窗体上控件的名称,另一个列表框列出 15 种鼠标光标的形状(用数值表示)。程序运行后,从第一个列表框中选择控件或窗体,从第二个列表框中选择鼠标光标形状,为选择的控件或窗体设置所需要的鼠标光标形状。要求:两个列表框隐藏,只在需要时显示出来。

解:我们使用 6 个控件,即标签、图片框、文本框和命令按钮以及 2 个列表框,加上窗体共有 7 个对象。

按以下步骤操作。

(1) 在窗体上画一个标签、一个图片框、一个文本框和一个命令按钮,然后画两个列表框,如图 10.5 所示。

(2) 在窗体层定义如下变量:

```
Dim ConName As String
Dim MouShape As Integer
```

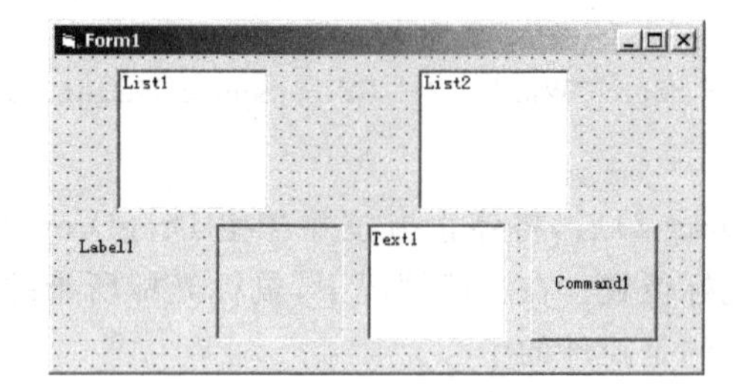

图 10.5　习题 10.11 程序界面设计

(3) 编写如下事件过程：

```
    List1.AddItem "窗体"
    List1.AddItem "标签"
    List1.AddItem "图片框"
    List1.AddItem "文本框"
    List1.AddItem "命令按钮"

    List2.AddItem "1"
    List2.AddItem "2"
    List2.AddItem "3"
    List2.AddItem "4"
    List2.AddItem "5"
    List2.AddItem "6"
    List2.AddItem "7"
    List2.AddItem "8"
    List2.AddItem "9"
    List2.AddItem "10"
    List2.AddItem "11"
    List2.AddItem "12"
    List2.AddItem "13"
    List2.AddItem "14"
    List2.AddItem "15"
    List1.Visible = False
    List2.Visible = False
End Sub

Private Sub Form_Click()
    List1.Visible = False
    List2.Visible = False
    Select Case ConName
        Case Is = "窗体"
            Form1.MousePointer = MouShape
        Case Is = "标签"
```

```
            ConName = "Label1"
            Label1.MousePointer = MouShape
        Case Is = "图片框"
            Picture1.MousePointer = MouShape
        Case Is = "文本框"
            Text1.MousePointer = MouShape
        Case Is = "命令按钮"
            Command1.MousePointer = MouShape
    End Select
End Sub

Private Sub List1_Click()
    ConName = List1.Text
    List1.Visible = False
End Sub

Private Sub List2_Click()
    MouShape = List2.Text
    List2.Visible = False
End Sub

Private Sub Command1_Click()
    List1.Visible = True
    List2.Visible = True
End Sub

Private Sub Label1_Click()
    List1.Visible = True
    List2.Visible = True
End Sub

Private Sub Picture1_Click()
    List1.Visible = True
    List2.Visible = True
End Sub

Private Sub Text1_Click()
    List1.Visible = True
    List2.Visible = True
End Sub
```

运行程序，窗体上只显示 4 个控件，两个列表框不显示，此时单击其中的某个控件，即可显示列表框，如图 10.6 所示。

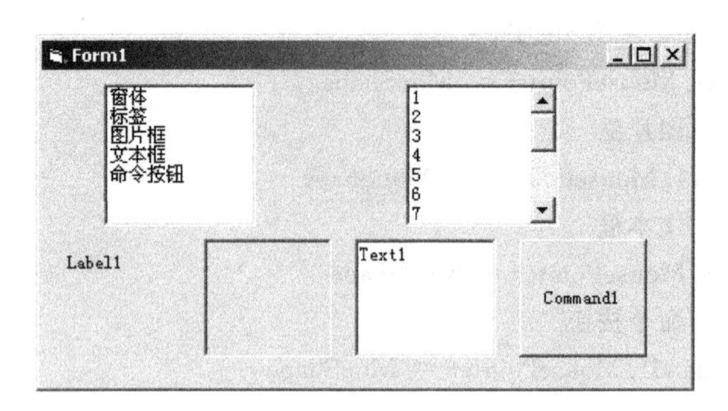

图 10.6　习题 10.11 程序运行情况

在第一个列表框中选择一个对象(窗体或控件),在第二个列表框中选择一个数值,然后单击窗体,即可把该对象中的鼠标光标设置成指定的形状。

第 11 章　菜单程序设计

11.1　在 Visual Basic 中可以建立几种菜单？下拉式菜单有什么优点？

解：略。

11.2　可以通过哪几种方法打开菜单编辑器？

解：略。

11.3　菜单编辑器由哪几部分组成？每一部分的功能是什么？

解：略。

11.4　建立下拉式菜单的一般步骤是什么？

解：略。

11.5　如何建立弹出式菜单？

解：略。

11.6　在窗体上画一个文本框，把它的 MultiLine 属性设置为 True，通过菜单命令向文本框中输入信息并对文本框中的文本进行格式化。按下述要求建立菜单程序。

(1) 菜单程序含有 3 个主菜单，分别为"输入信息"、"显示信息"和"格式"。

其中　"输入信息"包括两个菜单命令："输入"、"退出"。

"显示信息"包括两个菜单命令："显示"、"清除"。

"格式"包括 5 个菜单命令："正常"、"粗体"、"斜体"、"下划线"和"Font20"。

(2) "输入"命令的操作是：显示一个输入对话框，在该对话框中输入一段文字。

(3) "退出"命令的操作是：结束程序运行。

(4) "显示"命令的操作是：在文本框中显示输入的文本。

(5) "清除"命令的操作是：清除文本框中所显示的内容。

(6) "正常" 命令的操作是：文本框中的文本用正常字体(非粗体、非斜体、无下划线)显示。

(7) "粗体"命令的操作是：文本框中的文本用粗体显示。

(8) "斜体"命令的操作是：文本框中的文本用斜体显示。

(9) "下划线"命令的操作是：给文本框中的文本加上下划线。

(10) "Font20"命令的操作是：把文本框中文本字体的大小设置为 20。

要求：新输入的文本添加到原有文本的后面。

解：按下述步骤操作。

(1) 启动 Visual Basic，在窗体上画一个文本框，并把它的 MultiLine 属性设置为 True，如图 11.1 所示。

(2) 设置所建立的菜单项的属性，见表 11.1。

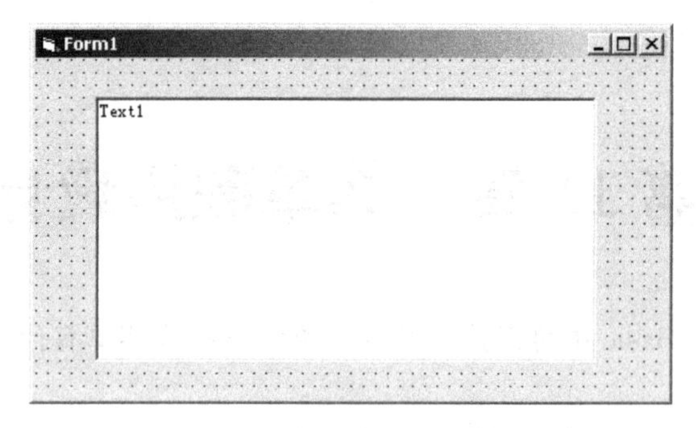

图 11.1　建立文本格式化菜单(1)

表 11.1　菜单项属性设置

标　　题	名　称	内缩符号
输入信息	InpInfo	无
输入	Input	1
退出	Exit	1
显示信息	DisInfo	无
显示	Display	1
清除	Clean	1
格式	Format	无
正常	Normal	1
粗体	Bold	1
斜体	Italic	1
下划线	Under	1
Font20	Font20	1

(3) 打开菜单编辑器，按上面的属性设置建立菜单，如图 11.2 所示。

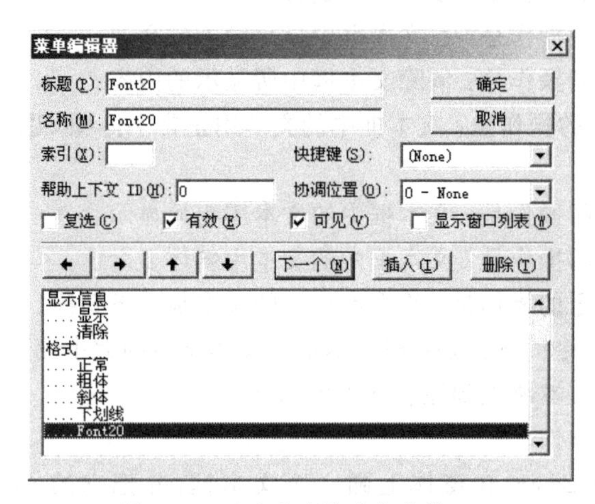

图 11.2　建立文本格式化菜单(2)

建立菜单后的窗体如图 11.3 所示。

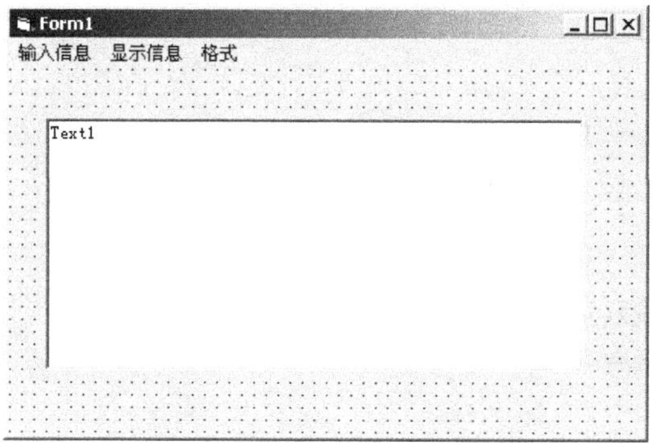

图 11.3　建立文本格式化菜单(3)

(4) 编写各子菜单命令的代码如下：

```
Dim InpText As String      ' 在窗体层定义

' 输入信息/输入
Private Sub Input_Click()
    InpT = InputBox("", "请输入一段文字")
    InpText = InpText & InpT
End Sub

' 输入信息/退出
Private Sub Exit_Click()
    End
End Sub

' 显示信息/显示
Private Sub Display_Click()
    Text1.Text = InpText
End Sub

' 显示信息/清除
Private Sub Clean_Click()
    Text1.Text = ""
End Sub

' 格式/正常
Private Sub Normal_Click()
    Text1.FontBold = False
    Text1.FontUnderline = False
    Text1.FontItalic = False
    Text1.FontSize = 10
End Sub
```

```
' 格式/粗体
Private Sub Bold_Click()
    Text1.FontBold = True
End Sub

' 格式/斜体
Private Sub Italic_Click()
    Text1.FontItalic = True
End Sub

' 格式/下划线
Private Sub Under_Click()
    Text1.FontUnderline = True
End Sub

' 格式/Font20
Private Sub Font20_Click()
    Text1.FontSize = 20
End Sub
```

按以下步骤执行程序。

(1) 运行程序,执行"输入信息"菜单中的"输入"命令,显示输入对话框,在对话框中输入下列信息:

滚滚长江东逝水,浪花淘尽英雄。是非成败转头空。青山依旧在,几度夕阳红。

(2) 执行"显示信息"菜单中的"显示"命令,在文本框中显示输入的信息,如图 11.4 所示。

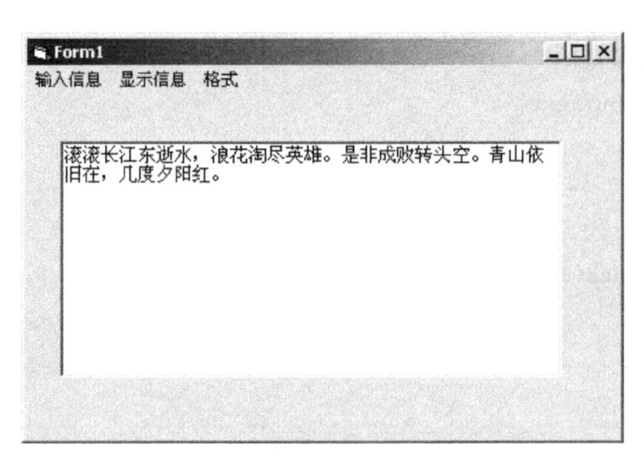

图 11.4 建立文本格式化菜单(4)

(3) 执行"格式"菜单中的"粗体"、"斜体"、"下划线"、"Font20"命令,对所显示的信息进行格式化,如图 11.5 所示。

(4) 执行"输入信息"菜单中的"退出"命令,结束程序。

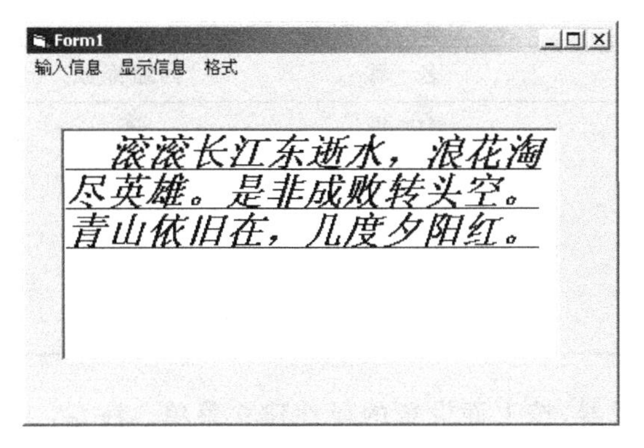

图 11.5　建立文本格式化菜单(5)

11.7　“三十六计”中前四计的内容如下。

第一计：瞒天过海。

备周则意怠，常见则不疑。阴在阳之内，不在阳之外。太阳，太阴。

第二计：围魏救赵。

共敌不如分敌，敌阳不如敌阴。

第三计：借刀杀人。

敌已明，友未定，引友杀敌，不自出力，以损推演。

第四计：以逸待劳。

困敌之势，不以战，损则益柔。

建立一个弹出式菜单，该菜单包括4个命令，分别为“瞒天过海”、“围魏救赵”、“借刀杀人”和“以逸待劳”。程序运行后，单击弹出的菜单中的某个命令，在标签中显示相应的“计”的标题，而在文本框中显示相应的“计”的内容。

解：按以下步骤操作。

(1) 启动 Visual Basic，在窗体上画一个文本框和一个标签，把文本框的 MultiLine 属性设置为 True。如图 11.6 所示。

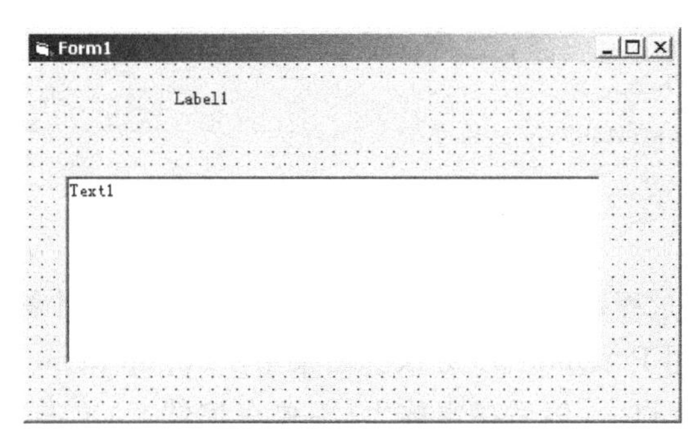

图 11.6　建立弹出式菜单(1)

(2) 设置菜单项的属性，见表 11.2。

表 11.2　菜单项属性设置

标　　题	名　称	内缩符号	可见性
三十六计	strat36	无	False
瞒天过海	mtgh	1	True
围魏救赵	wwjz	1	True
借刀杀人	jdsr	1	True
以逸待劳	yydl	1	True
退出	Exit	1	True

(3) 打开菜单编辑器,按上面设置的属性建立菜单。注意,主菜单项 strat36 的"可见"属性应设置为 False,其余菜单项的"可见"属性设置为 True。设计完成后,菜单编辑器如图 11.7 所示。

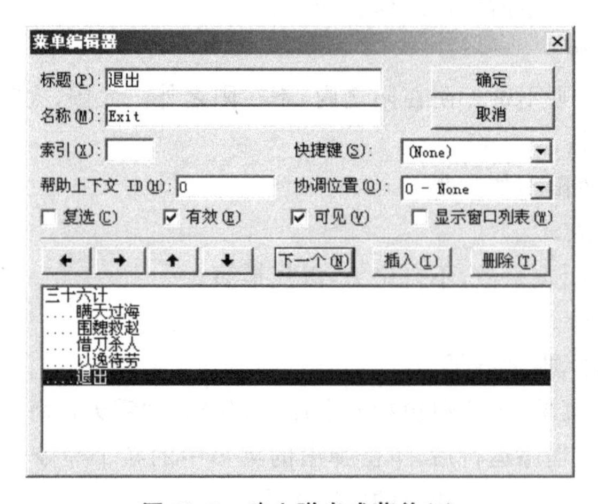

图 11.7　建立弹出式菜单(2)

(4) 编写窗体的 MouseDown 事件过程:

```
Private Sub Form_MouseDown(Button As Integer, Shift As Integer, _
                           X As Single, Y As Single)
    If Button = 2 Then
        PopupMenu strat36
    End If
End Sub
```

MouseDown 事件过程带有多个参数,过程中的条件语句用来判断所按下的是否是鼠标右键,如果是,则用 PopupMenu 方法弹出菜单。PopupMenu 方法省略了对象参数,指的是当前窗体。运行程序,然后在窗体上(不要在控件上)单击鼠标右键,即可弹出菜单,如图 11.8 所示。

至此,建立弹出式菜单的操作已经完成,下面编写实现各菜单命令操作的事件过程。

(5) 编写各子菜单项的事件过程:

注意,对于弹出式菜单来说,由于主菜单项的"可见"属性被设置为 False,不能在窗体

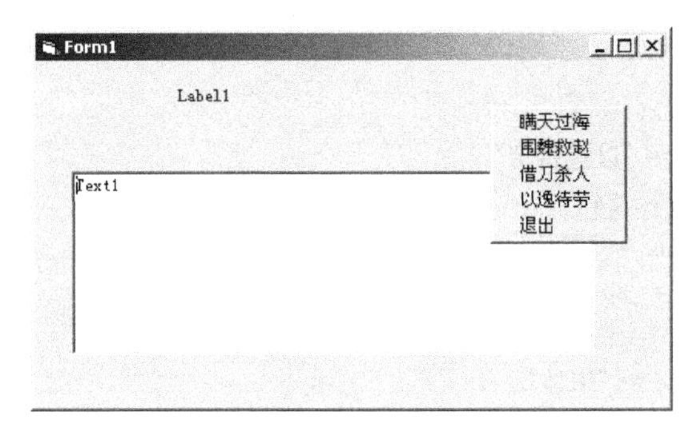

图 11.8　建立弹出式菜单(3)

顶部显示出来，因此不能通过单击子菜单进入代码窗口，必须先打开代码窗口，然后单击"对象"框，再单击下拉显示的某个子菜单项，将显示该菜单项的事件过程代码框架，即可在该框架内编写代码。

各子菜单项的事件过程如下：

```
Private Sub jdsr_Click()
    Label1.Caption = "借刀杀人"
    Label1.FontSize = 24
    Label1.FontName = "黑体"
    Text1.FontSize = 20
    Text1.FontBold = True
    Text1.FontName = "幼圆"
    Text1.Text = "    敌已明，友未定，引友杀敌，不自出力，以损推演。"
End Sub

Private Sub mtgh_Click()
    Label1.Caption = "瞒天过海"
    Label1.FontSize = 24
    Label1.FontName = "黑体"
    Text1.FontSize = 20
    Text1.FontName = "幼圆"
    Text1.Text = "    备周则意怠，常见则不疑。阴在阳之内，" _
                 & "不在阳之外。太阳，太阴。"
End Sub

Private Sub wwjz_Click()
    Label1.Caption = "围魏救赵"
    Label1.FontSize = 24
    Label1.FontName = "黑体"
    Text1.FontSize = 20
    Text1.FontBold = True
    Text1.FontName = "隶书"
    Text1.Text = "    共敌不如分敌，敌阳不如敌阴。"
```

```
End Sub

Private Sub yydl_Click()
    Label1.Caption = "以逸待劳"
    Label1.FontSize = 24
    Label1.FontName = "黑体"
    Text1.FontSize = 20
    Text1.FontBold = True
    Text1.FontName = "宋体"
    Text1.Text = "    困敌之势,不以战,损则益柔。"
End Sub

Private Sub Exit_Click()
    End
End Sub
```

运行上面的程序,可以通过弹出式菜单显示所需要的内容。程序的运行情况如图 11.9 所示。

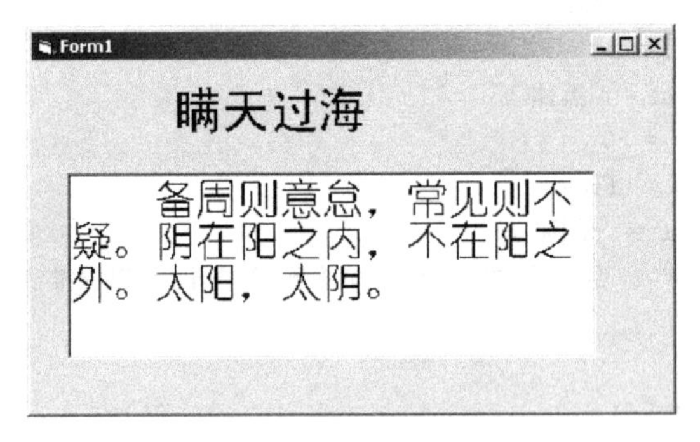

图 11.9　建立弹出式菜单(4)

第12章 对话框程序设计

12.1 在窗体上画一个通用对话框，其名称为CommonDialog1，然后画一个命令按钮，并编写如下事件过程：

```
Private Sub Command1_Click()
    CommonDialog1.Flags = cdlOFNHideReadOnly
    CommonDialog1.Filter = "All Files (*.*)|*.*|Text Files" & _
                    "(*.txt)|*.txt|Batch Files (*.bat)|*.bat"
    CommonDialog1.FilterIndex = 2
    CommonDialog1.ShowOpen
    MsgBox CommonDialog1.FileName
End Sub
```

程序运行后，单击命令按钮，将显示一个“打开”对话框，此时在“文件类型”框中显示的内容是什么？

解：显示的内容是：Text Files(*.txt)。

12.2 在文件对话框中，FileName和FileTitle属性的主要区别是什么？假定有一个名为fn.exe的文件，它位于c:\abc\def\目录下，则FileName属性的值是什么？FileTitle属性的值是什么？

解：FileName属性用来设置或返回要打开或保存的文件的路径和文件名，而FileTitle属性用来指定在文件对话框中所选择的文件名，不包括路径。对于位于c:\abc\def\目录下的名为fn.exe的文件来说，其FileName属性为c:\abc\def\fn.exe，而FileTitle属性为fn.exe。

12.3 在窗体上画一个命令按钮和一个通用对话框，其名称分别为Command1和CommonDialog1，然后编写如下代码：

```
Private Sub Command1_Click()
    CommonDialog1.FileName = ""
    CommonDialog1.Flags = VbOFNFileMustExist
    CommonDialog1.Filter = "All Files|*.*|(*.exe)|*.exe|(*.TXT)|*.TXT" _
                    & "|(*.doc)|*.Doc"
    CommonDialog1.FilterIndex = 4
    CommonDialog1.DialogTitle = "Open File(*.EXE)"
    CommonDialog1.Action = 1
    If CommonDialog1.FileName = "" Then
        MsgBox "No file selectd", 37, "Checking"
    Else
        '对所选择的文件进行处理
```

```
    End If
End Sub
```

程序运行后,单击命令按钮,将显示一个对话框。

(1) 该对话框的标题是什么?

(2) 该对话框"文件类型"框中显示的内容是什么?

(3) 单击"文件类型"框右端的箭头,下拉显示的内容是什么?

(4) 如果在对话框中不选择文件,直接单击"取消"按钮,则在信息框中显示的信息是什么? 该信息框中的按钮是什么?

解:

(1) 对话框的标题是:Open File(*.EXE)。

(2) 对话框"文件类型"框中显示的内容是:(*.doc)。

(3) 单击"文件类型"框右端的箭头,下拉显示的内容是:

```
All Files
*.exe
*.TXT
*.doc
```

(4) 如果在对话框中不选择文件,直接单击"取消"按钮,则在信息框中显示的信息是:No file selected;该信息框中的按钮是"重试"和"取消"。

12.4 编写程序,建立一个打开文件对话框,然后通过这个对话框选择一个可执行文件,并执行它。例如,程序运行后,在对话框中选择 Windows 下的"计算器"程序,然后执行这个程序,打开"计算器"。

解:在窗体上画一个命令按钮和一个通用对话框,然后编写如下代码。

```
Private Sub Command1_Click()
    CommonDialog1.FileName = ""
    CommonDialog1.Flags = VbOFNFileMustExist
    CommonDialog1.Filter = "All Files| *.* |( *.exe)| *.exe"
    CommonDialog1.FilterIndex = 2
    CommonDialog1.DialogTitle = "Open File( *.EXE)"
    CommonDialog1.Action = 1
    If CommonDialog1.FileName = "" Then
        MsgBox "No file selectd", 37, "Checking"
    Else
        x = Shell(CommonDialog1.FileName, vbNormalFocus)
    End If
End Sub
```

程序运行后,单击命令按钮,将显示打开文件对话框,在该对话框中找到要执行的文件,例如 calc.exe,如图 12.1 所示,然后单击"打开"按钮,即可执行该文件。

12.5 编写程序,在窗体上显示几行信息,通过自己定义的颜色对话框和字体对话框改变这几行信息的颜色和字体。

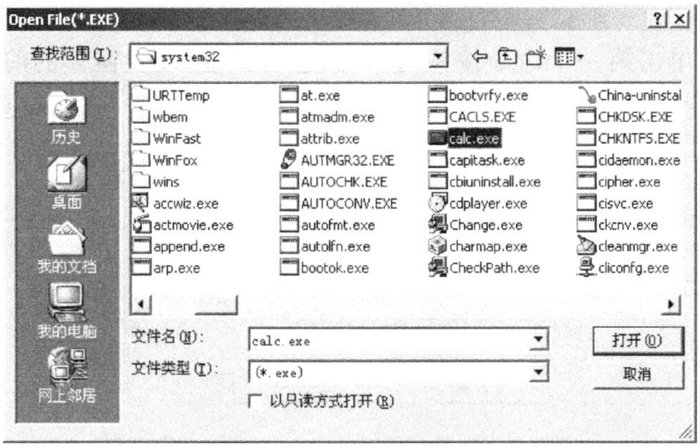

图 12.1　打开可执行文件

解：在窗体上画两个命令按钮和一个通用对话框，然后编写如下代码。

```
Private Sub Form_Load()
    Caption = "设置窗体字体和颜色"
    Command1. Caption = "设置颜色"
    Command2. Caption = "设置字体"
End Sub

Private Sub Command1_Click()
    CommonDialog1. Flags = Vbccrgbinit
    CommonDialog1. Color = BackColor
    CommonDialog1. Action = 3
    Form1. ForeColor = CommonDialog1. Color
End Sub

Private Sub Command2_Click()
    CommonDialog1. Flags = 3
    CommonDialog1. ShowFont
    Form1. FontName = CommonDialog1. FontName
    Form1. FontSize = CommonDialog1. FontSize
    Form1. FontBold = CommonDialog1. FontBold
    Form1. FontItalic = CommonDialog1. FontItalic
    Form1. FontUnderline = CommonDialog1. FontUnderline
    Form1. FontStrikethru = CommonDialog1. FontStrikethru
End Sub

Private Sub Form_Click()
    msg = "      何处秋风至?" & vbCrLf & "      萧萧送雁群。"
    msg = msg & vbCrLf & "      朝来入庭树," & vbCrLf _
                        & "      孤客最先闻。"
    Print msg
```

```
End Sub
```

程序运行后，单击第一个命令按钮，打开颜色对话框，设置窗体的前景颜色，接着单击第二个命令按钮，打开字体对话框，设置窗体的字体，然后单击窗体，结果如图 12.2 所示。

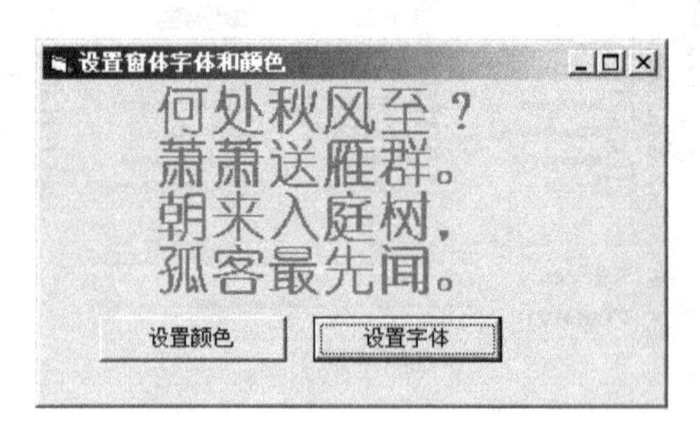

图 12.2 习题 12.5 程序运行情况

12.6 在窗体上画一个文本框和三个命令按钮，在文本框中输入一段文本(汉字)，然后实现以下操作：

(1) 通过字体对话框把文本框中文本的字体设置为黑体，字体样式设置为粗斜体，字体大小设置为 24。该操作在第一个命令按钮的事件过程中实现。

(2) 通过颜色对话框把文本框中文字的前景色设置为红色。该操作在第二个命令按钮的事件过程中实现。

(3) 通过颜色对话框把文本框中文字的背景色设置为黄色。该操作在第三个命令按钮的事件过程中实现。

解： 在窗体上画一个文本框、一个通用对话框和三个命令按钮，并把文本框的 MultiLine 属性设置为 True，如图 12.3 所示。

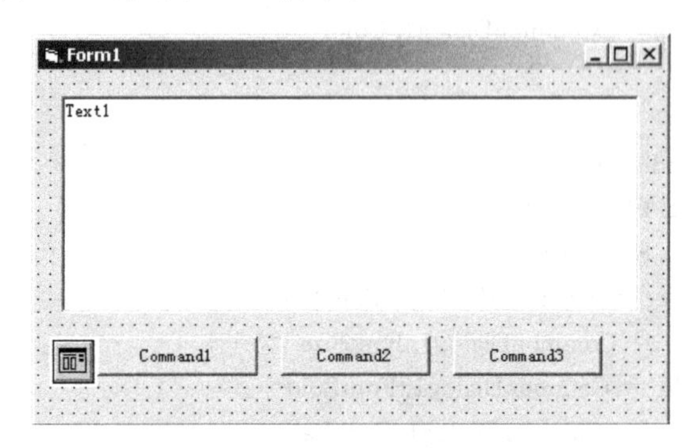

图 12.3 习题 12.6 程序界面设计

编写如下事件过程：

```
Private Sub Form_Load()
    Caption = "设置文本框字体和颜色"
    Command1. Caption = "设置字体"
    Command2. Caption = "设置前景颜色"
    Command3. Caption = "设置背景颜色"
    msg = vbCrLf & "诗情放，剑气豪。" & vbCrLf & "英雄不把穷通较。"
```

```
    msg = msg & vbCrLf & "江中斩蛟,云间射雕,席上挥毫。" & vbCrLf
    msg = msg & "他得志笑闲人,他失脚闲人笑。"
    Text1.Text = msg
End Sub

Private Sub Command1_Click()
    CommonDialog1.Flags = 3
    CommonDialog1.ShowFont
    Text1.FontName = CommonDialog1.FontName
    Text1.FontSize = CommonDialog1.FontSize
    Text1.FontBold = CommonDialog1.FontBold
    Text1.FontItalic = CommonDialog1.FontItalic
    Text1.FontUnderline = CommonDialog1.FontUnderline
    Text1.FontStrikethru = CommonDialog1.FontStrikethru
End Sub

Private Sub Command2_Click()
    CommonDialog1.Flags = Vbccrgbinit
    CommonDialog1.Color = BackColor
    CommonDialog1.Action = 3
    Text1.ForeColor = CommonDialog1.Color
End Sub

Private Sub Command3_Click()
    CommonDialog1.Flags = Vbccrgbinit
    CommonDialog1.Color = BackColor
    CommonDialog1.Action = 3
    Text1.BackColor = CommonDialog1.Color
End Sub
```

运行程序,初始画面如图 12.4 所示。

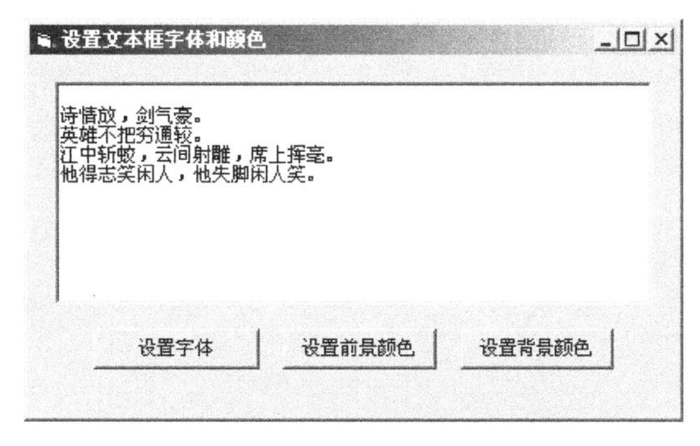

图 12.4　习题 12.6 程序运行情况(1)

单击第一个命令按钮,打开字体对话框,在该对话框中设置文本框的字体,然后单击第二和第三个命令按钮,打开颜色对话框,分别设置文本框的前景颜色和背景颜色。程序的运行情况如图 12.5 所示。

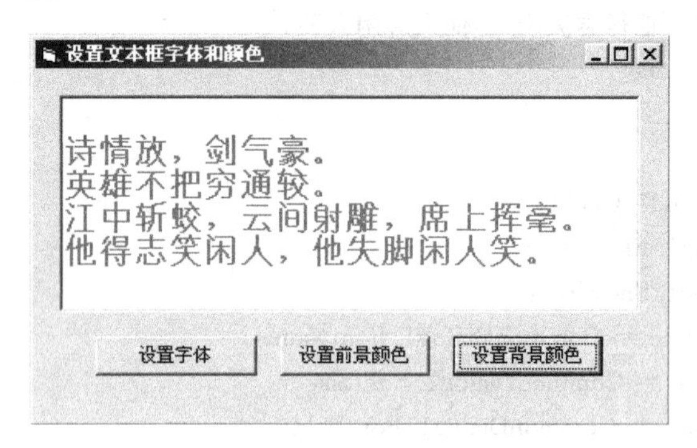

图 12.5　习题 12.6 程序运行情况(2)

第 13 章　多窗体程序设计与环境应用

13.1　多窗体程序与单窗体程序有何区别?

解:略。

13.2　在多窗体程序中,怎样在各个窗体间切换?

解:略。

13.3　为什么说在多窗体程序设计中,工程资源管理器有重要作用?

解:略。

13.4　单窗体程序与多窗体程序的执行有什么区别? 怎样指定启动窗体?

解:略。

13.5　怎样保存和装入多窗体程序?

解:略。

13.6　Visual Basic 程序由哪几类模块组成? 如何定义全局变量? 在标准模块中用 Dim 语句定义的变量是不是全局变量?

解:略。

13.7　什么是闲置循环? DoEvents 语句有什么作用?

解:略。

13.8　仿照本章中的例子(例 13.1)建立多窗体程序。

设计一个"古诗选读"程序,该程序由 6 个窗体构成,其中一个窗体为封面窗体,一个窗体为列表窗体,其余 4 个窗体分别用来显示 4 首诗的内容。程序运行后,先显示封面窗体,接着显示列表窗体,在该窗体中列出所要阅读的古诗目录(4 个),双击某个目录后,在另一个窗体的文本框中显示相应的诗文内容,每首诗用一个窗体显示。

要显示的 4 首诗为:

(1) 望天门山
天门中断楚江开,
碧水东流至此回。
两岸青山相对出,
孤帆一片日边来。

(2) 送孟浩然之广陵
故人西辞黄鹤楼,
烟花三月下扬州。
孤帆远影碧空尽,
惟见长江天际流。

(3) 黄鹤楼
昔人已乘黄鹤去,
此地空余黄鹤楼。
黄鹤一去不复返,
白云千载空悠悠。
晴川历历汉阳树,

(4) 蜀相
丞相祠堂何处寻,
锦官城外柏森森。
映阶碧草自春色,
隔叶黄鹂空好音。
三顾频烦天下计,

芳草萋萋鹦鹉洲。	两朝开济老臣心。
日暮乡关何处是，	出师未捷身先死，
烟波江上使人愁。	长使英雄泪满巾。

解：该题要用到 6 个窗体，其名称和标题属性设置见表 13.1。

表 13.1 窗体属性设置

窗　体	Name	Caption
封面窗体	FormCover	"多窗体程序示例"
列表窗体	ListForm	"古诗目录"
第一首诗	S1	"望天门山"
第二首诗	S2	"送孟浩然之广陵"
第三首诗	S3	"黄鹤楼"
第四首诗	S4	"蜀相"

按以下步骤操作。

1. 建立封面窗体

封面窗体是整个程序的"门面"，应有一定的"艺术性"，可以使用背景图或用作图软件来设计。图 13.1 是完成后的封面窗体。

图 13.1 封面窗体

封面窗体的属性设置见表 13.2。

表 13.2 封面窗体属性设置

属　性	设 置 值	说　明
MaxButton	True	可以放大窗体
MinButton	True	可以缩小窗体
ControlBox	True	有左上角控制框
BorderStyle	2-Sizeble	可以改变窗体大小
Caption	"多窗体程序示例"	此标题显示在窗体顶部
Name	FormCover	窗体名称，在程序代码中使用
Icon	默认	

当窗体最小化时，用 Icon 属性显示最小化后的图标，可根据需要设置，如果不设置 Icon 属性，Visual Basic 将使用默认图标。

封面窗体上有两个命令按钮和一个图像框，其属性设置见表 13.3。

表 13.3 封面窗体控件属性设置

控 件	Name	Caption
左命令按钮	Command1	"继续"
右命令按钮	Command2	"退出"
图像框	Image1	

图像框中可以装入一个与应用程序内容有一定关系的图像文件(.gif、.jpg 等)，在属性窗口中用 Picture 属性装入。

2. 建立列表窗体

列表窗体用来显示每首诗的标题，实际上是一个对话框窗体。在该窗体中，将列出要阅读的古诗的目录供用户选择。

在列表窗体中建立两个控件：一个标签，一个列表框，其属性设置见表 13.4。

表 13.4 列表窗体控件属性设置

控 件	属 性	设 置 值
标签	Name	Label1
	Caption	"请选择要阅读的古诗"
	FontSize	二号
	FontName	"行楷"
	Fontbold	True
列表框	Name	List1
	FontSize	三号
	FontName	"幼圆"
	Fontbold	True

设计完成后的列表窗体如图 13.2 所示。

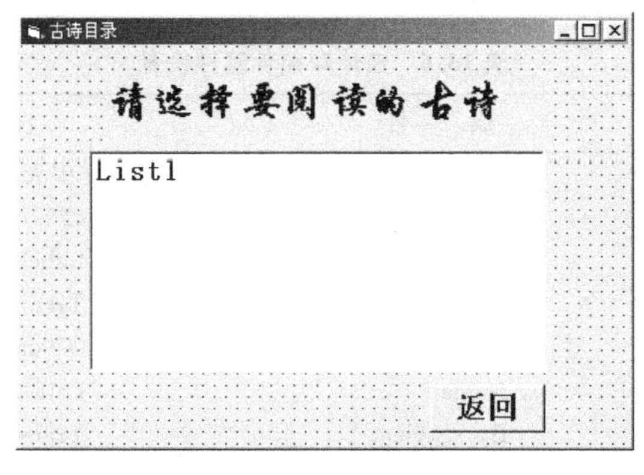

图 13.2 列表窗体

在一般情况下，列表窗体主要供用户阅读信息或输入信息，没有必要提供改变大小、缩成图标及放大等功能。该窗体属性设置见表 13.5。

表 13.5　列表窗体属性设置

属　　性	设 置 值	说　　明
MaxButton	False	右上角没有放大符号
MinButton	False	右上角没有缩小符号
ControlBox	True	保留左上角控制框
BorderStyle	3-Fixed Dialog	不能改变窗体大小
Caption	"古诗目录"	此标题显示在窗体顶部
Name	ListForm	窗体名称，在程序代码中使用

在列表窗体上还有一个命令按钮，其名称为 Command1，标题为"返回"，FontSize 属性为"三号"，FontName 属性为"宋体"。

3. 建立第一首诗窗体

该窗体由两个标签、一个文本框和一个命令按钮组成，如图 13.3 所示。

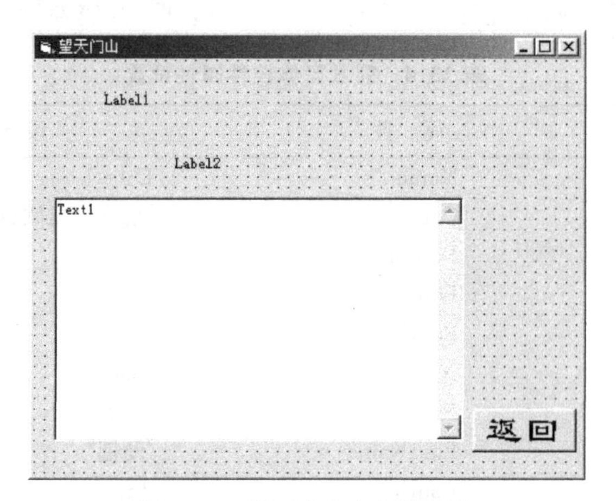

图 13.3　显示诗文内容的窗体

窗体及各控件的属性设置见表 13.6。

表 13.6　窗体和控件属性设置

对　象	属　　性	设 置 值
窗体	Caption	"望天门山"
	Name	s1
标签 1	Name	Label1
	BackStyle	Transparent
	BoderStyle	0-None
标签 2	Name	Label2
	BackStyle	Transparent
	BoderStyle	0-None

续表

对　象	属　　性	设 置 值
文本框	Name	Text1
	MultiLine	True
	ScrollBars	2-Vertical
命令按钮	Name	Command1
	Caption	"返回"
	FontSize	二号
	FontName	"隶书"

除窗体的标题(Caption)属性和名称(Name)外,另外三个窗体的结构与第一首诗的窗体基本相同,不再重复。可以仿照第一首诗的窗体的属性设置建立其他三个窗体。

建立完上面6个窗体后,在工程资源管理器窗口中会列出已建立的窗体文件名称,如图13.4所示。窗体文件名称与窗体的Name属性值相同,但加上了扩展名.frm。

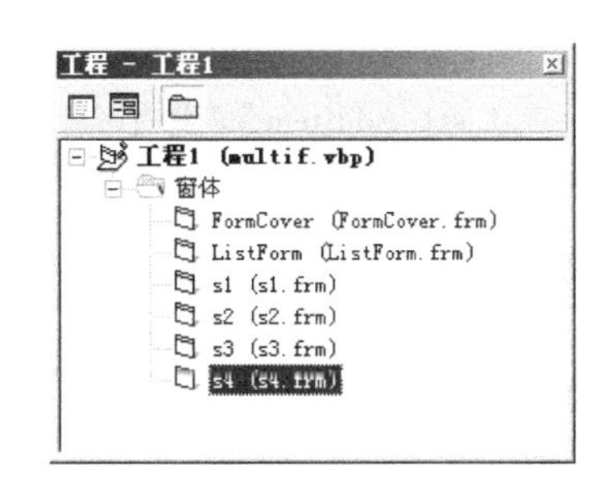

图13.4　建立完6个窗体后的工程资源管理器窗口

4. 编写程序代码

程序代码是针对每个窗体编写的,其编写方法与单一窗体相同。只要在工程资源管理器窗口中选择所需要的窗体文件,然后单击"查看代码"按钮,就可以进入相应窗体的程序代码窗口。

该程序的执行顺序如下:

- 显示封面窗体。
- 单击"继续"命令按钮,封面窗体消失,显示列表窗体;如果单击"退出"命令按钮,则程序结束。
- 列表窗体在列表框中列出古诗目录,双击某首诗的目录后,列表窗体消失,显示相应的窗体。例如,双击"望天门山",将显示"望天门山"窗体。
- 显示某首诗的窗体后,如果单击"返回"按钮,则该窗体消失,回到列表窗体。

下面根据以上执行顺序分别编写各窗体的程序代码。

(1) 封面窗体程序。

封面窗体(FormCover)有两个命令按钮,为这两个命令按钮编写事件过程如下:

```
Private Sub Command1_Click()
    listform.Show
    FormCover.Hide
End Sub

Private Sub Command2_Click()
    End
End Sub
```

第一个事件过程是单击封面窗体左命令按钮时所发生的反应。首先显示列表窗体(ListForm),接着封面窗体(FormCover)消失。

第二个事件过程是单击封面窗体右命令按钮时所发生的反应,用来结束程序。

(2) 列表窗体程序。

列表窗体(ListForm)用来显示目录列表。它包括两个事件过程,一个用来装入列表框的内容,另一个用来响应双击列表框中某一项时的操作。

① 装入列表框内容:

```
Private Sub Form_Load()
    List1.AddItem "望天门山"
    List1.AddItem "黄鹤楼送孟浩然之广陵"
    List1.AddItem "黄鹤楼"
    List1.AddItem "蜀相"
    List1.AddItem "早发白帝城"
    List1.AddItem "秋日登岳阳楼晴望"
    List1.AddItem "经河源军汉村作"
    List1.AddItem "金陵怀古"
    List1.AddItem "赋得古原草送别"
End Sub
```

上述过程用 AddItem 方法把有关的内容装入列表框。

② 响应双击操作:

```
Private Sub List1_DblClick()
    listform.Hide
    Select Case List1.ListIndex
        Case 0
            s1.Show
        Case 1
            s2.Show
        Case 2
            s3.Show
        Case 3
            s4.Show
    End Select
End Sub
```

上述过程是当用户双击列表框中某一项时所产生的反应。首先,列表窗体(ListForm)消失,接着根据列表索引值(ListIndex)来决定显示哪一个窗体。在列表框中,第一个列表项的索引值为 0,它对应着“望天门山”,依此类推。最后一个列表索引值为 3,它对应着“蜀相”。当双击“望天门山”时,ListIndex 的值为 0,执行“s1.Show”,显示“望天门山”窗体。其他操作与此类似。注意,列表框中列出了多首诗,但程序只显示前 4 首诗的内容。

③ 命令按钮事件过程:

```
Private Sub Command1_Click()
```

```
    FormCover.Show
    ListForm.Hide
End Sub
```

单击命令按钮后,将关闭列表窗体,显示封面窗体。

(3)"望天门山"窗体程序。

该窗体包括两个事件过程。

① 显示古诗"望天门山"内容:

```
Private Sub Form_Load()
    CR$ = Chr$(13) + Chr$(10)
    Label1.FontName = "魏碑"
    Label1.FontBold = True
    Label1.FontSize = 24
    Label1.Caption = "望天门山"
    Label2.FontName = "宋体"
    Label2.FontSize = 18
    Label2.Caption = "李  白"
    Text1.FontName = "隶书"
    Text1.FontSize = 24
    Text1.Text = "天门中断楚江开," + CR$ + _
                 "碧水东流至此回。" + CR$ + _
                 "两岸青山相对出," + CR$ + _
                 "孤帆一片日边来。"
End Sub
```

该过程用不同的字体、字号在窗体各控件中显示"望天门山"的题目、作者和诗的内容。

② 命令按钮事件过程:

```
Private Sub Command1_Click()
    s1.Hide
    listform.Show
End Sub
```

单击命令按钮,将使"望天门山"窗体消失,显示列表窗体。

以下几个窗体的程序代码与"望天门山"窗体类似。

(4)"黄鹤楼送孟浩然之广陵"窗体程序。

① 显示诗文内容:

```
Private Sub Form_Load()
    CR$ = Chr$(13) + Chr$(10)
    Label1.FontName = "魏碑"
    Label1.FontSize = 24
    Label1.Caption = "送孟浩然之广陵"
    Label2.FontName = "宋体"
    Label2.FontSize = 18
```

```
    Label2.Caption = "李　白"
    Text1.FontName = "隶书"
    Text1.FontSize = 24
    Text1.Text = "故人西辞黄鹤楼，" + CR$ + _
                 "烟花三月下扬州。" + CR$ + _
                 "孤帆远影碧空尽，" + CR$ + _
                 "惟见长江天际流。"
End Sub
```

② 命令按钮事件过程：

```
Private Sub Command1_Click()
    s2.Hide
    listform.Show
End Sub
```

(5)“黄鹤楼”窗体程序。

① 显示诗文内容：

```
Private Sub Form_Load()
    CR$ = Chr$(13) + Chr$(10)
    Label1.FontName = "魏碑"
    Label1.FontSize = 24
    Label1.Caption = "黄鹤楼"
    Label2.FontName = "宋体"
    Label2.FontSize = 18
    Label2.Caption = "崔　颢"
    Text1.FontName = "隶书"
    Text1.FontSize = 18
    Text1.Text = "昔人已乘黄鹤去，" + CR$ + _
                "此地空余黄鹤楼。" + CR$ + _
                "黄鹤一去不复返，" + CR$ + _
                "白云千载空悠悠。" + CR$ + _
                "晴川历历汉阳树，" + CR$ + _
                "芳草萋萋鹦鹉洲。" + CR$ + _
                "日暮乡关何处是，" + CR$ + _
                "烟波江上使人愁。"
End Sub
```

② 命令按钮事件过程：

```
Private Sub Command1_Click()
    s3.Hide
    listform.Show
End Sub
```

(6)“蜀相”窗体程序。

① 显示诗文内容：

```
Private Sub Form_Load()
```

```
    CR$ = Chr$(13) + Chr$(10)
    Label1.FontName = "魏碑"
    Label1.FontSize = 24
    Label1.Caption = "蜀相"
    Label2.FontName = "宋体"
    Label2.FontSize = 18
    Label2.Caption = "杜  甫"
    Text1.FontName = "宋体"
    Text1.FontSize = 18
    Text1.Text = "丞相祠堂何处寻," + CR$ + _
                "锦官城外柏森森。" + CR$ + _
                "映阶碧草自春色," + CR$ + _
                "隔叶黄鹂空好音。" + CR$ + _
                "三顾频烦天下计," + CR$ + _
                "两朝开济老臣心。" + CR$ + _
                "出师未捷身先死," + CR$ + _
                "长使英雄泪满巾。"
End Sub
```

② 命令按钮事件过程：

```
Private Sub Command1_Click()
    s4.Hide
    listform.Show
End Sub
```

至此，多重窗体程序的建立工作全部结束。

运行上面的程序，首先显示封面窗体，单击“继续”命令按钮后，封面窗体消失，显示列表窗体。双击列表框中所需要的目录，即可进入相应的窗体，单击窗体后显示相应的诗文内容。执行过程如下：

(1) 单击工具栏中的“启动”按钮，开始执行程序，显示封面窗体，如图 13.5 所示。

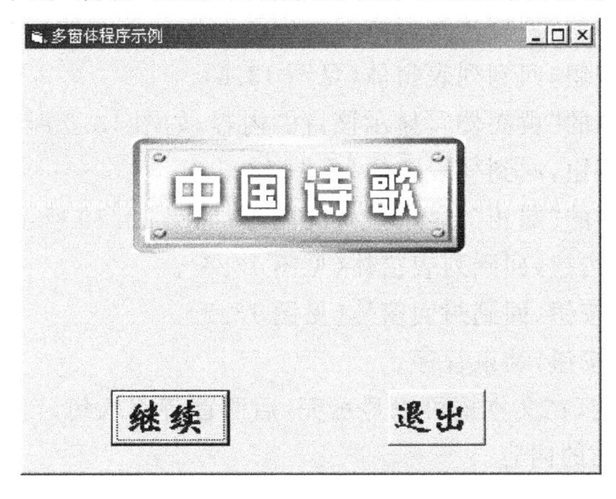

图 13.5　程序运行情况(1)

(2) 单击“继续”按钮，封面窗体消失，显示列表窗体，如图 13.6 所示。

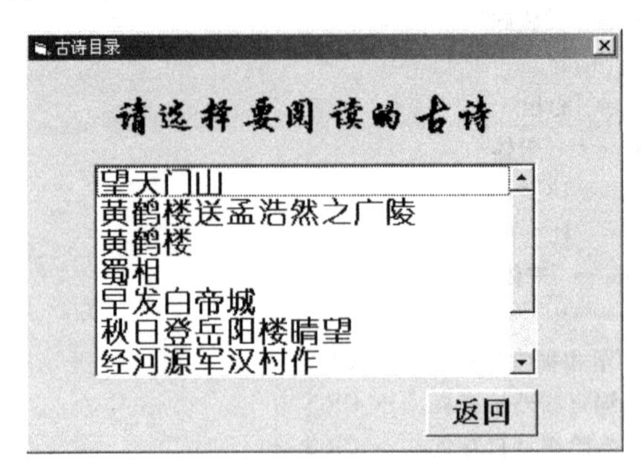

图 13.6　程序运行情况(2)

(3) 双击列表框中的“望天门山”，显示该诗的内容，如图 13.7 所示。

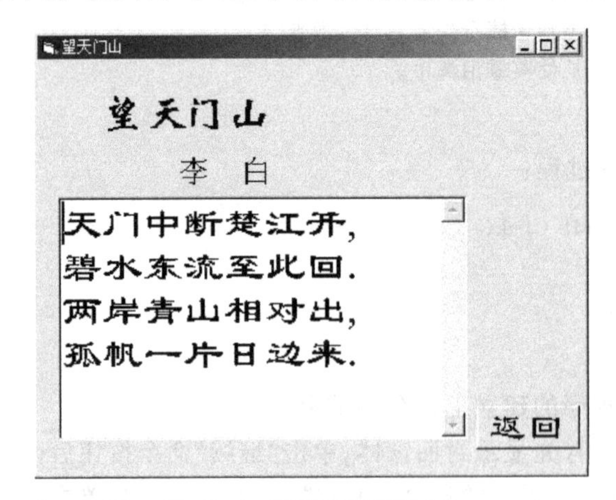

图 13.7　程序运行情况(3)

(4) 单击“返回”按钮，回到列表窗体(见图 13.6)。

(5) 双击列表框中的“黄鹤楼送孟浩然之广陵”，显示该诗的内容，如图 13.8 所示。

(6) 单击“返回”按钮，回到列表窗体(见图 13.6)。

(7) 双击列表框中的“黄鹤楼”，显示该诗的内容，如图 13.9 所示。

(8) 单击“返回”按钮，回到列表窗体(见图 13.6)。

(9) 双击列表框中的“蜀相”，显示该诗的内容，如图 13.10 所示。

(10) 单击“返回”按钮，回到列表窗体(见图 13.6)。

(11) 单击“返回”按钮，回到封面窗体(见图 13.5)。

(12) 单击“退出”按钮，结束程序。

前两首诗只有四句，在文本框可以显示完，后两首诗有八句，当前文本框中显示不完，可通过滚动条显示后面的内容。

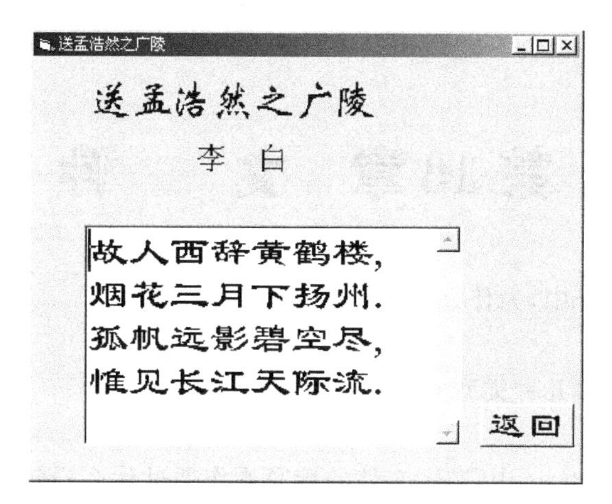

图 13.8　程序运行情况(4)

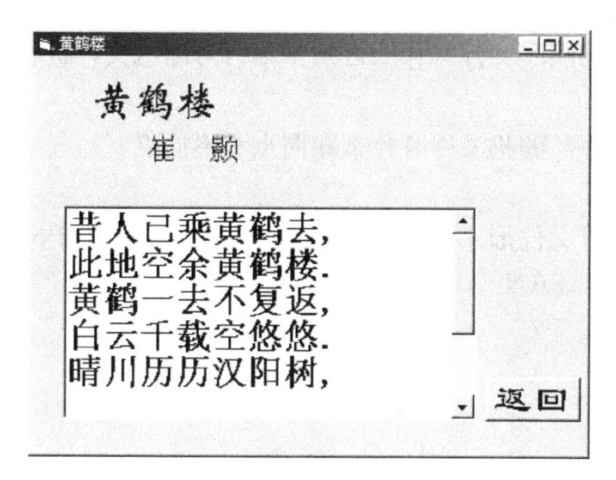

图 13.9　程序运行情况(5)

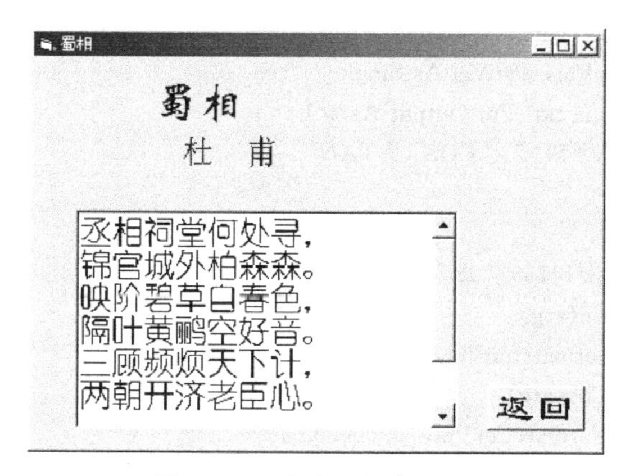

图 13.10　程序运行情况(6)

第14章 文　　件

14.1 在程序设计中，为什么说文件是不可缺少的？

解：略。

14.2 文件分为哪几种类型？数据文件的一般结构怎样？

解：略。

14.3 在 Visual Basic 中，顺序文件的读写操作通过什么语句实现？分为几步？如何进行？

解：略。

14.4 随机文件与顺序文件有什么区别？如何对随机文件进行读写操作？

解：略。

14.5 二进制文件与随机文件有什么相同点和不同点？

解：略。

14.6 在磁盘上以文件形式建立一个三角函数表，其格式如下：

```
 *    SIN   COS   TAN
 0     ?     ?     ?
 1     ?     ?     ?
...   ...   ...   ...
 90    ?     ?     ?
```

解：在窗体上画一个命令按钮，然后编写如下事件过程。

```
Private Sub Command1_Click()
    Dim SinVal, CosVal, TanVal As Single
    Open "d:\TrigFun.txt" For Output As #1
    Print #1, " *", " SIN", " COS", " TAN"
    Print #1, ""
    For i = 1 To 90
        arg = i * 3.14159 / 180
        SinVal = Sin(arg)
        SinVal = Format(SinVal, "0.000000")
        CosVal = Cos(arg)
        CosVal = Format(CosVal, "0.000000")
        TanVal = Tan(arg)
        TanVal = Format(TanVal, "0.000000")
        Print #1, i, SinVal, CosVal, "0" & TanVal
    Next
    Close #1
```

End Sub

程序运行后，单击命令按钮，将在当前目录下建立一个名为 TrigFun.txt 的文件，双击该文件图标，即可在 NotePad(记事本)中打开，内容如下(只列出其中一部分)：

*	SIN	COS	TAN
1	0.017452	0.999848	0.017455
2	0.034899	0.999391	0.034921
3	0.052336	0.998630	0.052408
4	0.069756	0.997564	0.069927
5	0.087156	0.996195	0.087489
6	0.104528	0.994522	0.105104
7	0.121869	0.992546	0.122785
8	0.139173	0.990268	0.140541
9	0.156434	0.987688	0.158384
10	0.173648	0.984808	0.176327
11	0.190809	0.981627	0.19438
12	0.207912	0.978148	0.212556
13	0.224951	0.974370	0.230868
14	0.241922	0.970296	0.249328
15	0.258819	0.965926	0.267949
16	0.275637	0.961262	0.286745
17	0.292371	0.956305	0.30573
18	0.309017	0.951057	0.324919
19	0.325568	0.945519	0.344327
20	0.342020	0.939693	0.36397
21	0.358368	0.933581	0.383864
22	0.374606	0.927184	0.404026
23	0.390731	0.920505	0.424474
24	0.406736	0.913546	0.445228
25	0.422618	0.906308	0.466307
26	0.438371	0.898794	0.487732
27	0.453990	0.891007	0.509525
28	0.469471	0.882948	0.531709
29	0.484809	0.874620	0.554309
30	0.500000	0.866026	0.57735
31	0.515038	0.857168	0.60086
⋮	⋮	⋮	⋮
87	0.998629	0.052337	19.08067
88	0.999391	0.034901	28.63519
89	0.999848	0.017454	57.28566
90	1.000000	0.000001	753696

14.7 某单位全年每次报销的经费(假定为整数)存放在一个磁盘文件中,试编写一个程序,从该文件中读出每次报销的经费,计算其总和,并将结果存入另一个文件中。

解:假定存放报销经费的文件为 outlayI. txt,其内容为:

```
3635
1476
3267
4356
8542
7564
8754
3614
6547
12435
2314
6755
69259
```

编写如下事件过程:

```
Private Sub Form_Click()
    Open ".\outlayI.txt" For Input As #1
    Print "从文件读出每次报销经费、显示并相加:"
    Do While Not EOF(1)
        Input #1, n
        Print n
        Sum = Sum + n
    Loop
    Close 1
    Print Sum
    Print
    Print "把计算结果(总和)写入文件。"
    Print
    Open ".\outlayO.txt" For Output As #1
    Print #1, Sum
    Close 1
End Sub
```

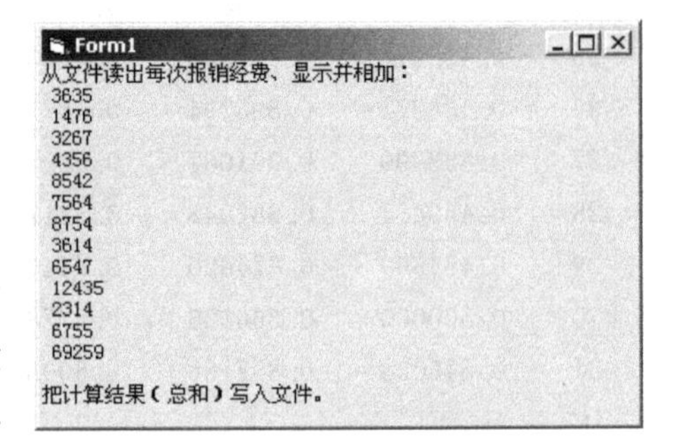

图 14.1 习题 14.7 程序执行情况

该过程首先从报销经费文件中读出每次的经费数,在窗体上显示出来,并累加到变量 Sum 中,接着显示经费总和,最后把结果(总和)写入文件 outlayO. txt。程序的执行情况如图 14.1 所示。

14.8 编写一个程序,用来处理活期存款的结算事务。程序运行后,先由用户输入一个表示结存的初值,然后进入循环,询问是接收存款还是扣除支出。每次处理之后,程序都要显示当前的结存，并把它存入一个文件中。要求输出的浮点数保留小数点后两位。

解：程序如下：

```
Private Sub Form_Click()
    Open ".\delosit.txt" For Output As #1
    initVal = InputBox("", "请输入结存初值")
    initVal = Val(initVal)
    InitVal = Format(InitVal, "0.00")
    Print "结存初值为："; InitVal
    Print #1, "结存初值为："; InitVal
    cl = Chr(13) + Chr(10)
    Do
        Answer = InputBox("请选择：" & cl & "1. 接收存款" & cl & _
                        "2. 扣除支出" & cl & "3. 退出 ", "选择")
        If Answer = 1 Then
            currVal = InputBox("请输入存款数")
            currVal = Val(currVal)
            initVal = initVal + currVal
            initVal = Format(initVal, "0.00")
            Print "存入 "; currVal; ",当前结存为："; initVal
            Print #1, "存入"; currVal; ",当前结存为："; initVal
        ElseIf Answer = 2 Then
            currVal = InputBox("请输入支出数")
            currVal = Val(currVal)
            initVal = initVal-currVal
            initVal = Format(initVal, "0.00")
            Print "支出 "; currVal; ",当前结存为："; initVal
            Print #1, "支出 "; currVal; ",当前结存为："; initVal
        Else
            Exit Do
        End If
    Loop
    Close 1
End Sub
```

运行程序，单击窗体，将显示一个输入对话框，要求输入结存初值，接着进入循环，显示一个输入对话框，如图 14.2 所示，此时如果输入 1，则单击“确定”按钮（或按回车键）后

图 14.2　习题 14.8 程序运行情况(1)

将显示下一个输入对话框，让用户输入存款数，输入后单击“确定”按钮，输入的存款数即加到结存初值；如果输入 2，从结存中扣除支出数；如果输入 3 则退出循环。

程序运行后，单击窗体，根据显示的输入对话框输入所需要的值，程序即可执行存款、支出等操作，存款数、扣除数及结存数都可在窗体上显示，同时被写到文件 delosit. txt 中。程序的运行情况如图 14.3 所示。程序结束后，delosit. txt 文件中的内容为：

```
结存初值为：35847.64
    存入 12000 ，当前结存为：47847.64
    存入 3765.5 ，当前结存为：51613.14
    支出 4000 ，当前结存为：47613.14
    存入 2000 ，当前结存为：49613.14
    存入 18000 ，当前结存为：67613.14
    支出 3428 ，当前结存为：64185.14
```

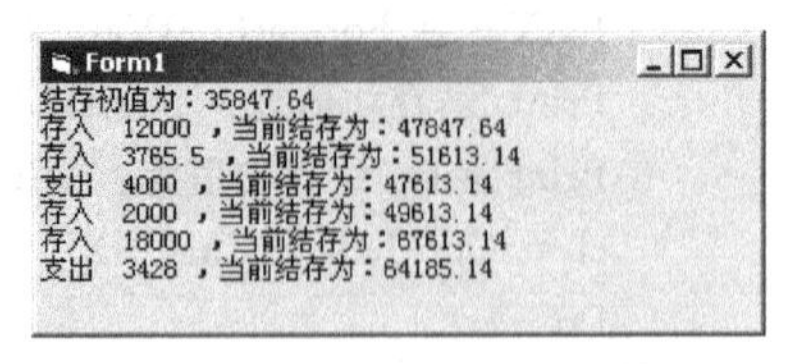

图 14.3　习题 14.8 程序运行情况(2)

14.9　编写程序，按下列格式输出月历，并把结果放入一个文件中：

```
SUN  MON  TUE  WED  THU  FRI  SAT
 1    2    3    4    5    6    7
 8    9    10   11   12   13   14
 15   16   17   18   19   20   21
 22   23   24   25   26   27   28
 29   30   31
```

解：在窗体上建立一个命令按钮，然后编写如下事件过程。

```
Private Sub Command1_Click()
    Open ".\monology.txt" For Output As #1
    Print #1, "SUN      "; "MON       "; "TUE       "; _
          "WED      "; "THU       "; "FRI       "; "SAT"
    Print #1, " "
    For i = 1 To 31
        If i Mod 7 = 0 Then
            Print #1, i
            Print #1, ""
        Else
            If i < 10 Then
                Print #1, i; "       ";
            Else
                Print #1, i; "      ";
            End If
        End If
    Next i
    Close #1
End Sub
```

程序运行后，单击命令按钮，将在当前目录下建立一个名为 monology. txt 的文件，可以用“记事本”查看该文件的内容，如图 14.4 所示。

monology.txt - 记事本

文件(F) 编辑(E) 格式(O) 帮助(H)

SUN	MON	TUE	WED	THU	FRI	SAT
1	2	3	4	5	6	7
8	9	10	11	12	13	14
15	16	17	18	19	20	21
22	23	24	25	26	27	28
29	30	31				

图 14.4　习题 14.9 程序输出文件内容

14.10　假定在磁盘上已建立了一个通信录文件，文件中的每个记录包括编号、用户名、电话号码和地址等 4 项内容。试编写一个程序，用自己选择的检索方法(如二分法)从文件中查找指定的用户的编号，并在文本框中输出其名字、电话号码和地址。

解：我们假定已建立了通信录文件，并且知道该文件中记录的个数。通信录文件名为 comm.txt，该文件中记录的个数存放在 tel.txt 文件中，这两个文件均位于 d:\temp 目录下。按以下步骤操作。

(1) 在窗体上画三个命令按钮，其标题分别为“添加数据”、“检索数据”和“退出”，在属性窗口中设置适当的字体和字号，完成后的窗体如图 14.5 所示。

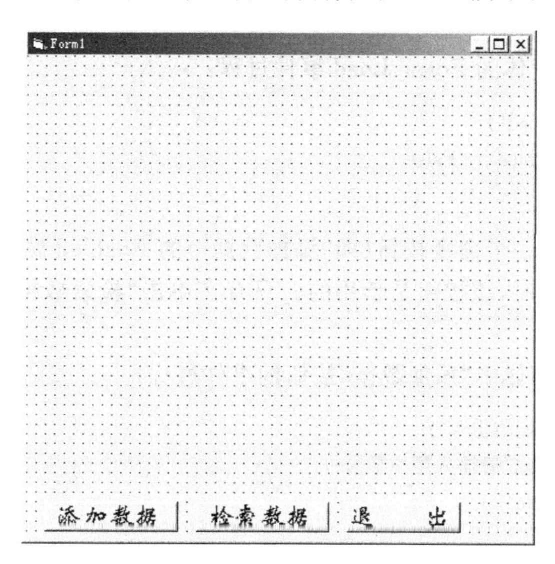

图 14.5　习题 14.10 程序界面设计(1)

(2) 执行“工程”菜单中的“添加窗体”命令，添加一个窗体(Form2)，在窗体上画 4 个标签、3 个文本框和一个命令按钮，如图 14.6 所示。

(3) 执行“工程”菜单中的“添加模块”命令，添加一个标准模块，在该模块中定义如下类型和变量：

```
Type Tel_Addr
```

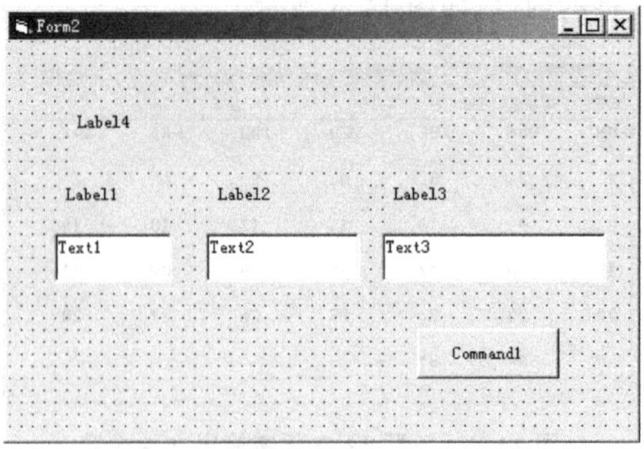

图 14.6　习题 14.10 程序界面设计(2)

```
    num As Integer
    User_Name As String
    Tel As String
    User_Addr As String
End Type

Option Base 1
Public Tel_Addr_Rec() As Tel_Addr
Public n As Integer
```

(4) 编写第一个窗体的 Form_Load 事件过程：

```
Private Sub Form_Load()
    Command1.Enabled = False
End Sub
```

在该过程中，把第一个命令按钮(即“添加数据”)的 Enabled 属性设置为 False。也就是说，在程序开始运行时，该按钮是禁用的。只有在单击“检索数据”按钮后才能启用“添加数据”按钮(见后)。

(5) 编写第一个窗体中“添加数据”按钮的事件过程：

```
Private Sub Command1_Click()
    num = InputBox("请输入用户数")
    num = CInt(num)
    n = n + num
    ReDim Tel_Addr_Rec(num) As Tel_Addr
    Open "d:\temp\comm.txt" For Append As #1
    For i = 1 To num
        Tel_Addr_Rec(i).num = InputBox("请输入编号")
        Tel_Addr_Rec(i).User_Name = InputBox("请输入用户名字")
        Tel_Addr_Rec(i).Tel = InputBox("请输入用户电话号码")
        Tel_Addr_Rec(i).User_Addr = InputBox("请输入地址")
```

```
        Write #1, Tel_Addr_Rec(i).num, _
                  Tel_Addr_Rec(i).User_Name, _
                  Tel_Addr_Rec(i).Tel, _
                  Tel_Addr_Rec(i).User_Addr
    Next i
    Close #1

    Open "d:\temp\tel.txt" For Output As #1
    Print #1, n
    Close #1
End Sub
```

该程序用来向通信录文件中添加数据。如前所述，只有在执行"检索数据"按钮的事件过程后才能执行这个事件过程。过程中的全局变量n在执行"检索数据"事件过程时得到，新添加的记录个数为num，添加完数据后，文件中记录的个数为n = n + num。在过程的最后，把n写入存放记录个数的文件(tel.txt)，以备下次检索时使用。

(6) 编写第一个窗体中"检索数据"按钮事件过程：

```
Private Sub Command2_Click()
    Command1.Enabled = True
    Open "d:\temp\tel.txt" For Input As #1
    Input #1, n
    Close #1

    ReDim Tel_Addr_Rec(n) As Tel_Addr
    Open "d:\temp\comm.txt" For Input As #2
    x = 1

    ' 读数据
    Cls
    Print "文件中原来的数据"
    Do While Not EOF(2)
        Input #2, Tel_Addr_Rec(x).num, _
                  Tel_Addr_Rec(x).User_Name, _
                  Tel_Addr_Rec(x).Tel, _
                  Tel_Addr_Rec(x).User_Addr

        Print Tel_Addr_Rec(x).num, _
                  Tel_Addr_Rec(x).User_Name, _
                  Tel_Addr_Rec(x).Tel, _
                  Tel_Addr_Rec(x).User_Addr
        x = x + 1
    Loop
    Close #2
```

```
' 排序
For i = n To 2 Step -1
    For j = 1 To i - 1
        If Tel_Addr_Rec(j).num > Tel_Addr_Rec(j + 1).num Then
            t = Tel_Addr_Rec(j + 1).num
            Tel_Addr_Rec(j + 1).num = Tel_Addr_Rec(j).num
            Tel_Addr_Rec(j).num = t

            t = Tel_Addr_Rec(j + 1).User_Name
            Tel_Addr_Rec(j + 1).User_Name = Tel_Addr_Rec(j).User_Name
            Tel_Addr_Rec(j).User_Name = t

            t = Tel_Addr_Rec(j + 1).Tel
            Tel_Addr_Rec(j + 1).Tel = Tel_Addr_Rec(j).Tel
            Tel_Addr_Rec(j).Tel = t

            t = Tel_Addr_Rec(j + 1).User_Addr
            Tel_Addr_Rec(j + 1).User_Addr = Tel_Addr_Rec(j).User_Addr
            Tel_Addr_Rec(j).User_Addr = t
        End If
    Next j
Next i

' 排序后输出
Print "------------"
Print "排序后的数据:"
For i = 1 To n
    Print Tel_Addr_Rec(i).num, _
            Tel_Addr_Rec(i).User_Name, _
            Tel_Addr_Rec(i).Tel, _
            Tel_Addr_Rec(i).User_Addr
Next i

' 检索
flag = 0
ta = InputBox("请输入要检索的编号", "输入查找内容", , 5000, 6000)
lo = 1
hi = n
i = Int(n / 2)
For k = 1 To Int(n / 2)
    If Tel_Addr_Rec(i).num = ta Then
        Form2.Show
        Form2.Text1.Text = Tel_Addr_Rec(i).User_Name
        Form2.Text2.Text = Tel_Addr_Rec(i).Tel
```

```
            Form2.Text3.Text = Tel_Addr_Rec(i).User_Addr
            flag = 1
            Exit For
        Else
            If Tel_Addr_Rec(i).num < ta Then
                lo = i
            Else
                hi = i
            End If
        End If
        i = Int((hi - lo) / 2) + lo
    Next k
    If flag = 0 Then
        MsgBox "没有要查找的编号", , ""
    End If
End Sub
```

该过程代码较多，实际上执行了 3 种操作，即：

- 把通信录中的数据读到内存，放到记录数组 Tel_Addr_rec 中，然后在窗体上显示出来。
- 对记录按编号从小到大的顺序进行排序。二分法（折半法）只能对排过序的记录进行检索，因此，在检索前必须对记录排序。
- 用二分法检索数据。二分法检索的基本思路是：首先把要检索的数据项与文件中位于中部（二分之一处）的记录进行比较，如果相等，则它就是要检索的数据；如果大于，则要查找的数据项位于文件的后半部，否则位于前半部，然后再取后半部或前半部继续检索，直至找到所需要的数据项（如果有的话）。找到所需要的数据（编号）后，将打开第二个窗体，显示记录的内容；如果没有找到，则显示相应的信息。

(7) 编写第一个窗体中“退出”按钮事件过程：

```
Private Sub Command3_Click()
    End
End Sub
```

该过程用来结束程序运行。

(8) 编写第二个窗体的事件过程：

```
Private Sub Form_Load()
    Label1.FontSize = 16
    Label1.Caption = "姓名"
    Label2.FontSize = 16
    Label2.Caption = "电话"
    Label3.FontSize = 16
    Label3.Caption = "地址"
```

```
    Label4.FontSize = 20
    Label4.FontName = "幼圆"
    Label4.FontBold = True
    Label4.Caption = "要查找的用户为："
    Text1.FontSize = 16
    Text2.FontSize = 16
    Text3.FontSize = 16
    Command1.Caption = "返  回"
    Command1.FontSize = 18
    Command1.FontName = "隶书"
End Sub

Private Sub Command1_Click()
    Form2.Hide
    Form1.Show
End Sub
```

第二个窗体主要用来显示查找到的记录内容。Form_Load 事件过程对显示数据的控件进行初始化设置，而命令按钮事件过程则用来关闭第二个窗体，回到第一个窗体。

程序运行后，显示第一个窗体(此时第一个命令按钮禁用)。单击“检索数据”按钮后，在窗体上显示数据(包括原来的和排过序的)，同时显示一个输入对话框，要求输入要检索的编号，如图 14.7 所示。

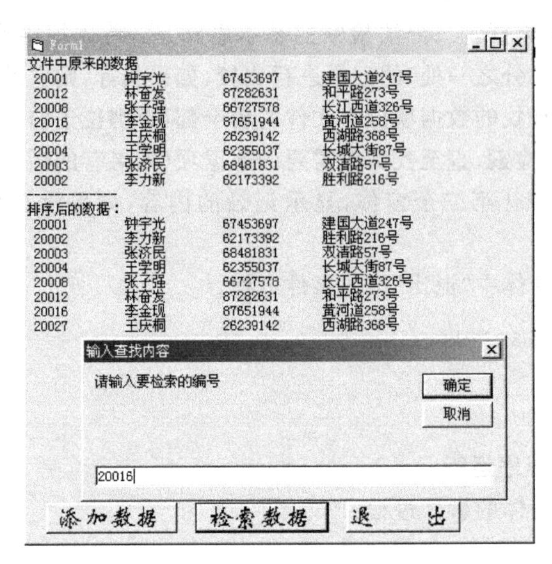

图 14.7　习题 14.10 程序运行情况(1)

输入要查找的编号后，单击“确定”按钮，将打开第二个窗体，显示所检索的内容，如图 14.8 所示。

如果没有要检索的编号，则显示一个信息框，如图 14.9 所示。

14.11　假定磁盘上有一个学生成绩文件，存放着 100 个学生的情况，包括学号、姓

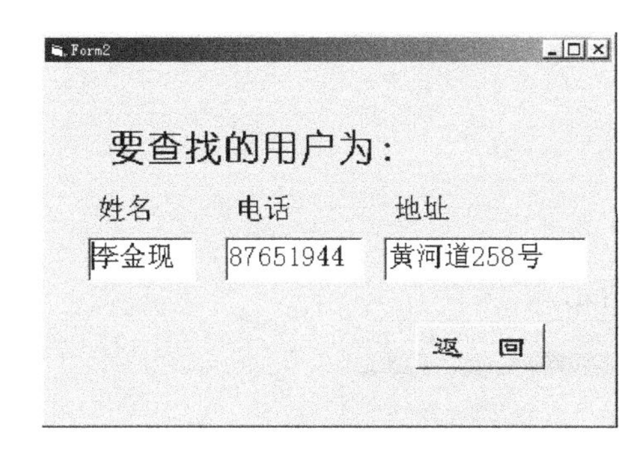

图 14.8　习题 14.10 程序运行情况(2)

图 14.9　习题 14.10 程序运行情况(3)

名、性别、年龄和 5 门课程的成绩。试编写一个程序，建立以下 4 个文件：

(1) 女生情况的文件。

(2) 按 5 门课程成绩高低排列的学生情况的文件(需增加平均成绩一栏)。

(3) 按年龄从小到大顺序排列的全部学生情况的文件。

(4) 按 5 门课程及平均成绩的分数段(60 分以下，60～70，71～80，81～90，90 分以上)进行人数统计的文件。

解：该题需要建立 4 个文件，其中第(2)和第(3)建立文件的操作是类似的，我们将只建立"按 5 门课程高低排列的学生情况的文件"。为了便于试验程序，我们给出一个学生成绩登记表，见表 14.1。

表 14.1　学生成绩登记表

学号	姓名	性别	年龄	成绩 1	成绩 2	成绩 3	成绩 4	成绩 5	平均
20001	钟宇光	男	20	87	76	90	78	94	
20002	王海华	女	19	97	86	92	88	92	
20003	吴天明	男	21	82	86	79	86	87	
20004	王明华	女	20	89	65	74	88	84	
20005	程世清	男	22	57	46	50	68	59	
20006	于向群	女	23	67	76	70	42	64	
20007	李云清	男	18	97	86	98	89	92	
20008	钟洪涛	女	19	87	76	80	68	72	
20009	张小伟	男	24	86	63	70	68	74	
200010	况新云	女	18	87	96	92	98	93	

上面的登记表共有 10 项，没有 100 项，但用来建立 4 个文件的操作是一样的。我们把这个登记表放到一个文件中，该文件名为 stud.txt，内容如下：

```
20001,"钟宇光","男",20,87,76,90,78,94
20002,"王海华","女",19,97,86,92,88,92
20003,"吴天明","男",21,82,86,79,86,87
20004,"王明华","女",20,89,65,74,88,84
20005,"程世清","男",22,57,46,50,68,59
20006,"于向群","女",23,67,76,70,42,64
```

```
20007,"李云清","男",18,97,86,98,89,92
20008,"钟洪涛","女",19,87,76,80,68,72
20009,"张小伟","男",24,86,63,70,68,74
200010,"况新云","女",18,87,96,92,98,93
```

按以下步骤操作。

(1) 在窗体上画 5 个命令按钮,如图 14.10 所示。

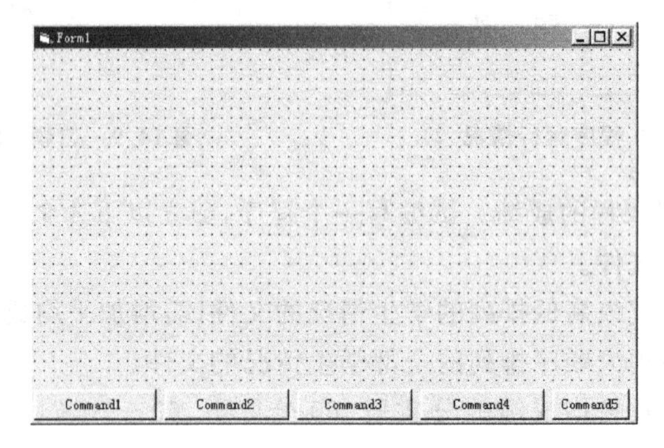

图 14.10　习题 14.11 程序界面设计

(2) 编写窗体的 Load 事件过程:

```
Private Sub Form_Load()
    Command1.Caption = "显示原来数据"
    Command2.Caption = "建立女生文件"
    Command3.Caption = "建立成绩文件"
    Command4.Caption = "建立分数段文件"
    Command5.Caption = "退    出"
End Sub
```

该过程用来设置 5 个命令按钮的标题。

(3) 执行"工程"菜单中的"添加模块"命令,建立一个新的标准模块,然后在该模块中输入如下代码:

```
Type Stud_Grade
    num As Long
    Stud_Name As String
    Sex As String
    Age As Integer
    Grade1 As Single
    Grade2 As Single
    Grade3 As Single
    Grade4 As Single
    Grade5 As Single
    Grade_Aver As Single
End Type
```

```
Option Base 1
Public Stud_Table() As Stud_Grade
Public n As Integer
```

上述代码建立了一个名为 Stud_Grade 的记录类型，然后定义了该记录类型的一个全局数组，名为 Stud_Table。

(4) 编写第一个命令按钮的事件过程：

```
Private Sub Command1_Click()
    n = InputBox("请输入文件中的记录个数")
    n = CInt(n)
    ReDim Stud_Table(n) As Stud_Grade
    Open "d:\temp\stud.txt" For Input As #2
    sp = "    "
    Cls
    Print "文件中原来的数据:"
    Print
    Print "学号", "姓名"; sp; "性别"; sp; "年龄"; sp; "成绩 1"; sp; _
                  "成绩 2"; sp; "成绩 3"; sp; "成绩 4"; sp; "成绩 5"
    Print
    For x = 1 To n
        Input #2, Stud_Table(x).num, _
                  Stud_Table(x).Stud_Name, _
                  Stud_Table(x).Sex, _
                  Stud_Table(x).Age, _
                  Stud_Table(x).Grade1, _
                  Stud_Table(x).Grade2, _
                  Stud_Table(x).Grade3, _
                  Stud_Table(x).Grade4, _
                  Stud_Table(x).Grade5
        Print Stud_Table(x).num, _
                  Stud_Table(x).Stud_Name; sp; _
                  Stud_Table(x).Sex; sp; _
                  Stud_Table(x).Age; sp; _
                  Stud_Table(x).Grade1; sp; _
                  Stud_Table(x).Grade2; sp; "  "; _
                  Stud_Table(x).Grade3; sp; "  "; _
                  Stud_Table(x).Grade4; sp; _
                  Stud_Table(x).Grade5
    Next x
    Close #2
End Sub
```

该过程用来显示原始文件中的数据。它首先打开原始文件，然后从文件中读出记录，并在窗体上显示出来。程序运行后，单击该按钮，在显示的输入对话框中输入 10，单击

“确定”按钮，结果如图 14.11 所示。

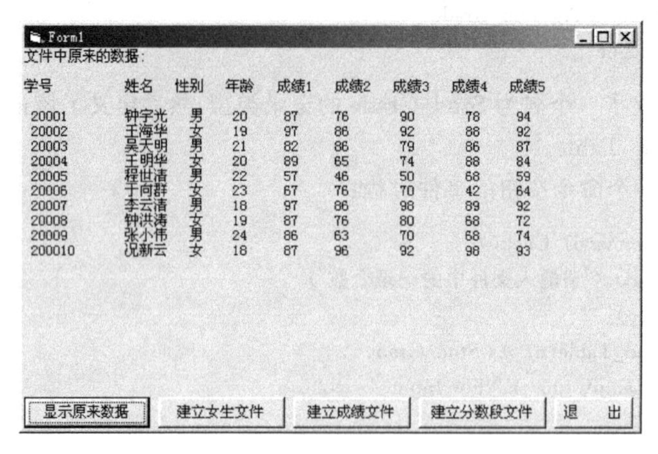

图 14.11　习题 14.11 程序运行情况(1)

(5) 编写第二个命令按钮的代码：

```
Private Sub Command2_Click()
    n = InputBox("请输入文件中的记录个数")
    n = CInt(n)
    ReDim Stud_Table(n) As Stud_Grade
    Open "d:\temp\stud.txt" For Input As #1
    sp = "    "
    Cls
    Print "女生情况的数据："
    For x = 1 To n
        Input #1, Stud_Table(x).num, _
                    Stud_Table(x).Stud_Name, _
                    Stud_Table(x).Sex, _
                    Stud_Table(x).Age, _
                    Stud_Table(x).Grade1, _
                    Stud_Table(x).Grade2, _
                    Stud_Table(x).Grade3, _
                    Stud_Table(x).Grade4, _
                    Stud_Table(x).Grade5
    Next x
    Close #1

    Open "d:\temp\female.txt" For Output As #1
    Print
    Print "学号", "姓名"; sp; "性别"; sp; "年龄"; sp; "成绩 1"; sp; _
                  "成绩 2"; sp; "成绩 3"; sp; "成绩 4"; sp; "成绩 5"
    Print
```

```
    For x = 1 To n
        If Stud_Table(x).Sex = "女" Then
            Print Stud_Table(x).num, _
                  Stud_Table(x).Stud_Name; sp; _
                  Stud_Table(x).Sex; sp; _
                  Stud_Table(x).Age; sp; _
                  Stud_Table(x).Grade1; sp; _
                  Stud_Table(x).Grade2; sp; "  "; _
                  Stud_Table(x).Grade3; sp; "   "; _
                  Stud_Table(x).Grade4; sp; _
                  Stud_Table(x).Grade5

            Write #1, Stud_Table(x).num, _
                  Stud_Table(x).Stud_Name, _
                  Stud_Table(x).Sex, _
                  Stud_Table(x).Age, _
                  Stud_Table(x).Grade1, _
                  Stud_Table(x).Grade2, _
                  Stud_Table(x).Grade3, _
                  Stud_Table(x).Grade4, _
                  Stud_Table(x).Grade5
        End If
    Next x

    Print
    Print "以上数据已写入文件 female.txt"
    Print
    Close #1
End Sub
```

该过程首先打开原始文件，把它读到内存，然后查找文件中性别为“女”的记录，把这些记录在窗体上显示出来，同时写入文件 female.txt。

程序运行后，单击该命令按钮，将显示一个输入对话框，在对话框中输入 10，再单击“确定”按钮，即可在窗体上显示女生情况的记录，如图 14.12 所示。在显示的同时，把每个记录写入文件。

执行上述操作后，建立女生情况文件 female.txt，内容如下：

```
20002,"王海华","女",19,97,86,92,88,92
20004,"王明华","女",20,89,65,74,88,84
20006,"于向群","女",23,67,76,70,42,64
20008,"钟洪涛","女",19,87,76,80,68,72
200010,"况新云","女",18,87,96,92,98,93
```

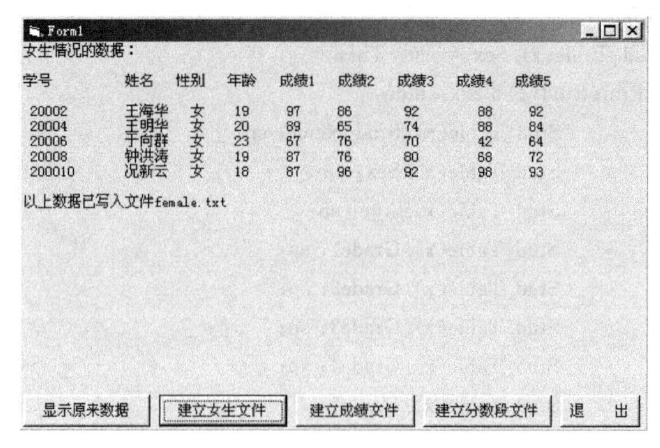

图 14.12 习题 14.11 程序运行情况(2)

(6) 编写第三个命令按钮的事件过程：

```
Private Sub Command3_Click()
    n = InputBox("请输入文件中的记录个数")
    n = CInt(n)
    ReDim Stud_Table(n) As Stud_Grade
    Open "d:\temp\stud.txt" For Input As #1
    sp = "    "
    Cls
    Print "按 5 门课程成绩高低排列的数据："
    For x = 1 To n
        Input #1, Stud_Table(x).num, _
                    Stud_Table(x).Stud_Name, _
                    Stud_Table(x).Sex, _
                    Stud_Table(x).Age, _
                    Stud_Table(x).Grade1, _
                    Stud_Table(x).Grade2, _
                    Stud_Table(x).Grade3, _
                    Stud_Table(x).Grade4, _
                    Stud_Table(x).Grade5
    Next x
    Close #1
    '求平均分数
    For x = 1 To n
        Stud_Table(x).Grade_Aver = _
            Format((Stud_Table(x).Grade1 + _
            Stud_Table(x).Grade2 + _
            Stud_Table(x).Grade3 + _
            Stud_Table(x).Grade4 + _
            Stud_Table(x).Grade5) / 5, "00.00")
```

```
Next x
' 按平均分排序
For k = n To 2 Step -1
    For l = 1 To k - 1
        If Stud_Table(l).Grade_Aver > Stud_Table(l + 1).Grade_Aver Then
            t = Stud_Table(l + 1).Grade_Aver
            Stud_Table(l + 1).Grade_Aver = Stud_Table(l).Grade_Aver
            Stud_Table(l).Grade_Aver = t

            t = Stud_Table(l + 1).num
            Stud_Table(l + 1).num = Stud_Table(l).num
            Stud_Table(l).num = t

            t = Stud_Table(l + 1).Stud_Name
            Stud_Table(l + 1).Stud_Name = Stud_Table(l).Stud_Name
            Stud_Table(l).Stud_Name = t

            t = Stud_Table(l + 1).Sex
            Stud_Table(l + 1).Sex = Stud_Table(l).Sex
            Stud_Table(l).Sex = t

            t = Stud_Table(l + 1).Age
            Stud_Table(l + 1).Age = Stud_Table(l).Age
            Stud_Table(l).Age = t

            t = Stud_Table(l + 1).Grade1
            Stud_Table(l + 1).Grade1 = Stud_Table(l).Grade1
            Stud_Table(l).Grade1 = t

            t = Stud_Table(l + 1).Grade2
            Stud_Table(l + 1).Grade2 = Stud_Table(l).Grade2
            Stud_Table(l).Grade2 = t

            t = Stud_Table(l + 1).Grade3
            Stud_Table(l + 1).Grade3 = Stud_Table(l).Grade3
            Stud_Table(l).Grade3 = t

            t = Stud_Table(l + 1).Grade4
            Stud_Table(l + 1).Grade4 = Stud_Table(l).Grade4
            Stud_Table(l).Grade4 = t

            t = Stud_Table(l + 1).Grade5
            Stud_Table(l + 1).Grade5 = Stud_Table(l).Grade5
            Stud_Table(l).Grade5 = t
```

```
            End If
        Next l
    Next k

    Open "d:\temp\grade.txt" For Output As #1
    ' 输出按平均分排序后的记录并写入文件 grade.txt
    Print
    Print "学号", "姓名"; sp; "性别"; sp; "年龄"; sp; "成绩 1"; sp; _
                "成绩 2"; sp; "成绩 3"; sp; "成绩 4"; sp; "成绩 5"; sp; "平均"
    Print

        For x = 1 To n
                Print Stud_Table(x).num, _
                    Stud_Table(x).Stud_Name; sp; _
                    Stud_Table(x).Sex; sp; _
                    Stud_Table(x).Age; sp; _
                    Stud_Table(x).Grade1; sp; _
                    Stud_Table(x).Grade2; sp; "  "; _
                    Stud_Table(x).Grade3; sp; _
                    Stud_Table(x).Grade4; sp; "   "; _
                    Stud_Table(x).Grade5; sp; _
                    Stud_Table(x).Grade_Aver

                Write #1, Stud_Table(x).num, _
                    Stud_Table(x).Stud_Name, _
                    Stud_Table(x).Sex, _
                    Stud_Table(x).Age, _
                    Stud_Table(x).Grade1, _
                    Stud_Table(x).Grade2, _
                    Stud_Table(x).Grade3, _
                    Stud_Table(x).Grade4, _
                    Stud_Table(x).Grade5, _
                    Stud_Table(x).Grade_Aver
        Next x
    Print
    Print "以上数据已写入文件 grade.txt"
    Print

    Close #1
End Sub
```

该过程首先打开原始文件,把数据读到内存,接着求出 5 门课程的平均分数,再按平均分对记录进行排序,然后把排过序的数据在窗体上显示出来,并把这些数据写入磁盘文件。程序运行后,单击该命令按钮,在输入对话框中输入 10,单击“确定”按钮,即可输出排序后的数据，如图 14.13 所示。

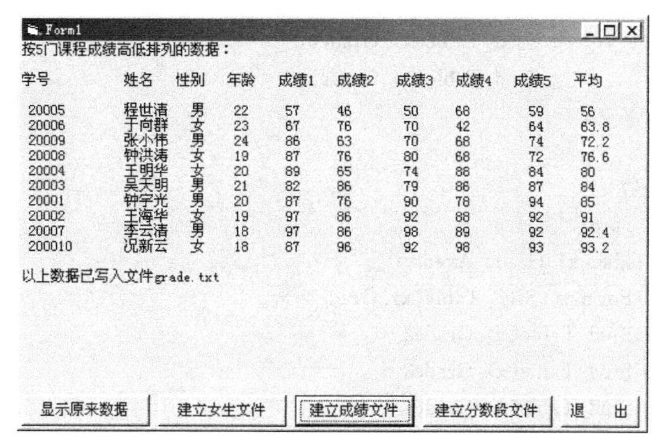

图 14.13 习题 14.11 程序运行情况(3)

上述过程建立的文件名为 grade.txt，内容如下：

```
20005,"程世清","男",22,57,46,50,68,59,56
20006,"于向群","女",23,67,76,70,42,64,63.8
20009,"张小伟","男",24,86,63,70,68,74,72.2
20008,"钟洪涛","女",19,87,76,80,68,72,76.6
20004,"王明华","女",20,89,65,74,88,84,80
20003,"吴天明","男",21,82,86,79,86,87,84
20001,"钟宇光","男",20,87,76,90,78,94,85
20002,"王海华","女",19,97,86,92,88,92,91
20007,"李云清","男",18,97,86,98,89,92,92.4
200010,"况新云","女",18,87,96,92,98,93,93.2
```

(7) 编写第四个命令按钮的事件过程：

```
Private Sub Command4_Click()
    n = InputBox("请输入文件中的记录个数")
    n = CInt(n)
    ReDim Stud_Table(n) As Stud_Grade
    Static score(10, 6) As Single
    Dim assort(5, 6) As Single
    Open "d:\temp\stud.txt" For Input As #1
    sp = "    "
    Cls
    For x = 1 To n
        Input #1, Stud_Table(x).num, _
                      Stud_Table(x).Stud_Name, _
                      Stud_Table(x).Sex, _
                      Stud_Table(x).Age, _
                      Stud_Table(x).Grade1, _
```

```
                        Stud_Table(x).Grade2, _
                        Stud_Table(x).Grade3, _
                        Stud_Table(x).Grade4, _
                        Stud_Table(x).Grade5
Next x
Close #1
'求平均分数
For x = 1 To n
    Stud_Table(x).Grade_Aver = _
          Format((Stud_Table(x).Grade1 + _
          Stud_Table(x).Grade2 + _
          Stud_Table(x).Grade3 + _
          Stud_Table(x).Grade4 + _
          Stud_Table(x).Grade5) / 5, "00.00")
Next x
'建立分数数组
For i = 1 To n
    score(i, 1) = Stud_Table(i).Grade1
    score(i, 2) = Stud_Table(i).Grade2
    score(i, 3) = Stud_Table(i).Grade3
    score(i, 4) = Stud_Table(i).Grade4
    score(i, 5) = Stud_Table(i).Grade5
    score(i, 6) = Stud_Table(i).Grade_Aver
Next i

'输出分数数组
Print "输出分数:"
Print
For i = 1 To n
    For j = 1 To 6
        Print score(i, j);
    Next j
    Print
Next i
'对分数按分数段分类
For i = 1 To n
    For j = 1 To 6
        If score(i, j) < 60 Then
            assort(1, j) = assort(1, j) + 1
        ElseIf score(i, j) >= 60 And score(i, j) <= 70 Then
            assort(2, j) = assort(2, j) + 1
        ElseIf score(i, j) > 70 And score(i, j) <= 80 Then
            assort(3, j) = assort(3, j) + 1
        ElseIf score(i, j) > 80 And score(i, j) < 90 Then
```

```
                assort(4, j) = assort(4, j) + 1
            Else
                assort(5, j) = assort(5, j) + 1
            End If
        Next j
    Next i

    ' 输出分类的分数并写入文件
    Open "d:\temp\assort.txt" For Output As #1
    Print
    Print "*", "成绩 1  "; "成绩 2  "; "成绩 3  "; "成绩 4  "; _
                  "成绩 5  "; "平均"
    Write #1, "*", "成绩 1  "; "成绩 2  "; "成绩 3  "; "成绩 4  "; _
                  "成绩 5  "; "平均"
    Print
    For i = 1 To 5
        If i = 1 Then
            msg = "60 分以下"
        ElseIf i = 2 Then
            msg = "60～70"
        ElseIf i = 3 Then
            msg = "71～80"
        ElseIf i = 4 Then
            msg = "81～90"
        Else
            msg = "90 分以上"
        End If
        Print msg,
        Write #1, msg,
        For j = 1 To 6
            Print assort(i, j); "    ";
            Write #1, assort(i, j); "    ";
        Next j
        Print #1, " "
        Print
    Next i
    Close #1
    Print
    Print "以上数据已写入文件 assort.txt"
End Sub
```

该过程首先打开原始文件，把数据读到内存，接着求出每个学生课程成绩的平均分，然后把 5 门课程的分数及平均分放到一个二维数组中，再对这个二维数组进行处理，从中求出每门课程及平均分的不同分数段的人数，并把它放入另一个二维数组中。最后输出各分数段的人数，同时把这些数据写入磁盘文件。

程序运行后，单击第四个命令按钮，在输入对话框中输入 10，单击“确定”按钮后，结果如图 14.14 所示。

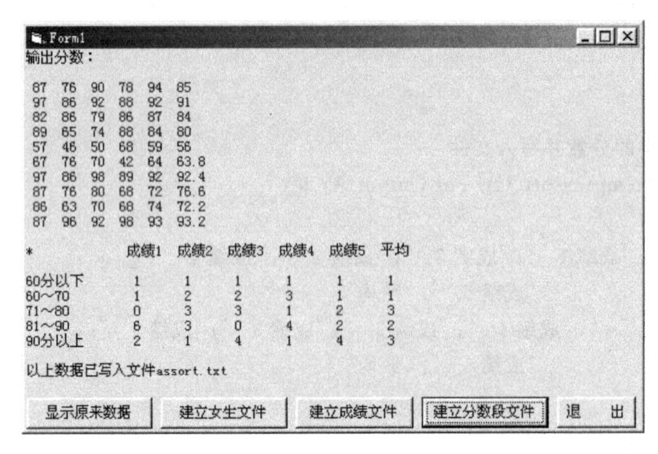

图 14.14 习题 14.11 程序运行情况(4)

以上过程建立的文件名为 assort. txt，内容如下：

```
"*","成绩1  ","成绩2  ","成绩3  ","成绩4  ","成绩5  ","平均"
"60分以下",1,"     ",1,"     ",1,"     ",1,"     ",1,"     ",1,"     ",
"60~70",1,"     ",2,"     ",2,"     ",3,"     ",1,"     ",1,"     ",
"71~80",0,"     ",3,"     ",3,"     ",1,"     ",2,"     ",3,"     ",
"81~90",6,"     ",3,"     ",0,"     ",4,"     ",2,"     ",2,"     ",
"90分以上",2,"     ",1,"     ",4,"     ",1,"     ",4,"     ",3,"     ",
```

(8) 编写第五个命令按钮的事件过程：

```
Private Sub Command5_Click()
    End
End Sub
```

该过程用来结束程序。

14.12 编写一个建立图书数据文件的程序。程序运行后，可以从键盘上输入每种图书的有关数据，包括图书分类号、登记号、作者、单价、购进数、借出数、出版日期和出版社名称，把这些数据存入文件中。文件建立后，按登记号的顺序(由小到大)输出全部内容。

解：图书数据文件记录的结构见表 14.2。

表 14.2 记录结构

分类号	登记号	作者	单价	购进数	借出数	出版日期	出版社
…	…	…	…	…	…	…	…

按以下步骤操作。

(1) 执行“工程”菜单中的“添加模块”命令，建立一个新的标准模块，在该模块中定义如下的记录类型和全局变量：

```
Type Book_Info
    class_num As Integer
    reg_num As Integer
    Author As String * 6
    price As Single
    buy_num As Integer
    loan_num As Integer
    pub_date As String
    pub_com As String * 18
End Type

Option Base 1
Public Book_num() As Book_Info
Public n As Integer
```

(2) 在窗体层编写输入数据的通用过程：

```
Sub B_Input(Num As Integer)
    n = n + Num
    ReDim Book_num(Num) As Book_Info
    Open "d:\temp\BookI.txt" For Append As #1
    For i = 1 To Num
        Book_num(i).class_num = InputBox("请输入图书分类号")
        Book_num(i).reg_num = InputBox("请输入登记号")
        Book_num(i).Author = InputBox("请输入作者名")
        Book_num(i).price = InputBox("请输入单价")
        Book_num(i).buy_num = InputBox("请输入购进数")
        Book_num(i).loan_num = InputBox("请输入借出数")
        Book_num(i).pub_date = InputBox("出版日期")
        Book_num(i).pub_com = InputBox("请输入出版社名称")
        Write #1, Book_num(i).class_num, Book_num(i).reg_num, _
                Book_num(i).Author, Book_num(i).price, _
                Book_num(i).buy_num, Book_num(i).loan_num, _
                Book_num(i).pub_date, Book_num(i).pub_com
    Next i
    Close #1

    Open "d:\temp\num.txt" For Output As #1
    Print #1, n
    Close #1
End Sub
```

该过程用来输入数据，并把输入的数据存入磁盘文件。它有1个参数，即需要输入的图书种类数。文件用 Append 方式打开，因此每次输入的数据都附加到原来数据的后面。这里应注意全局变量 n 的使用。调用该过程时，把 Num 的实参与 n 相加，再赋予 n，从而可以把多次调用该过程所输入的图书种类数累加起来。在过程的最后，把 n 存入一个磁盘文件，这样，即使退出程序或关机，仍可以记下当前图书数文件中记录的个数。

在这个过程中，输入的数据被存入记录数组。

(3) 在窗体层编写输出数据的通用过程：

```
Sub B_output()
    Open "d:\temp\num.txt" For Input As #1
    Input #1, n
    Close #1

    ReDim Book_num(n) As Book_Info
    Open "d:\temp\BookI.txt" For Input As #2
    x = 1
    Print "分类号  "; "登记号    "; "作者    "; "  单价  "; "购进数 "; _
              "借出数 "; "出版日期 "; " 出版社"
   Print
    Print "原来顺序："

    Do While Not EOF(2)
        Input #2, Book_num(x).class_num, Book_num(x).reg_num, _
                  Book_num(x).Author, Book_num(x).price, _
                  Book_num(x).buy_num, Book_num(x).loan_num, _
                  Book_num(x).pub_date, Book_num(x).pub_com

        Print Book_num(x).class_num; "  "; Book_num(x).reg_num; "  "; _
                  Book_num(x).Author; "  "; Book_num(x).price; "  "; _
                  Book_num(x).buy_num; "  "; Book_num(x).loan_num; "  "; _
                  Book_num(x).pub_date; "  "; Book_num(x).pub_com
        x = x + 1
    Loop
    Close #2

    Print
    SortB
End Sub
```

该过程用来输出图书数据文件中的记录，它首先打开前一个过程建立的文件，然后按建立顺序输出每个记录。由于题目要求按登记号由小到大的顺序输出记录，因此用一个过程对各记录进行排序，并输出排序后的结果。排序过程如下：

```
Sub SortB()
    For k = n To 2 Step -1
        For l = 1 To k - 1
            If Book_num(l).reg_num > Book_num(l + 1).reg_num Then
```

```
                t = Book_num(l + 1). reg_num
                Book_num(l + 1). reg_num = Book_num(l). reg_num
                Book_num(l). reg_num = t

                t = Book_num(l + 1). class_num
                Book_num(l + 1). class_num = Book_num(l). class_num
                Book_num(l). class_num = t

                t = Book_num(l + 1). Author
                Book_num(l + 1). Author = Book_num(l). Author
                Book_num(l). Author = t

                t = Book_num(l + 1). price
                Book_num(l + 1). price = Book_num(l). price
                Book_num(l). price = t

                t = Book_num(l + 1). buy_num
                Book_num(l + 1). buy_num = Book_num(l). buy_num
                Book_num(l). buy_num = t

                t = Book_num(l + 1). pub_date
                Book_num(l + 1). pub_date = Book_num(l). pub_date
                Book_num(l). pub_date = t

                t = Book_num(l + 1). pub_com
                Book_num(l + 1). pub_com = Book_num(l). pub_com
                Book_num(l). pub_com = t
            End If
        Next l
    Next k
    Print "按登记号排序后顺序："
    For j = 1 To n
        Print Book_num(j). class_num; "  "; Book_num(j). reg_num; "  "; _
              Book_num(j). Author; "  "; Book_num(j). price; "  "; _
              Book_num(j). buy_num; "  "; Book_num(j). loan_num; "  "; _
              Book_num(j). pub_date; "  "; Book_num(j). pub_com
    Next j
End Sub
```

该过程用冒泡法对文件中的记录进行排序，然后输出。

(4) 编写如下事件过程：

```
Private Sub Form_Click()
    Dim h  As Integer
    an = InputBox("是第一次运行程序吗？(Y/N)")
    If UCase(an) <> "Y" Then
        Open "d:\temp\num. txt" For Input As #1
```

```
        Input #1, n
        Close #1
    End If

    IOrO = InputBox("输入或输出? (I/O)")
    If UCase(IOrO) = "I" Then
        h = InputBox("需要输入多少种图书")
        h = Val(h)
        B_Input h
    Else
        B_output
    End If
End Sub
```

在该过程中，首先询问是不是第一次运行程序，如果不是，则打开存放图书种类数的文件，读入种类数，并把它赋予全局变量 n。接着询问是输入还是输出。如果是输入，则调用输入过程，否则调用输出过程。

程序运行后，单击窗体，在输入对话框中输入"Y"(第一次运行程序)，在接下来的输入对话框中输入"I"(输入)，然后即可根据提示输入数据。假定输入如表 14.3 所列的数据。

表 14.3　输入的数据

分类号	登记号	作者	单价	购进数	借出数	出版日期	出 版 社
3001	2006	王大明	56	40	12	2000 年 5 月	海天出版社
3008	2003	张得功	45	60	21	2000 年 3 月	华联出版社
3009	2004	李得胜	26	80	35	1999 年 12 月	环宇出版社
3005	2012	杨国春	48	60	14	2000 年 6 月	CPW 出版公司
3013	2015	陈　雷	24	40	16	2000 年 2 月	家电出版社

程序的运行情况如图 14.15 所示。

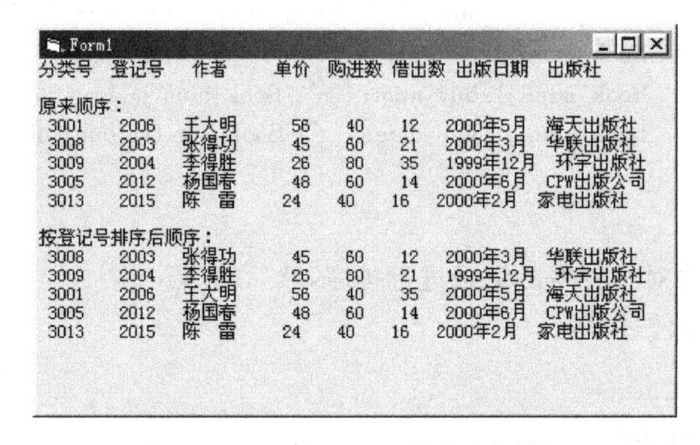

图 14.15　习题 14.12 程序运行情况

14.13　编写一个程序，输入某仓库的货物数据，建立一个顺序文件。每次从键盘上输入一种货物的数据，包括货物号、名称、单价、进库日期和数量。建立文件后，输出全部内容。

解：该题与前一题类似，其记录结构见表 14.4。

表 14.4 记录结构

货物号	货物名	单价	进库日期	货物数量
…	…	…	…	…

按以下步骤操作。

(1) 执行“工程”菜单中的“添加模块”命令，在工程中添加一个新的标准模块，然后在该模块定义如下记录类型和全局变量：

```
Type bole_Info
    bole_num As Integer
    bole_name As String
    price As Single
    stock_date As String
    amount As Single
End Type

Option Base 1
Public bole_stock() As bole_Info
Public n As Integer
```

(2) 在窗体上画三个命令按钮，其标题分别设置为“输入数据”、“输出数据”和“退出”，如图 14.16 所示。

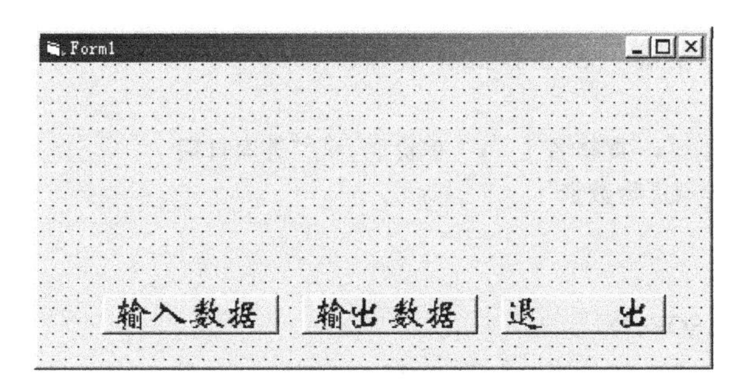

图 14.16 习题 14.13 程序界面设计

(3) 编写第一个命令按钮的事件过程：

```
Private Sub Command1_Click()
    num = InputBox("请输入货物种类数")
    num = CInt(num)
    n = n + num
    ReDim bole_stock(num) As bole_Info
    Open "d:\temp\BoleI.txt" For Append As #1
```

```
    For i = 1 To num
        bole_stock(i). bole_num = InputBox("请输入货物号")
        bole_stock(i). bole_name = InputBox("请输入货物名称")
        bole_stock(i). price = InputBox("请输入货物单价")
        bole_stock(i). stock_date = InputBox("请输入进库日期")
        bole_stock(i). amount = InputBox("请输入货物数量")
        Write #1, bole_stock(i). bole_num, _
                  bole_stock(i). bole_name, _
                  bole_stock(i). price, _
                  bole_stock(i). stock_date, _
                  bole_stock(i). amount
    Next i
    Close #1

    Open "d:\temp\bole. txt" For Output As #1
    Print #1, n
    Close #1
End Sub
```

该过程的操作与前一题的 B_Input 过程类似。

(4) 编写第二个命令按钮的事件过程：

```
Private Sub Command2_Click()
    Open "d:\temp\bole. txt" For Input As #1
    Input #1, n
    Close #1

    ReDim bole_stock(n) As bole_Info
    Open "d:\temp\BoleI. txt" For Input As #2
    x = 1
    Print "货物号    "; "货物名    "; " 单价      "; "进库日期         "; _
          "货物数量"
    Print

    Do While Not EOF(2)
        Input #2, bole_stock(i). bole_num, _
                  bole_stock(i). bole_name, _
                  bole_stock(i). price, _
                  bole_stock(i). stock_date, _
                  bole_stock(i). amount

        Print bole_stock(i). bole_num; "    "; _
                  bole_stock(i). bole_name; "    " _
                  ; bole_stock(i). price; "    "; _
                  bole_stock(i). stock_date; "    "; _
```

```
                    bole_stock(i).amount
        x = x + 1
    Loop
    Close #2
End Sub
```

该过程的操作与前一题中的 B_output 过程类似。

(5) 编写第三个命令按钮的事件过程:

```
Private Sub Command3_Click()
    End
End Sub
```

程序运行后,单击"输入数据"按钮,即可根据提示输入相应的数据。输入后单击"输出数据"按钮,将在窗体上输出结果,如图 14.17 所示。

图 14.17　习题 14.13 程序运行情况

第二部分　上机实验指导

第 15 章　Visual Basic 6.0 的安装和联机帮助

Visual Basic 6.0 系统程序存放在光盘上，为了方便使用，通常把系统复制到硬盘上，这一过程称为“安装”。

15.1　Visual Basic 6.0 的运行环境

Visual Basic 6.0 是 Windows 下的一个应用程序，本身对软硬件环境没有特殊要求。也就是说，它对环境的要求与 Windows 操作系统是一致的。目前计算机型号较多，其配置差别很大，为了能顺利地运行 Windows 和 Visual Basic，应根据性能价格比和经济能力综合考虑系统配置，没有统一的模式，也不存在什么“最佳配置”，这里提出的方案仅供参考。

1. 一般原则

能以较快的速度运行 Windows，可以扩充多媒体配置；性能相近时，价格最低；符合国内、外软、硬件发展潮流。

2. 主机

(1) CPU。

最低配置应不低于 PⅡ/233，如果使用 Windows 9x 操作系统，则 586/133 或 586/166 也可以满足要求；但如果使用的操作系统是 Windows 2000 或 XP，则应选择 PⅡ/266 或更高主频的 CPU。

(2) 主板。

应首选带有局部总线 VESA-LocalBus 的主板，主板中应有一定的 Cache 容量(128KB 以上)。考虑到将来扩充配置，主板上应有多个扩展槽和内存槽。为了适应不同的 CPU 芯片，主板上应能通过跳线选择不同的主频。

(3) 内存。

最低不能少于128MB。一般应选256或512MB,以便能提高速度,运行CD-ROM、Windows应用程序等。如果用于图形处理或使用ActiveX,则内存最好在512MB以上;而如果要处理三维动画,则内存配置应为512MB DDR或1024MB,并相应增大显存容量。

3. 外部设备

(1) 显示器及显示卡。

可选用VGA、TVGA、SVGA或专用于VESA-LocalBus的VESA套卡。

(2) 外存储器。

硬盘应选择36GB、60GB或更大容量,此外,由于Visual Basic 6.0需要从光盘上安装,因此应配置较高速度的CD-ROM或DVD驱动器。

(3) 键盘、鼠标。

选用101键电容式标准键盘,鼠标用光电式或机械式均可。机械式鼠标价格便宜,且效果并不比光电式差,因此一般选用机械式鼠标。

以上是基本硬件配置,还可以根据需要进行扩充,例如增配声卡、视卡等,以满足多媒体程序设计的需要。

4. 软件

Windows 9x、Windows Me、Windows 2000或Windows XP版本。如果使用汉字,则应选用中文版的Windows操作系统。

15.2 安装 Visual Basic 6.0

Visual Basic必须在Windows环境下用系统自带的安装程序安装。因此,在安装Visual Basic之前,应先安装好Windows操作系统。在不同版本的Windows中文版环境下安装Visual Basic 6.0的操作完全相同。

Visual Basic 6.0可以通过以下两种方式安装:

(1) 使用Visual Studio 6.0。Visual Studio是一个“组套”软件,它包括Visual Basic、Visual C++、Visual FoxPro等多个软件,存放在多片(7片或8片)光盘上,可以运行该组套软件的安装程序,通过选择项来安装Visual Basic。

(2) 使用Visual Basic 6.0。中文企业版包括4张光盘,其中两张是Visual Basic 6.0开发系统,而另外两张是MSDN Library Visual Studio 6.0。

为了顺利安装和运行Visual Basic 6.0中文企业版,要求硬盘至少要有500MB以上的空闲区;如果需要安装MSDN,则可用磁盘空间的数量最好在1.5GB以上。

在安装Visual Basic 6.0的过程中,需要多次重启动Windows系统,可根据安装程序的提示进行。此外,Visual Basic 6.0需要与其他“配套”应用程序一起安装,这些配套程序包括:Internet Explorer 4.01、DCOM98、MSDN Library等。运行Visual Basic 6.0的安装程序后,将自动提示用户安装相应的程序,并提示在光驱中放入适当的光盘。

我们以 Visual Basic 6.0 中文企业版为例，说明安装过程。

(1) 开机，启动 Windows 操作系统。

(2) 把 Visual Basic 6.0 系统“光盘 1”插入 CD-ROM 驱动器。

如果计算机系统能够运行 AutoRun，则在插入 CD 盘后，将自动运行安装程序，显示如图 15.1 所示的画面。

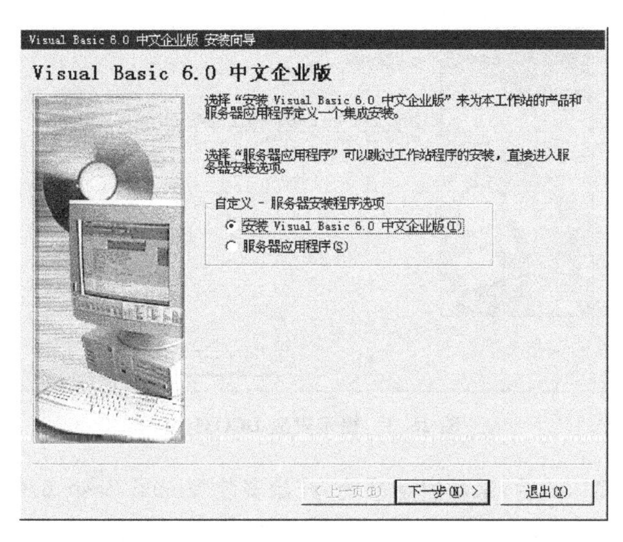

图 15.1　启动 Visual Basic 6.0 安装程序

(3) 选择“安装 Visual Basic 6.0 中文企业版”单选按钮，单击“下一步”按钮后，显示下一个界面，要求输入产品 ID 号(在光盘盒背面)和用户信息。

(4) 输入后单击“下一步”按钮，安装程序将查找已安装的组件，如果发现系统中没有 IE 4.01，或者版本较低(3.0 或 4.0)，则显示一个对话框，如图 15.2 所示，要求用户安装 IE 4.01。

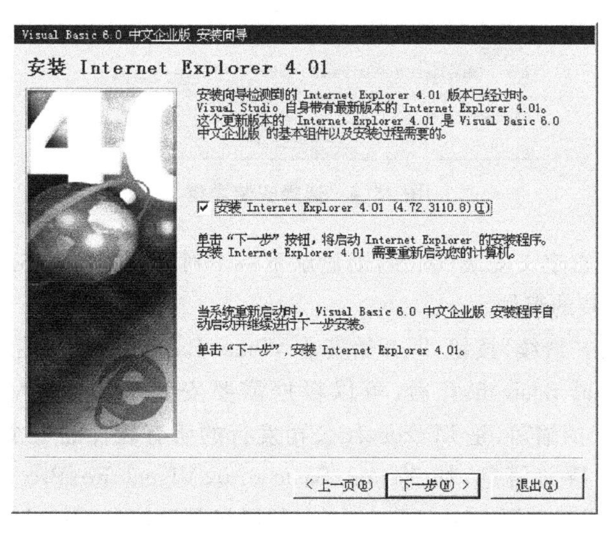

图 15.2　提示安装 IE 4.01

(5) 安装 IE 4.01 后，程序提示用户安装 DCOM 98，选中“安装 DCOM 98”复选框，单击“下一步”按钮，如图 15.3 所示。

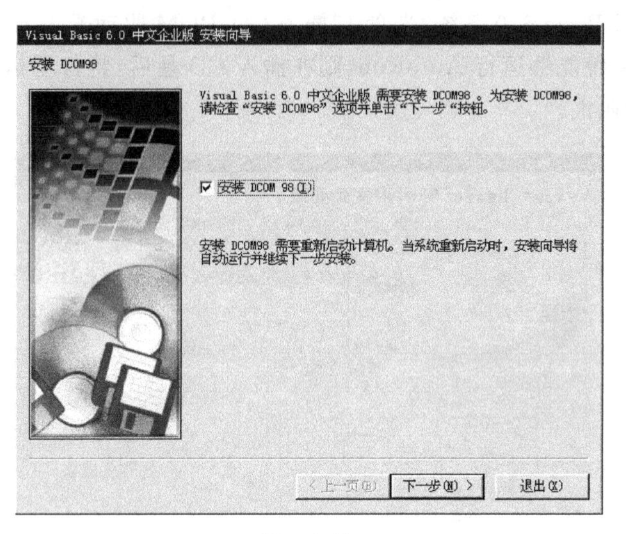

图 15.3　提示安装 DCOM 98

(6) 安装 DCOM 98 后，重新启动系统，开始安装 Visual Basic 6.0。首先安装公用文件，接着显示一个对话框，让用户选择安装类型，如图 15.4 所示。在选择安装类型前，可以单击“更改文件夹”按钮，选择或输入 Visual Basic 6.0 的安装目录。

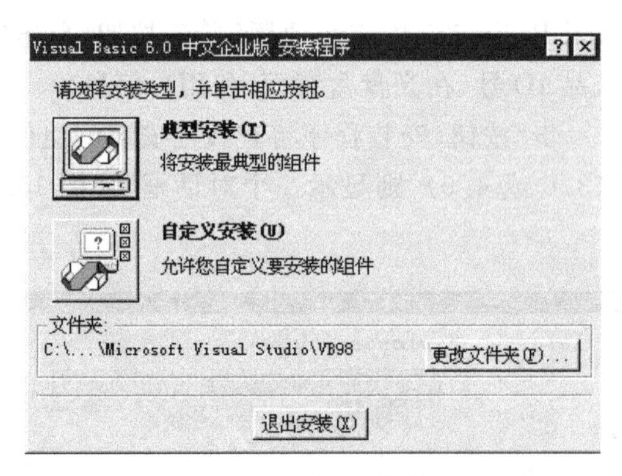

图 15.4　选择安装类型

(7) 如果单击“自定义安装”图标，则显示下一个对话框，如图 15.5 所示。可以在该对话框中选择要安装的组件。

(8) 选择后单击“继续”按钮，即开始安装 Visual Basic 6.0。安装后，重新启动系统。

(9) 安装 Visual Basic 6.0 后，可以根据需要安装 MSDN。MSDN 是 Microsoft Developer Network 的缩写，是 Microsoft 公司发行的所有软件的一个联机帮助文档，其中包括许多软件的帮助信息，如 Visual Basic 6.0、Visual FoxPro 6.0、Visual C++、Visual J++ 等。如果只需要 Visual Basic 6.0 的联机帮助信息，可在“安装类型”对话框中选择“自定义安装”，而在其后的对话框(见图 15.6)中选择前三项。

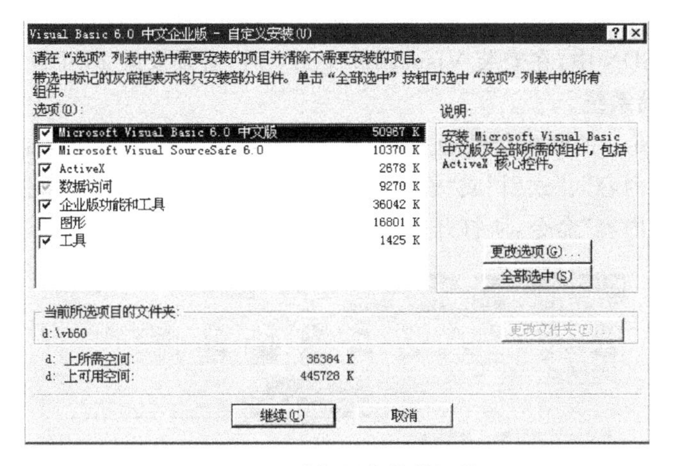

图 15.5　选择要安装的组件

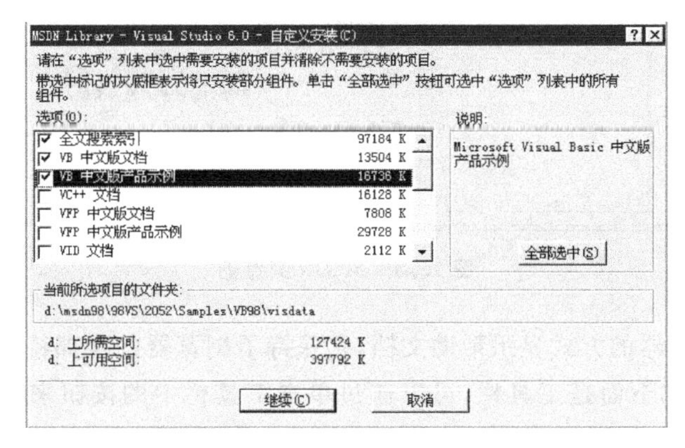

图 15.6　选择安装 MSDN

在安装 MSDN 的过程中，安装程序提示插入 MSDN 的二号光盘，如图 15.7 所示。此时插入指定的光盘，即可继续安装。

图 15.7　提示插入光盘

15.3　联机帮助

Visual Basic 6.0 提供了强大而全面的联机帮助系统，在设计（编写）程序或运行程序期间所遇到的问题，都可以从联机帮助系统中得到解答。

在发行 Visual Basic 4.0 和 5.0 时，Microsoft 公司提供了大量的资料，但在发行

Visual Basic 6.0 时，随软件所带的资料只有一本，而且是英文版。Microsoft 把大量的帮助信息都放进 MSDN 中，在安装 Visual Basic 6.0 时，必须安装 MSDN 库，否则不能使用其功能强大的帮助系统。

Visual Basic 6.0 的联机帮助通过 MSDN 浏览器来实现。启动 Visual Basic 后，执行"帮助"菜单中的"内容"、"索引"或"搜索"命令，都可以打开 MSDN 浏览器窗口。例如，执行"帮助"菜单的"内容"命令，所打开的窗口如图 15.8 所示。

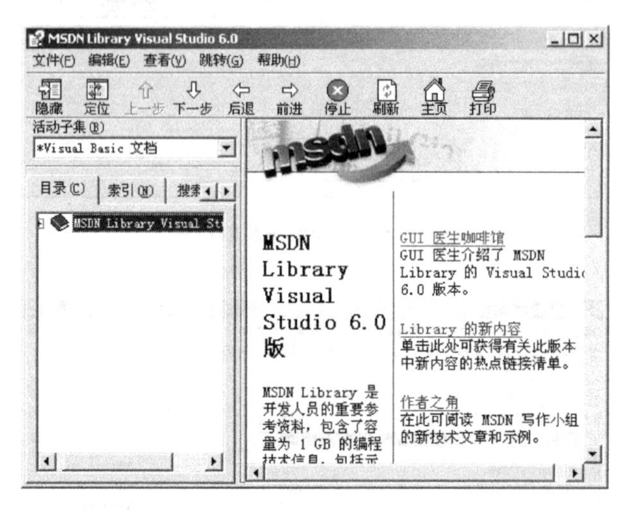

图 15.8　MSDN 浏览器

MSDN 以浏览器的方式显示帮助文档，它保持了浏览器的全部特性。窗口的顶部是菜单栏，在菜单栏的下面是工具栏，可以通过单击工具栏中的按钮来调整显示内容和形式。例如，单击"隐藏"按钮，可以只显示右半部分。窗口的下部分为左右两个显示区域，其中左显示区分为三个栏，最上面一栏为"活动子集"，可以通过下拉列表选择要显示的文档类别，中间一栏为 4 个选项卡，单击某个选项卡，可以以不同的方式显示帮助文档。例如，单击"目录"选项卡，可以在左显示区底部栏中显示所有文档的名称，有些文档名称的左端有一个"+"，表示还有下一层目录，单击"+"，将下拉显示这些目录。如果单击某个目录，则在窗口的右部显示相应的内容。

如果执行"帮助"菜单的"索引"命令，或者单击 MSDN 窗口中的"索引"选项卡，则可在"键入要查找的关键字"栏中输入要查找的内容，每输入一个字符，下面列表框的内容都要随之变化。出现要查找的关键字后，单击该关键字，然后单击"显示"按钮(或者双击关键字)，即可显示相应的内容。例如，键入"activex"，然后单击"显示"按钮(或双击该关键字)，即可在右显示区显示该关键字的解释，如图 15.9 所示。

如果执行"帮助"菜单的"搜索"命令或单击 MSDN 窗口中的"搜索"选项卡，则可打开"搜索"选项卡。用"搜索"选项卡可以在所有文档中查找所需要的内容，操作步骤如下：

(1) 单击"搜索"选项卡。

(2) 在"输入要查找的单词"栏中输入要查找的单词(可以是英文或中文)。

(3) 单击"列出主题"按钮，即可在下面的"选择主题"列表中列出相关的主题，选择其

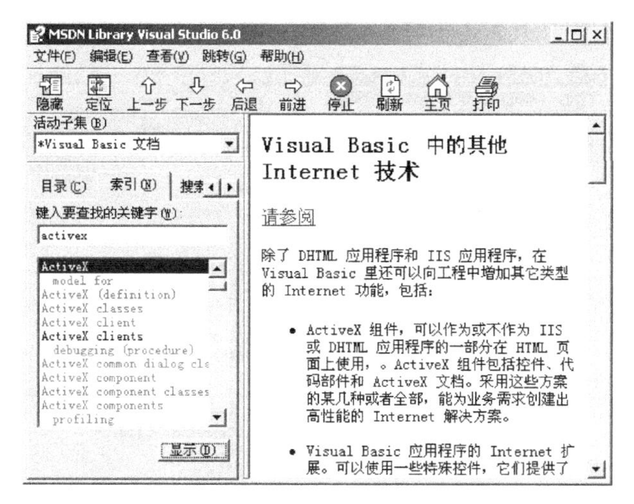

图 15.9　用“索引”选项卡查找关键字

中的某个主题，单击“显示”按钮，将在右侧窗格中显示该主题的内容，如图 15.10 所示。

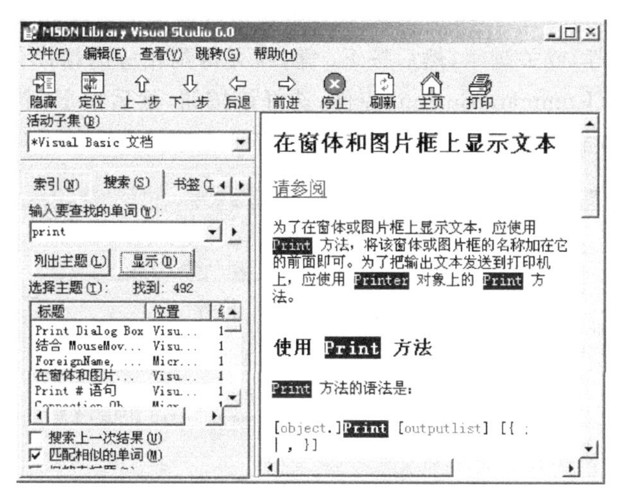

图 15.10　用“搜索”选项卡查找文档

利用 MSDN 浏览器，还可以将平时经常使用的一些文档添加到“书签”选项卡中，操作步骤如下：

(1) 选择要添加的文档的标题并显示其内容。可以在“目录”选项卡、“索引”选项卡或“搜索”选项卡中选择要添加的标题，然后单击“显示”按钮，在右部窗格中显示其内容。

(2) 单击“书签”选项卡，显示“书签”选项卡的画面，所选择的标题将出现在“当前主题”栏中。

(3) 单击“添加”按钮，即可把所选内容的主题加到“主题”栏中。

(4) 重复以上步骤，将其他内容加到书签中。

在“书签”选项卡的“主题”栏中，选择某个主题，然后单击“显示”按钮，即可在右部窗格中显示该主题的内容；而如果单击“删除”按钮，则可将所选择的主题删除。

图 15.11 中的书签含有 3 个主题。

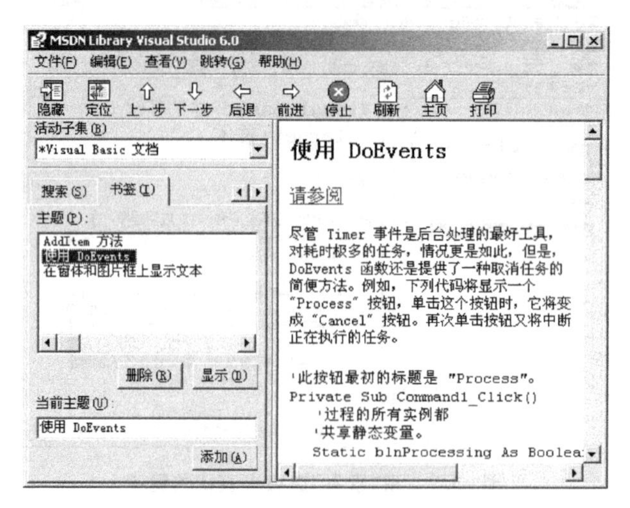

图 15.11　含有 3 个主题的书签

除以上联机帮助外，在 Visual Basic 6.0 中还可以使用上下文相关帮助。即：选择一个对象(控件、窗体等)或关键字，然后按 F1 键，即可得到相应的帮助信息。例如，在窗体上画一个命令按钮(CommandButton)控件，选择该按钮，然后按 F1 键，即可打开 MSDN 窗口，并在该窗口中显示相应的帮助信息，如图 15.12 所示。

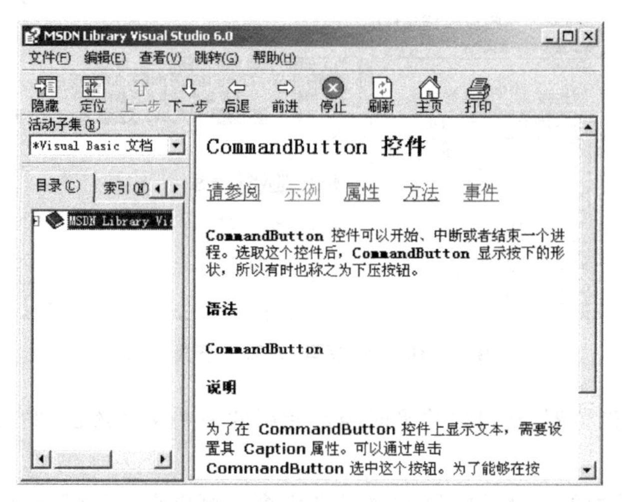

图 15.12　上下文相关帮助

第16章　程序调试与错误处理

对于较复杂的大型程序来说，错误是不可避免的。在一般情况下，通过审查程序代码就可以发现错误，但是，有些错误可能比较隐蔽，不易发现，需要借助调试工具来查找和改正错误。为了方便编程人员修改程序中的错误，几乎所有程序设计语言都提供了程序调试手段。

在应用程序中查找并修改错误的过程称为调试。Visual Basic具有丰富的调试手段，利用这些手段，可以较快地查找和排除错误。程序调试主要通过“调试”菜单和“调试”工具条来实现。在一般情况下，“调试”工具条是隐藏的，可以用下面的操作显示该工具条：

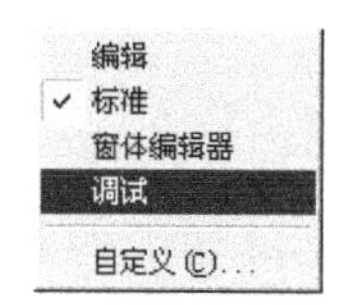

图16.1　打开“调试”工具条

(1) 在工具栏上单击鼠标右键，弹出一个菜单，如图16.1所示。

(2) 单击菜单中的“调试”命令，即可打开“调试”工具条，如图16.2所示。

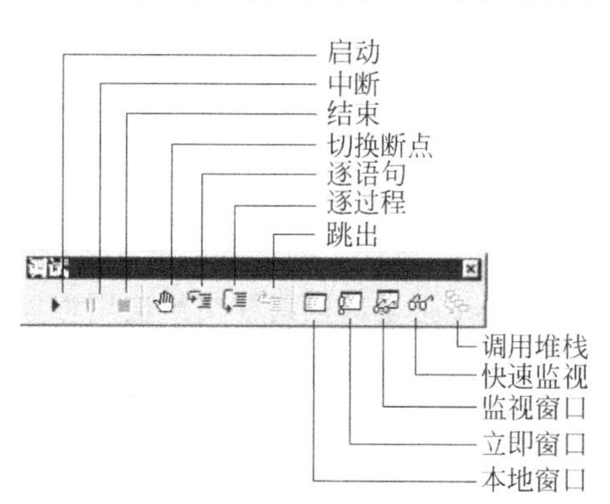

图16.2　“调试”工具条

本章将介绍Visual Basic的调试工具，同时介绍Visual Basic的错误处理方法。

16.1　Visual Basic模式及错误类型

从设计到执行，一个Visual Basic应用程序处于不同的模式(Mode)之中。这一节将讨论Visual Basic的几种模式，并介绍在Visual Basic应用程序中常见的错误类型。

16.1.1　Visual Basic的模式

Visual Basic有3种模式，即设计模式(Design Mode)、执行模式(Run Mode)和中断

模式(Break Mode)。

1. 设计模式

启动 Visual Basic 后,即进入设计模式,在主窗口标题条上显示“[设计]”字样,如图 16.3 所示。

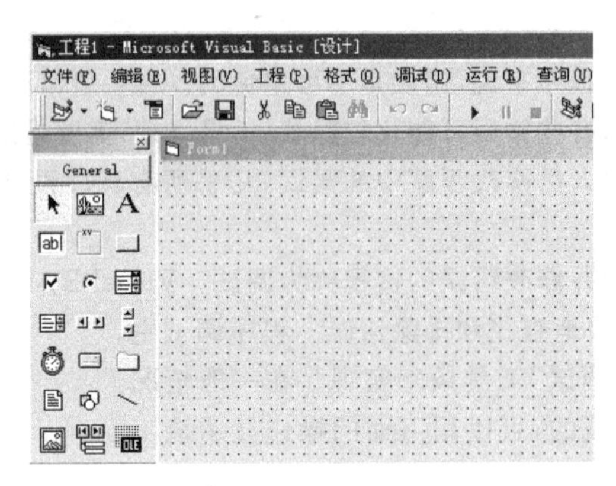

图 16.3 设计模式

建立一个应用程序的所有步骤基本上都在设计模式下完成,包括窗体设计、建立控件、编写程序代码以及利用属性窗口设置属性值或查看当前属性值等。在设计阶段,不能执行程序,也不能使用调试工具,但可设置断点。

2. 执行模式

执行“运行”菜单中的“启动”命令(或按 F5 键、单击工具条上的“运行”按钮),即进入执行模式,此时标题条上原来显示“[设计]”的地方已被“[运行]”代替。

进入执行阶段后,Visual Basic 把全部控制权交给应用程序,可以对应用程序进行测试。在此阶段,可以查看程序代码,但无法修改。如果执行“运行”菜单中的“结束”命令(或单击工具条中的“结束”按钮),则可回到设计模式。如果执行“运行”菜单中的“中断”命令(或单击工具条上的“中断”按钮、按 Ctrl+Break),则可进入中断模式。

3. 中断模式

进入中断模式后,主窗口标题条中原来显示“[设计]”或“[运行]”的地方用“[Break]”代替。中断模式暂停程序的执行。在中断模式下,可以检查程序代码,并可进行修改,也可以检查数据是否正确,修改完程序后,可继续执行。

可以用以下四种方式进入中断模式:

(1) 在执行模式下,执行“运行”菜单中的“中断”命令。

(2) 在程序中设置断点(BreakPoint),程序执行到该断点时自动进入。

(3) 执行程序时遇到 Stop 语句。

(4) 在程序执行过程中,如果出现错误,将自动进入中断模式。

在调试工具条中,有三个按钮可以在三种模式之间转换,即“中断”按钮、“运行”按钮和“结束”按钮。根据当时的状态，这三个按钮中可能有的不能使用(呈灰色显示)。一般来说，在设计阶段，可以使用“运行”按钮，其他两个按钮不能使用；在执行阶段，“中断”和“结束”按钮可以使用，“运行”按钮不能使用；在中断模式下，“运行”和“结束”按钮可以使用。

从上面的介绍可以看出，可以从设计模式进入执行模式，也可以从执行模式回到设计模式或进入中断模式，还可以从中断模式回到执行模式或设计模式。它们之间的关系如图 16.4 所示。

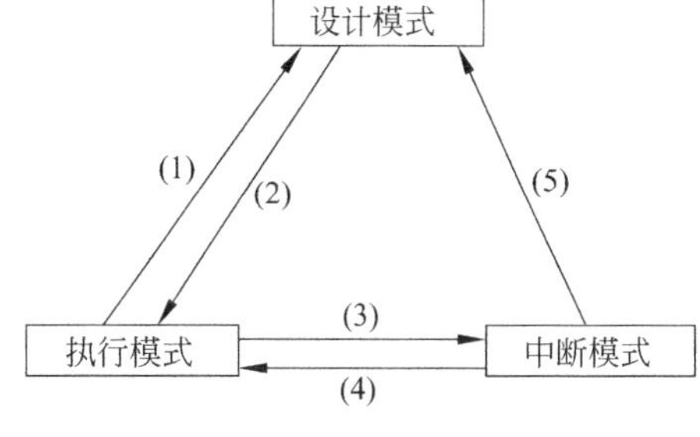

图 16.4　三种模式的转换

图中编号的含义如下：

(1) 执行“运行”菜单中的“结束”命令；单击“结束”按钮。

(2) 执行“运行”菜单中的“启动”命令；单击“运行”按钮；按 F5 键。

(3) 执行“运行”菜单中的“中断”命令；遇到断点或出错。

(4) 执行“运行”菜单中的“继续”命令；按 F5 键。

(5) 执行“运行”菜单中的“结束”命令；单击“结束”按钮。

注意，在中断模式下，“运行”菜单中的“启动”命令变为“继续”。

16.1.2　Visual Basic 的错误类型

Visual Basic 应用程序的错误一般可分为四类，即语法错误、编译错误、运行错误和逻辑错误。

1. 语法错误(Syntax Error)

通常在语句结构，即语法不正确时出现这种错误。例如，丢失或写错了符号，关键字拼写不正确，有 For 没有 Next，有 If 没有 End If 或把 ElseIf 写成 Else If，以及括号不匹配等。Visual Basic 具有自动语法查错功能，在设计阶段键入程序代码时就能检查出语法错误。例如，假定有如下的代码：

```
Private Sub Command1_Click()
    a = 100: b = 200
    c = a + b
    Print c
End Sub
```

在输入上述代码时，如果第二行输入为

```
c=a { b
```

则按回车键后就会显示出错提示窗口，刚输入的一行变为红色，出错的部分高亮显示，如图 16.5 所示。

在这里，出错提示的含义是：非法字符，即输入的字符(高亮显示)不符合 Visual

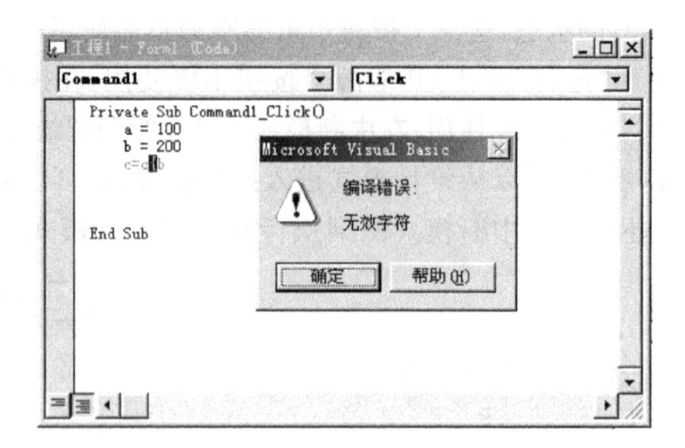

图 16.5　语法错误提示

Basic 的语法规则。在这种情况下，必须单击出错提示窗口中的“确定”按钮(或按回车键)，关闭该窗口，然后对出错的程序行进行修改。如果不想对其进行修改，则可将光标移到下一行(按回车键)继续输入程序代码，但出错行的代码依旧是红色的，直到改正为止。

如果对出错提示窗口中的内容不理解，则在显示出错提示窗口后按 F1 键，即可显示该出错信息的帮助窗口，如图 16.6 所示。

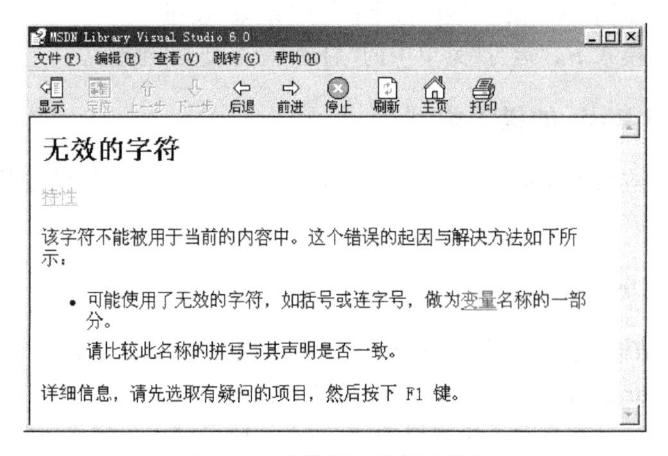

图 16.6　出错提示的帮助信息

注意，只有在设置了自动语法检查后，才会在输入代码的过程中出现语法错误提示窗口。自动语法检查通过“工具”菜单中的“选项”命令(“编辑器”选项卡)设置。

2. 编译错误(Compile Error)

编译错误是指将程序编译成可执行文件(.exe)时，或用“运行”菜单中的“启动”命令(按 F5 键)运行程序时，由于未定义变量、漏掉了某些关键字等原因而引起的错误。在这种情况下，将弹出一个窗口，显示出错信息，并使有错误的程序行高亮显示，如图 16.7 所示。出现这类错误后，Visual Basic 将停止编译，并回到有错误的程序代码窗口。

从图中可以看出，产生错误的程序行为 abc，Visual Basic 认为这是一个过程调用，但又找不到该过程，因而产生“过程未定义”错误。这种错误不是语法错误，在输入代码时不

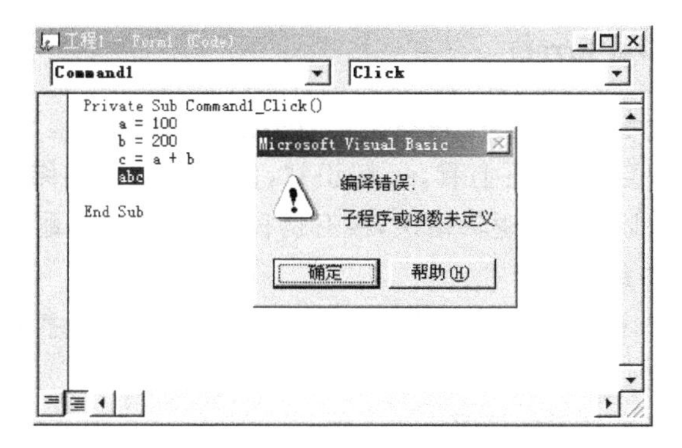

图 16.7 编译错误

会被语法检查发现。

在输入程序时，Visual Basic 对输入的每行代码进行解释，发现语法错误后显示相应的信息（见前）。因此，严格地说，语法错误实际上也属于编译错误。

3. 运行错误（Run-Time Error）

语法正确，运行时无法执行的错误叫做运行错误或运行时错误。常见的运行错误是 0 作除数，运行时将显示一个信息框，如图 16.8 所示。

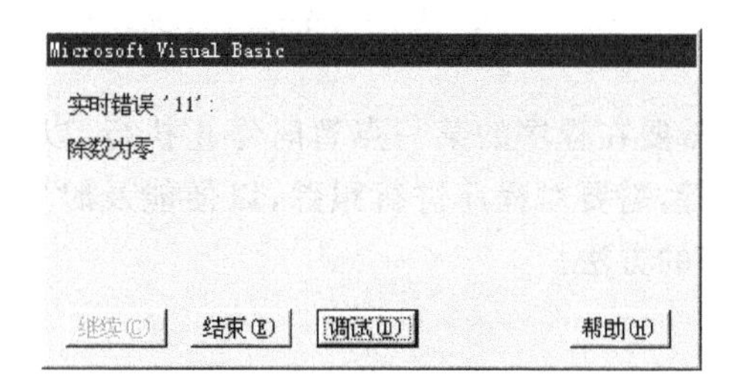

图 16.8 0 作除数时的出错信息

当窗体上没有控件而设置该控件的属性时，也会产生运行错误。例如，没有在窗体上画出标签控件，而在代码中设置该控件的属性，将在运行时出错，如图 16.9 所示。

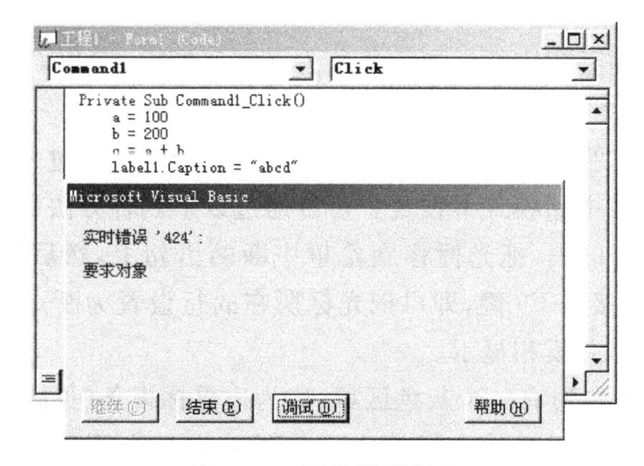

图 16.9 运行错误信息

4. 逻辑错误(Logical Error)

与语法错误和运行错误不同,逻辑错误一般不报告出错信息。也就是说,它既没有语法错误,也没有运行错误,从表面上看,一切正常,但得到错误的结果。这类错误最难发现,因而也最危险。减少或克服逻辑错误,没有捷径可寻,只能靠耐心、经验以及良好的编程习惯。以下几点可供参考:

(1) 列出与应用程序有关的所有事件,然后考虑好如何在程序中响应这些事件,认真定义每个事件过程及通用过程。

(2) 在关键地方加上必要的注释。

(3) 注意变量名称的一致性。当变量名拼写有错误时,Visual Basic 把它看成是另外一个变量。为了避免出现这类错误,可以通过环境设置选择,强制所有变量必须显式声明。其方法是:执行"工具"菜单中的"选项"命令,在"编辑器"选项卡中选择"需要变量声明"复选框。这样设置后,所有变量必须先声明才能使用,从而可以避免变量的前后不一致。

(4) 设定断点(见后),缩小错误的查找范围。

(5) 中断程序运行,检查变量的当前值。

16.2 中断与程序跟踪

在调试过程中,常常需要在程序的某一点暂时停止执行,以便用调试工具找出错误。此外,为了查看程序的执行,需要对程序进行跟踪,以便能及时发现错误所在。这一节将介绍中断执行和程序跟踪的方法。

16.2.1 中断执行

前面提到进入中断模式的几种方法。在中断模式下,可以对程序进行修改,并可继续运行。在调试程序时,常用的中断方法有两种,即设置断点和使用 Stop 语句。

1. 断点(BreakPoint)

断点通常设置在需要程序暂停执行的地方。利用断点,可以对程序一部分一部分地进行测试,或者通过断点使运行的程序在关键的地方停住,测试一个变量的值,从而观察程序的实际执行情况。当在程序中遇到断点时,Visual Basic 将进入中断模式。

断点在设计阶段或中断模式下设置。可以通过以下四种方法设置断点:

(1) 在程序代码窗口中,把光标移到希望中断的语句上,然后执行"调试"菜单中的"切换断点"命令,或直接按 F9 键,即可把光标所在的行设置为断点。被设置为断点的语句行中的字符变为粗体并反相显示。

(2) 在代码窗口的左边有一个灰色区域,称为边界标识条(见图 16.11)。当鼠标光标位于该区域中时,鼠标光标变为右指箭头。此时单击某个程序行,即可把该行设置为断点。

(3) 在要设置断点的程序行上单击鼠标右键，弹出一个菜单，把鼠标光标移到"切换"命令上，显示下一级菜单，如图 16.10 所示，然后单击"断点"命令，即可把该行设置为断点。

图 16.10 用弹出式菜单设置断点

(4) 在程序代码窗口中，把光标移到希望中断的语句上，然后单击"调试"工具条上的"切换断点"按钮。

注意，上面 4 种方法实际上是用来切换断点，即，无断点时设置断点，有断点时清除断点。此外，如果设置了多个断点，则可以通过执行"调试"菜单中的"清除所有断点"命令(或按 Ctrl+Shift+F9)清除全部断点。

例如，假定有下面的程序：

```
Private Sub Form_Click()
    x = 10
    y = 20
    z = 30
    a = x + y + z
    Print a
    b = x + y - 1
    Print b
End Sub
```

为了把 Print a 这一行设置为断点，可以先把光标移到该行，然后执行"调试"菜单中的"切换断点"命令，或按 F9 键，这一行即被设置为断点。"Print a"变为粗体字，并反相显示，如图 16.11 所示。也可以用另外三种方法设置断点。

运行上面的程序时，到"Print a"这一行后暂停执行并进入中断模式，此时可以对断点以前的语句进行检查。执行到断点后，断点语句以黄色背景显示。在上面的例子中，"Print a"语句以黄色背景显示，并在边界标识条中显示一个箭头，此时如果把鼠标光标移到某个变量上，即可显示出该变量的当前值，如图 16.12 所示。

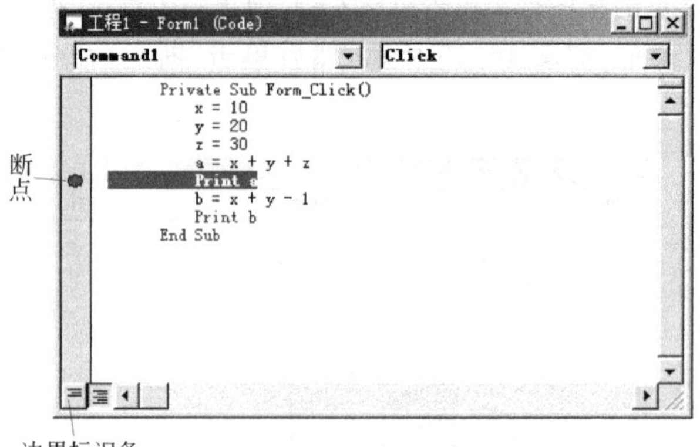

图 16.11　设置断点

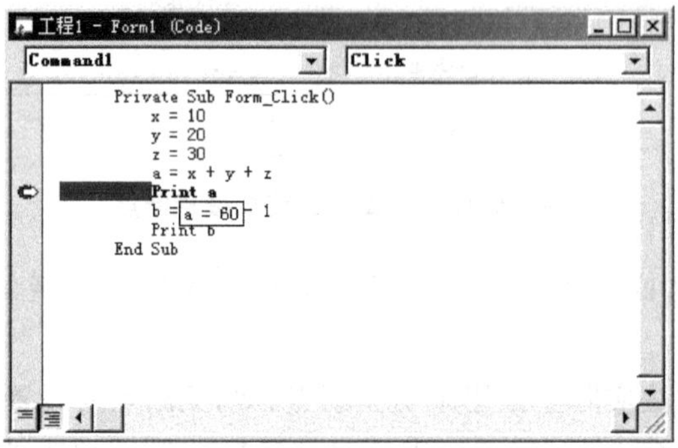

图 16.12　运行期间的断点

2. Stop 语句

可以把 Stop 语句加到程序中需要暂停执行的地方。当遇到 Stop 语句时，Visual Basic 将停止执行程序，并进入中断模式，以便对程序进行调试。例如：

```
Private Sub Form_Click()
    x = 10
    y = 20
    z = 30
    a = x + y + z
    Stop
    Print a
    b = x + y - 1
    Print b
End Sub
```

当执行到上面程序中的 Stop 语句时，程序暂停，进入中断模式。

说明：

(1) 从暂停程序执行并进入中断模式这一点来说，Stop 语句和断点的作用是一样的。

使用 Stop 需要修改程序代码，因此不如使用断点方便。但是，断点不如 Stop 语句灵活。也就是说，在程序执行过程中，每遇到一个断点都会无条件地中断执行；而如果使用 Stop 语句，则可使程序在一定的条件下暂停。例如：

```
Static BrkCount As Integer
    …
    BrkCount=BrkCount+1
    If BrkCount>10 And A<0 then
        Stop
    End If
    …
```

在该程序段中含有 Stop 语句，但不会立即暂停执行，必须在执行 10 次以后，当变量 A 的值小于 0 时才中断。

(2) 断点只在当前程序中存在，如果存盘后再重新装入，则断点将全部消失。而 Stop 语句会永远留在程序中，除非将其删除。因此，在程序调试结束后，应删除程序中不需要的 Stop 语句。

(3) 程序在断点或 Stop 语句处中断后，可以按 F5 键或执行“运行”菜单中的“继续”命令继续执行。

(4) Stop 语句和 End 语句都能使程序停止执行，但它们是有区别的。End 语句用来结束程序，并返回设计模式。而 Stop 语句是暂停程序执行，进入中断模式，并可通过“运行”菜单中的“继续”命令(或按 F5 键)继续执行，不会回到设计模式。

(5) 断点设置后呈反相显示，其底色可以通过“工具”菜单中的“选项”命令调整。执行该命令后，显示“选项”对话框，选择对话框中的“编辑器格式”选项卡，如图 16.13 所示。在“代码颜色”列表中选择“断点文本”，然后单击“前景色”框右端的箭头，从下拉显示的颜色列表中选择一种所需要的颜色。用类似的操作，可以设置“背景色”和“标识色”，其中“标识色”是在边界标识条中显示的标记的颜色。设置后的效果在右侧的“示例”框中显示。

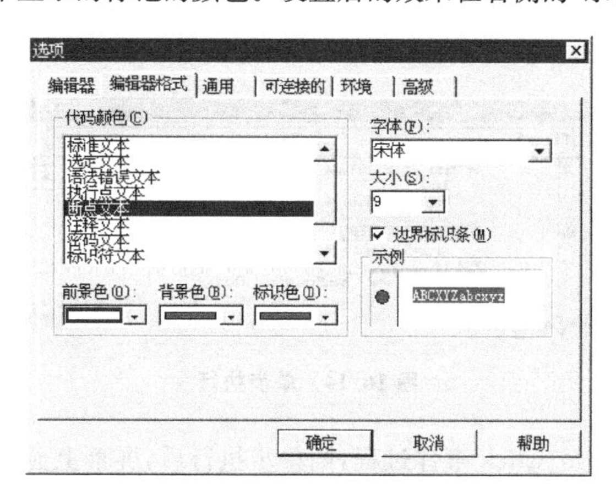

图 16.13 “选项”对话框(“编辑器格式”选项卡)

用“编辑器格式”选项卡可以设置标准文本、选定文本、语法错误文本等代码的前景色、背景色及标识色，其操作与前面介绍的类似。

(6) 在“运行”菜单中，有以下几个命令：

启动　　F5

中断　　Ctrl+Break

结束

重新启动　Shift+F5

在不同的模式下，这三个命令是变化的。在设计阶段，只有第一个命令有效；在执行阶段，第一个命令无效，后三个命令均有效。在中断模式下，第二个命令无效，且第一个命令变为：

继续　　F5

16.2.2 程序跟踪

利用断点，只能粗略地查出错误发生在程序的某一部分。而用程序跟踪可以查看程序的执行顺序，以找到发生错误的语句行。Visual Basic 中的跟踪方式包括单步执行、过程单步和跳跃执行。

1. 单步执行(Single Stepping)

单步执行就是每次只执行一条语句，然后根据输出结果来判断执行的语句是否正确。可以用三种方式来实现单步执行：

(1) 执行“调试”菜单中的“逐语句”命令。

(2) 按功能键 F8。

(3) 单击“调试”工具条上的“逐语句”按钮。

单步执行开始后，程序即进入执行模式。执行完一条语句后，切换到中断模式，并把下一条语句作为“待执行语句”。待执行语句反相显示，如图 16.14 所示。每单步执行一次，变换一个待执行语句，据此可以知道程序的当前执行位置，从而能查出错误出现在什么地方。

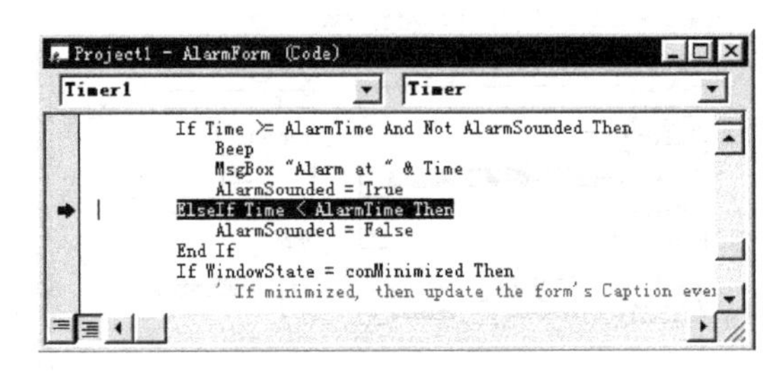

图 16.14 单步执行

如果执行的是 Form_Click 事件过程，则单步执行后，屏幕上显示窗体，此时必须单击窗体，才能开始执行。其他事件过程，如 Command1_Click 等，也与此类似。

复合语句行中有多条语句(各语句之间用冒号隔开)，由于单步执行以语句为单位，一条语句一条语句地执行，每次只有一条语句(不是一行)反相显示。

单步执行时系统处于中断模式,如果发现程序有错误,可以立即进行修改。此外,也可以把鼠标光标移到某个变量上,查看该变量的当前值。

2. 过程单步(Procedure Step)

过程单步也称过程执行,其执行方式与单步执行基本相同,只是把被调用的过程作为一条语句,一次执行完毕。如果确信某个过程不会有错误,则没有必要单步执行过程中的每个语句,在这种情况下,可以使用过程单步。

和单步执行一样,也可以通过 3 种方式实现过程单步:

(1) 执行"调试"菜单中的"逐过程"命令。

(2) 按 Shift+F8。

(3) 单击"调试"工具条上的"逐过程"按钮。

假定有以下两个通用过程:

```
Sub proc1()
    Print "This is the first procedure."
End Sub

Sub proc2()
    Print "This is the second procedure."
End Sub
```

在 Form_Click 事件过程中调用上述过程:

```
Private Sub Form_Click()
    proc1
    proc2
End Sub
```

用上面所说的方式(例如按 Shift+F8)开始过程单步,屏幕上显示窗体,单击窗体后即开始执行窗体事件过程,每按一次 Shift+F8 执行一个通用过程。此时 Proc1 反相显示,表示准备执行该过程。按一次 Shift+F8 后,执行通用过程 Proc1,显示"This is the first procedure.",同时 Proc2 反相显示,准备执行,如图 16.15 所示。

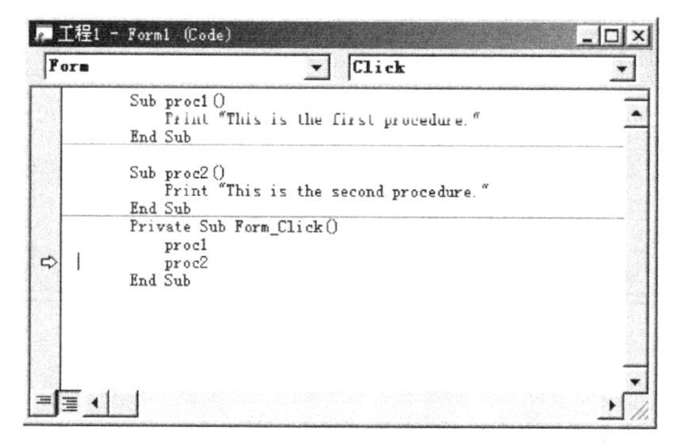

图 16.15 过程单步

如果再按一次 Shift+F8,则执行通用过程 Proc2,窗体上显示“This is the second procedure.”,同时“End Sub”被框住,结束执行。读者可以用单步执行(F8)进行试验,看一看有什么区别。

3. 执行到光标处

在设计阶段,可以把光标移到代码的某一行上,然后执行“调试”菜单中的“运行到光标处”命令(或按 Ctrl+F8),这样,程序将会在执行到光标所在行时停止执行,并在边界标识条中显示相应的标记,如图 16.16 所示。

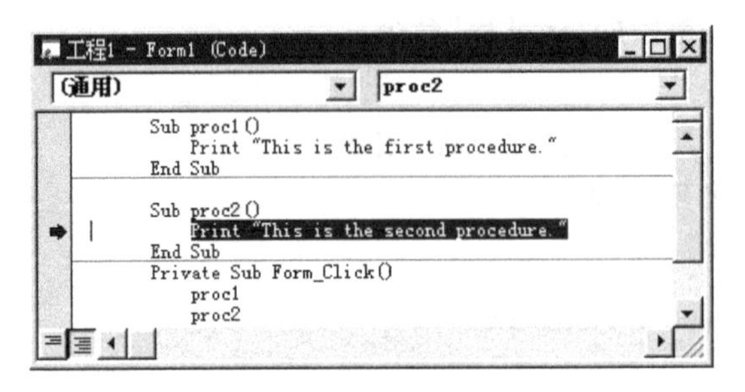

图 16.16　执行到光标处

用“运行到光标处”命令可以跳过大型循环。

注意,光标所在的行必须在程序的执行流程中。

4. 跳跃执行

单步执行只能按顺序一条语句一条语句地执行,过程单步只能按顺序一次执行一个过程。如果想暂时避开程序的某一部分,调试其他部分,或者在对程序进行修改之后再回过头来执行,则必须通过跳跃执行来实现。

跳跃执行在中断模式下设置,方法如下:

(1) 执行程序,进入中断模式,边界标识条中有一个箭头,指向下一个要执行的语句,如图 16.17 所示。

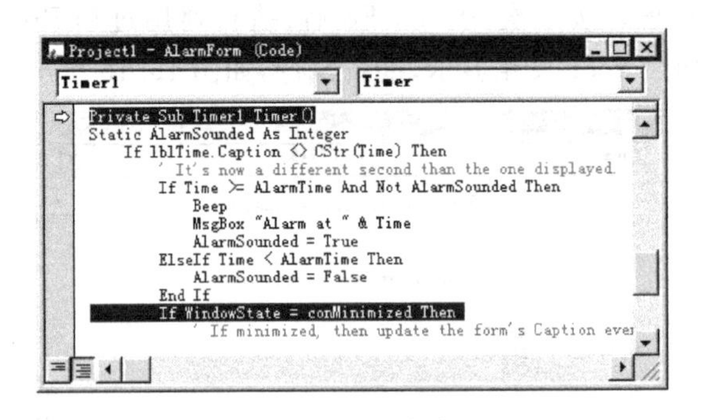

图 16.17　跳跃执行(1)

(2) 选择下一个要执行的语句,例如选择“If WindowState =…”。

(3) 执行“调试”菜单中的“设置下一条语句”命令(或按 Ctrl+F9),即可把该行设置为开始执行行，边界标识条中的箭头移到这一行，如图 16.18 所示。

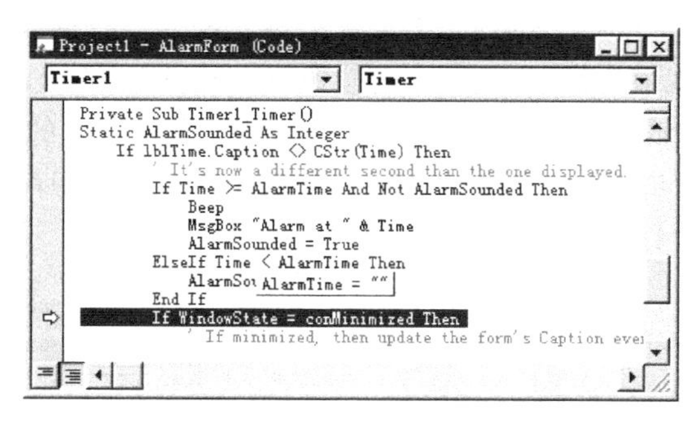

图 16.18　跳跃执行(2)

设置开始执行行后，再继续执行程序(用“运行”菜单中的“继续”命令或按 F5)时将从该行开始执行，在原来执行点和新执行点之间的语句将被忽略。

也可以通过拖动边界标识条中的箭头来设置下一个开始选择的语句。其方法是，把鼠标光标移到边界标识条中的箭头上，按住鼠标左键，拖到下一个要执行的语句行上，然后松开鼠标。

注意，“设置下一条语句”命令只能在当前过程中使用。也就是说，要设置的卜一条语句必须在当前过程中，否则会显示一个信息框，如图 16.19 所示，并拒绝设置。

图 16.19　只能在当前过程中设置下一条语句

在“调试”菜单中，还有一个“显示下一条语句”命令，用该命令可以把光标移到下一个将执行的语句行。和“设置下一条语句”命令一样，“显示下一条语句”命令也只能在中断模式下使用。

16.3　监视点与监视表达式

利用监视点可以中断程序的执行，其作用与断点类似，但它是有一定条件的。利用监视表达式，可以在程序执行的过程中显示其变量或表达式的值。监视点和监视表达式是 Visual Basic 中使用的重要的调试技术。

16.3.1　监视点

监视点(Watch Point)实际上是一个表达式，当该表达式为 True(非 0)时，程序停止执行。

监视点通过监视窗口来设置。执行“调试”菜单中的“添加监视”命令后，屏幕上显示一个对话框，如图 16.20 所示。该对话框分为三部分，即“表达式”文本框、“上下文”和“监视类型”选项区。文本框用来输入表达式，在“上下文”部分指定要监视的过程和模块，“监视类型”选项区用来设置监视类型,包括三个单选按钮,可根据需要选择。

为了设置监视点,可以在“表达式”文本框中输入需要监视的表达式,然后选择“监视类型”部分中的“当监视值为真时中断”单选按钮,单击“确定”按钮,Visual Basic 将把表达式加入到监视窗口中,如图 16.21 所示。这样设置后,当表达式的值为真(非 0)时,程序将中断执行。有时候,可能希望在表达式的值发生变化时中断程序执行,则应选择“当监视值改变时中断”单选按钮。

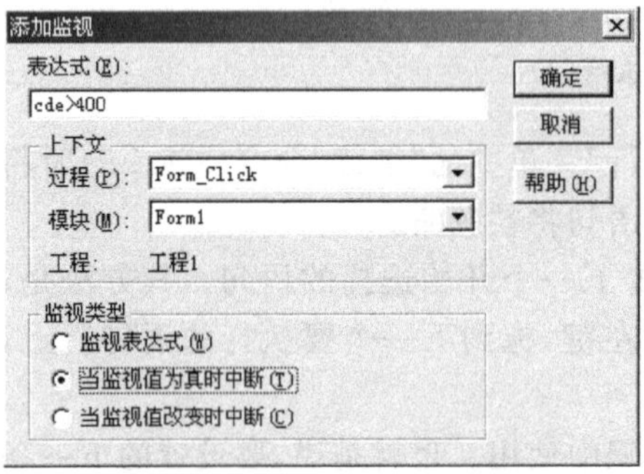

图 16.20 “添加监视”对话框

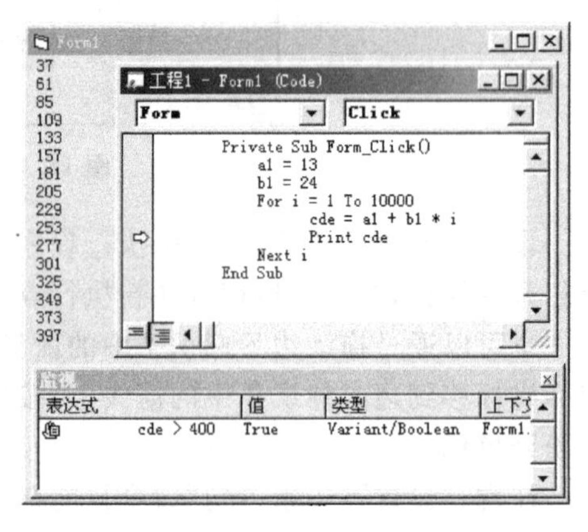

图 16.21 当监视值为真时中断

对于以上两种情况,当重新执行程序时,Visual Basic 在执行每一个语句后都要计算表达式的值,并在指定的条件满足时中断程序执行。例如,假定有如下一段程序:

```
Private Sub Form_Click()
    a1 = 13
    b1 = 24
    For i = 1 To 10000
        cde = a1 + b1 * i
        Print cde
    Next i
End Sub
```

执行“调试”菜单中的“添加监视”命令,打开“添加监视”对话框,在“表达式”文本框中输入 cde＞400,在“监视类型”部分选择“当监视值为真时中断”(见图 16.20),然后运行程序,则当变量 cde 的值超过 400 时,程序将中断执行,(见图 16.21)。可以看出,在监视窗口中,此时表达式“cde＞400”的值已变为 True。

监视点是十分有效的调试工具,但由于不断地检查表达式的值,因而会使程序的执行速度变慢。在实际调试程序时,可以把监视点和断点结合起来使用。在有可能发生错误的地方设置断点,程序以正常速度运行到断点后中断,然后设置一个或多个监视点,再以较慢的速度执行程序。

当发现某个变量变为一个意外的值而又不知道它在程序流的什么位置产生时,如果想查出这个位置,则监视点是十分有用的。例如,设有如下一段程序:

```
For i%=1 to 20
    Gosub UpdateWindow
Next i%
```

在上面的程序段中，如果从标号 UpdateWindow 开始的子程序使用了变量 i%，则 i% 的变化将会影响程序的执行。在这种情况下，如果循环不正常地结束了，则可设置一个监视点 i%>1，然后按 F5 键继续执行，一旦表达式 i%>1 转为真值，程序就中断执行，从而可以确切地知道无意中被修改的程序行。

16.3.2 监视表达式

用监视点可以使程序在指定的条件下暂停，而用监视表达式可以查看或跟踪正在执行的过程中的变量或表达式的值。

1. 设置监视表达式

监视表达式也通过“添加监视”窗口设置，可按如下步骤操作：

(1) 执行“调试”菜单中的“添加监视”命令，打开“添加监视”对话框(见图 16.20)。

(2) 在“表达式”文本框中输入一个变量名或表达式。

(3) 在“监视类型”部分选择“监视表达式”。

(4) 单击“确定”按钮。

2. 使用监视表达式

用监视表达式可以跟踪变量或表达式的变化，我们仍用上面的例子来看一看监视表达式的操作。

用前面介绍的方法把 cde 设置为监视表达式，该表达式即出现在监视窗口中。然后按 F8 键，程序开始运行，单击窗体后，连续按 F8 键，用“逐语句”方式执行程序，此时窗体上将显示程序的执行情况，同时在监视窗口中实时显示变量 cde 的值，如图 16.22 所示。

变量是监视表达式的最简单的形式，监视表达式可以是任何表达式，包括算术表达式、关系表达式、逻辑表达式等。

选择作为监视表达式的变量或表达式与选择文本的方法相同。双击一个变量可把该变量选为监视表达式(变量名反相显示)。如果表达式含有多个字符，则可先把鼠标光标移到第一个字符处，然后按下鼠标左键，不要松开，并向右拖动鼠标，到表达式的最后一个字符松开鼠标，则该表达式即被选中，此时表达式反相显示。如果执行“调试”菜单中的“添加监视”命令，即可出现“添加监视”对话框，并在“表达式”文本框中出现被选择的表达式。

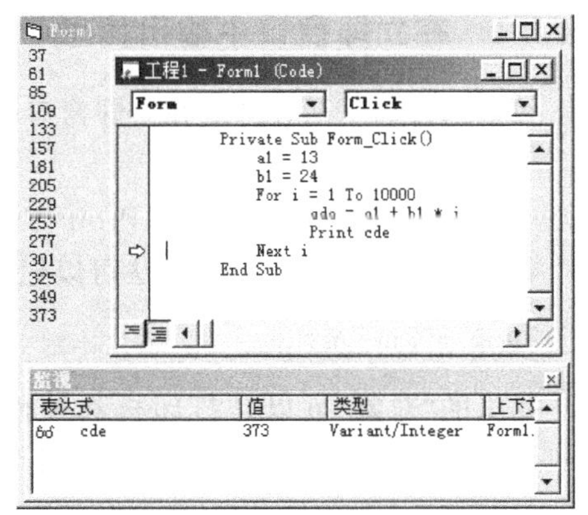

图 16.22 显示监视表达式的值

3. 快速监视

也可以通过“快速监视”命令设置监视表达式，操作如下：

(1) 在代码窗口中选择一个需要监视的表达式。

(2) 执行“调试”菜单中的“快速监视”命令(或单击“调试”工具条上的“快速监视”按钮，打开“快速监视”对话框，如图 16.23 所示。

(3) 单击“添加”按钮，即可把监视表达式添加到监视窗口。

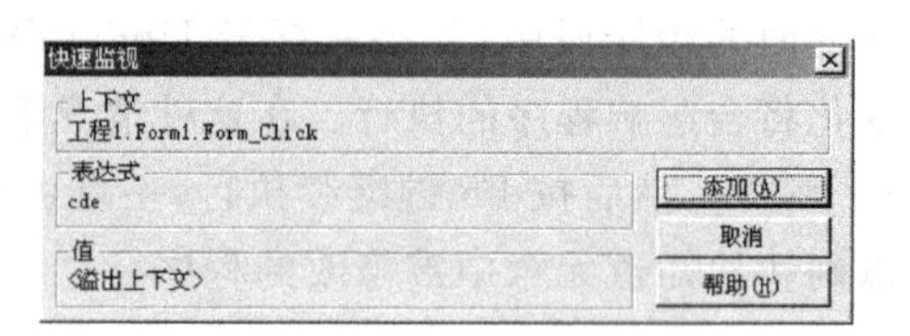

图 16.23 “快速监视”对话框

16.4 立即窗口

前面我们已经看到，监视表达式的值可以在监视窗口中输出。监视窗口(或称监视对话框)只能被动地显示变量或表达式的值，而利用立即窗口，不但可以检查变量或属性的值，而且能重新设定变量或属性的值，还可以用来测试过程。

图 16.24 立即窗口

程序进入中断模式后，将自动激活立即窗口，如图 16.24 所示。如果在中断应用程序时正在运行某一过程，则该过程的代码窗口与立即窗口一起显示。在立即窗口中，可以输入并执行 Visual Basic 语句，每个语句一行，按回车键执行，不影响代码窗口中的代码。

除中断模式下自动激活立即窗口外，还可以通过其他方法打开立即窗口。例如：

- 单击“调试”工具条上的“立即窗口”按钮。
- 执行“视图”菜单中的“立即窗口”命令。
- 按 Ctrl+G 键。

16.4.1 在立即窗口中输出信息

可以通过以下两种方式在立即窗口中输出信息：

- 用 Debug. Print 语句。
- 直接在立即窗口中执行 Print 方法。

在一般情况下，用 Print 方法可以把信息输出到窗体、打印机的控件上，一般格式为：

[对象.]Print [项目][;]

这里的“对象”可以是打印机和控件，如果省略“对象”，则为当前窗体。在 Visual Basic 中，Debug 也是一个对象。如果用它作为 Print 方法的“对象”，即

Debug. Print [项目][;]

则可把“项目”输出到立即窗口中。例如：

```
Debug.Print "Output to Debug Window"
```

将使字符串“Output to Debug Window”在立即窗口中输出。

当程序执行到“Debug.Print ...”语句时，Visual Basic 将自动激活立即窗口，并在该窗口内显示信息。

【例 16.1】

```
Private Sub Form_Click()
    StringTest$ = "Microsoft Visual Basic"
    Debug.Print LTrim$(StringTest$)
    Debug.Print RTrim$(StringTest$)
    Debug.Print Len(StringTest$)
    Debug.Print UCase$(StringTest$) + String$(5, "*")
    Debug.Print Right$(StringTest$, 10)
    Debug.Print Left$(StringTest$, 10)
    Debug.Print Mid$(StringTest$, 10, 12)
End Sub
```

上述过程用来测试字符串函数的执行情况。由于在 Print 方法前面加上了 Debug 对象，因而所有的结果都在立即窗口中输出，如图 16.25 所示。

利用立即窗口，不必中断程序，就能在程序执行过程中监视数据的变化情况。此外，由于输出被送到立即窗口，因而对原来的其他窗口及正常输出不会产生干扰。

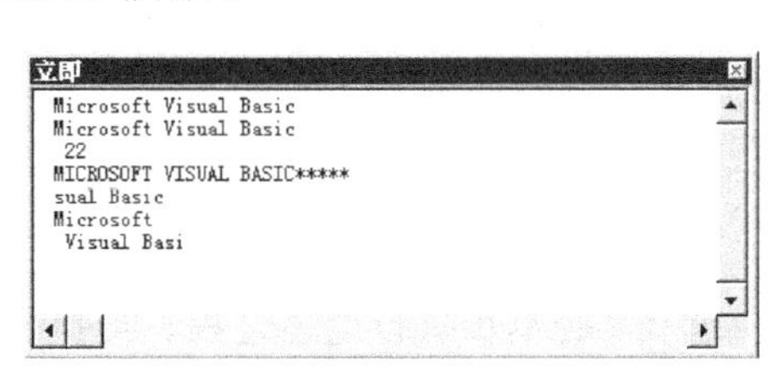

图 16.25　立即窗口输出

利用立即窗口，可以即时监视程序的执行情况，这在测试循环过程中变量的变化时是很有用的。请看下面的例子。

【例 16.2】

```
Private Sub Form_Click()
    Static a As Integer
    Do While a < 10
        T = InputBox("Enter a number:")
        Test = T ^ 3
        Debug.Print a; "------"; Test
        a = a + 1
    Loop
End Sub
```

上述程序运行后，显示一对话框，输入一个数值后，在立即窗口中显示计数器 a 及输入的值的立方，输入 10 个数后结束。利用立即窗口，可以清楚地看到循环的执行过程。执行结果如图 16.26 所示。

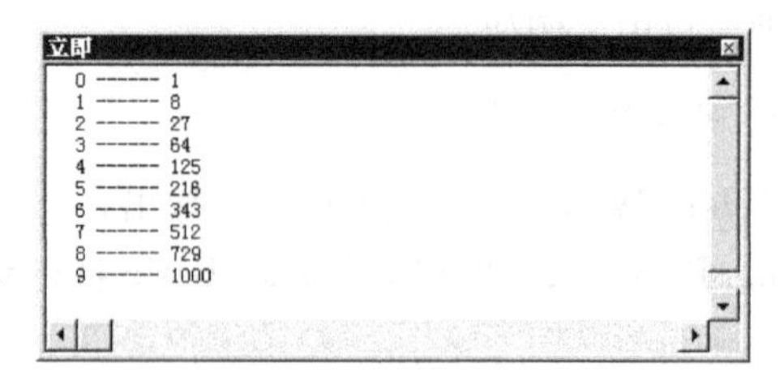

图 16.26　用立即窗口检查循环执行

16.4.2　修改变量或属性值

利用立即窗口，不但可以输出变量或属性的值，而且可以重新设定变量或属性的值。

1. 输出变量或属性的值

进入中断模式后，将自动激活立即窗口。在立即窗口中可以直接输出变量或属性的值，以监视程序的执行情况。例如，设有如下程序：

```
Private Sub Form_Click()
    x = 100
    y = 200
    z = 300
    Sum = x + y + z
    Multi = x * y * z
    Print Sum, Multi
End Sub
```

按 F8 键单步执行上述过程。当执行到最后一条语句（"Print Sum, Multi"）时，打开立即窗口，并在立即窗口中用 Print 方法输出各变量的值。例如：

```
print x      <CR>
  100
print y      <CR>
  200
print z      <CR>
  300
print sum      <CR>
  600
print multi      <CR>
  6000000
```

执行情况如图 16.27 所示。

在立即窗口中，可以显示当前过程中局部变量的值，也可以显示当前活动窗体层变量的值，但不能显示其他窗体或模块变量的值。

在立即窗口中也可以输出对象属性的值。例如，在窗体上建立一个文本框和一个标签，其属性设置如表 16.1 所示。

表 16.1 属性设置

控 件	Caption	Name	Text
文本框	无	Text1	" Microsoft Visual Basic 6.0"
标签	Label1	Label1	无

图 16.27 在立即窗口中输出变量的值

建立上述控件后，按 F5 运行程序。然后进入中断模式，即可在立即窗口中输出当前窗体及控件的属性值。例如：

```
Print text1.Text          <CR>
Microsoft Visual Basic 6.0
?label1.BackColor         <CR>
-2147483633
print text1.FontName      <CR>
  宋体
print label1.FontSize     <CR>
  9
```

图 16.28 在立即窗口输出属性值

运行情况如图 16.28 所示。

2. 重新设置变量或属性的值

利用立即窗口，可以直接对变量或属性赋值，从而可以通过改变变量或属性值来监视程序的执行情况。

【例 16.3】 编写程序，计算本金为 10000 元，年息为 0.125 的存款利息(本利合计)。

```
Private Sub Form_Click()
    p = 10000
    r = 0.125
    t = 10
    For j = 1 To t
        i = p * r
        p = p + i
    Next j
    Print p
End Sub
```

上述程序用来计算 10 年存款的本利金额。程序运行后，单击窗体，输出结果为：

32473.2102546841

把断点设在“ For j = 1 To t”,然后按 F5 执行程序,执行到断点时进入中断模式,此时如果在立即窗口中输入

t=6　　<CR>

并执行“运行”菜单中的“继续”命令(或按 F5),则程序将根据 t 的新值(6)进行计算,即计算 6 年而不是 10 年的本利和。输出结果为

20272.8652954102

如图 16.29 所示。

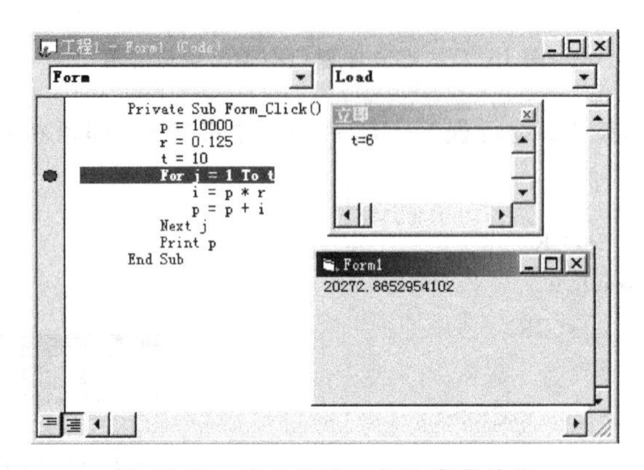

图 16.29　在立即窗口修改变量的值

在立即窗口中可以设置对象的属性。例如,首先在窗体上建立一个文本框和一个标签,文本框的 Text 属性为 Text1,标签的 Caption 属性为 Label1,如图 16.30 所示。

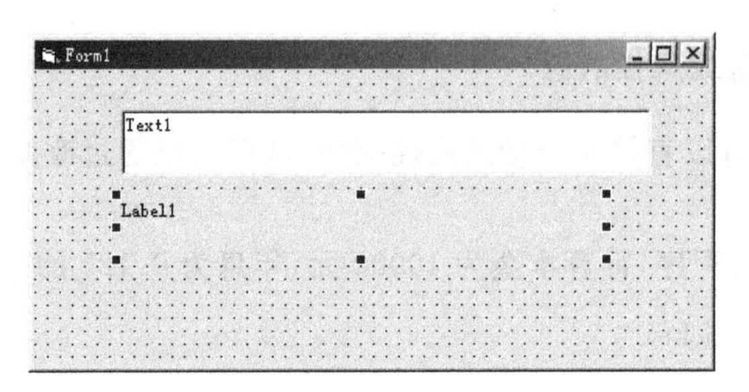

图 16.30　在立即窗口修改属性值(1)

进入中断模式后,在立即窗口中输入:

text1.Text="Visual Basic 6.0"　　<CR>
text1.FontSize=24　　<CR>
form1.Caption="在立即窗口中修改属性值"　　<CR>
label1.Caption="Microsoft"　　<CR>
label1.FontSize=18　　<CR>

执行上述操作后,将窗体缩小,窗体标题、文本框、标签的内容改变,如图 16.31 所示。

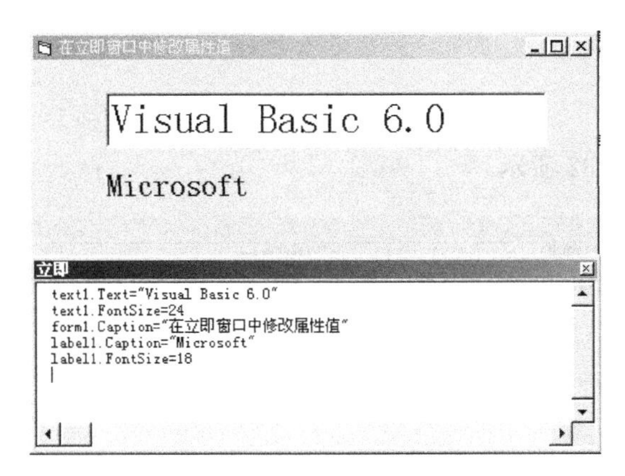

图 16.31 在立即窗口修改属性值(2)

16.4.3 测试过程

在一般情况下,设计好一个通用过程后,无法直接测试它的正确性,必须在事件过程中调用,才能知道它是否能正确运行。当通用过程较多时,只能等到全部设计完后才能测试。如果在调用时发现问题,再回过头来修改。有时候,可能需要反复多次,效率太低。利用立即窗口,可以在编写好一个通用过程后立即进行测试,如果有问题,可直接修改。能正确运行后,再连到主程序上应用,从而可以大大提高效率。

假定有如下的函数过程:

```
Function factorial(n As Integer) As Long
    If n > 0 Then
        factorial = n * factorial(n - 1)
    ElseIf n = 0 Then
        factorial = 1
    Else
        factorial = -1
    End If
End Function
```

这是一个递归求阶乘的函数过程。当实参为大于 0 的整数时,函数返回该数的阶乘,当实参为 0 时返回 1,当为负数时返回－1。

在中断模式下,在立即窗口中输入适当的语句调用该过程,根据结果判断过程的执行是否正确无误。例如,在立即窗口中输入:

```
print factorial(5)
 120
print factorial(3)
 6
print factorial(12)
 479001600
print factorial(0)
```

```
  1
print factorial(-4)
-1
```

运行结果如图 16.32 所示。

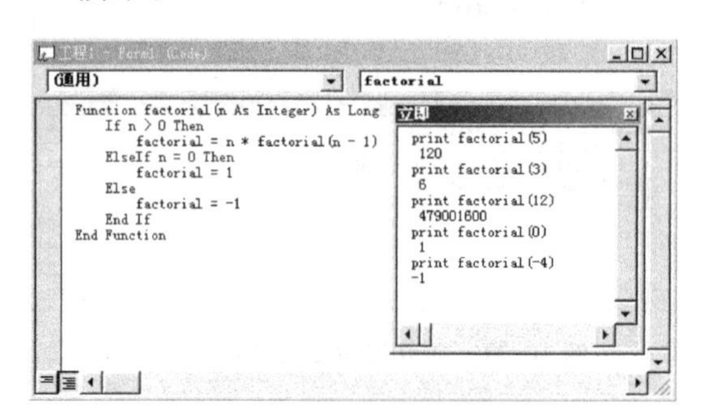

图 16.32　用立即窗口测试过程

在立即窗口中执行命令时，可以进行简单的编辑操作，例如：

(1) 在按回车键之前，可以对语句进行局部修改。

(2) 可以用鼠标或方向键把光标移到立即窗口的任何位置，并可对某个语句进行修改。

(3) 可以用 PgUp 或 PgDn 进行换页操作，用 Ctrl+Break 可以把光标移到立即窗口的最后一行。

(4) 按 Home 或 End 键可以把光标移到行首或行尾。

(5) 只要把光标移到某一行上(任意位置)，按回车键就能执行该语句。

(6) 当光标位于一个 Print 语句上时，按回车键将打印出一个值，并将原来在第二行上的内容移到第三行。如果不想移动第二行，可以在要执行的 Print 的最后加上一个分号(;)。

16.5 错误处理

Visual Basic 中的语法错误可以在编译时查出。利用前面介绍的调试工具，可以查出运行错误或逻辑错误。此外，我们可以在应用程序中采取一些措施，以防止出现运行错误。尽管如此，有些错误仍然是无法预料和防止的。

当出现运行错误时，Visual Basic 会给出适当的出错信息，但这些信息很简短，通常只适合给专业人员看，而且所指出的错误不一定准确。为了提高软件的可靠性，Visual Basic 提供了一种对错误进行"变通"处理的办法，可以在出现错误时显示适当的信息，或者让程序本身修正错误。

16.5.1 错误处理子程序

错误处理子程序(Error-Handling Routine)是专门用来对错误进行处理的子程序。当程序正常运行时，错误处理子程序是不起作用的。只有当程序不能正常运行时，才转到错误处理子程序执行。所谓错误处理，就是在程序中对可能出现的错误作出响应。当发生错误时，程序应能捕捉到这一错误，并知道怎样处理。在程序中捕捉和处理错误的步骤是：

(1) 设置错误陷阱(Trap)，即在程序的适当位置增加一些语句，告诉计算机在发生错误时应该怎样操作。

(2) 编写错误处理子程序，当出现错误时，将控制转移到错误处理子程序，子程序将根据所发生的错误的类型决定采取什么措施。

(3) 从错误处理子程序返回，在程序的适当位置恢复执行。

错误处理子程序的用法比较简单，分为设置错误陷阱和从错误处理子程序返回两步。

1. 设置错误陷阱

格式：

```
On Error GoTo 行号|行标号
```

该语句用来设置错误陷阱，并指定错误处理子程序的入口。“行号”或“行标号”是错误处理子程序的入口，位于错误处理子程序的第一行，例如：

```
On Error GoTo 1000
```

发生错误时，跳到从行号 1000 开始的错误处理子程序。再如：

```
On Error GoTo ErrorRoutine
```

发生错误时，跳到从行标号 ErrorRoutine 开始的错误处理子程序。

说明：

(1) 启动错误陷阱后，无论检测到什么错误，都要转到指定的错误处理子程序。如果不设置错误陷阱，则 Visual Basic 按正常方式处理所遇到的错误，即停止程序的执行并打印出相应的出错信息。当无法用错误处理子程序来处理所遇到的错误时，应以正常的方式向用户报告。在这种情况下，应禁止错误陷阱，可以通过

```
On Error GoTo 0
```

语句来实现。执行该语句时，将停止程序的执行并打印出引起自陷的出错信息。它提供了一种简便的方法，使得当遇到错误处理子程序不能处理的错误时，停止程序的运行。

(2) 错误处理子程序是由行号或行标号标识的代码块，不是 Sub 或 Function 过程。

(3) 在错误处理子程序内不能出现错误陷阱。也就是说，错误陷阱不能嵌套。如果在执行错误处理子程序期间发生错误，则打印出错信息并停止程序执行。

2. 从错误处理子程序返回

执行错误处理子程序后，为了继续进行操作，通常要从错误处理子程序返回控制，这可以通过 Resume 语句来实现。

格式：

```
Resume
Resume Next
Resume 行号|行标号
```

Resume语句放在错误处理子程序中,执行错误处理子程序之后,在指定的位置恢复程序的执行。

Resume语句有4种格式,分别用来指定程序恢复执行的位置,即:

Resume:从发生错误的语句处继续执行。

Resume Next:从发生错误的语句的下一个语句处继续执行。

Resume 行号:从"行号"处继续执行。

Resume 行标号:从"行标号"处继续执行。

Resume语句放在错误处理子程序中,同时必须有相应的设置错误陷阱语句,否则会产生"无错误恢复"错误。

在错误处理子程序中通常应含有Resume语句,如果在发生错误后执行错误处理子程序,一直到错误处理子程序结束也没有发现Resume语句,则显示"无Resume"。

在实际编程中,错误处理子程序放在不会被应用程序正常执行到的地方,一般在Exit Sub(或Exit Function)和End Sub(或End Function)之间,即:

```
Sub 过程名                     Function 过程名
  正常执行的程序                   正常执行的程序
  Exit Sub                        Exit Function
Handler:                       Handler:
  错误处理子程序                  错误处理子程序
End Sub                        End Function
```

错误陷阱和Resume语句的应用一般有以下几种情况:

(1) 执行完错误处理子程序后,结束程序(即退出过程)。例如:

```
Private Sub Form_Click()
    On Error GoTo HandleError
    …
    x=y/(a+b)              '此句可能出错
    Exit Sub
    …
HandleError:
    …
    Resume Next
End Sub
```

上述过程中,在执行完错误处理子程序后用Resume Next返回到产生错误的语句的下一个语句继续执行,而下一个语句是Exit Sub,退出程序。

(2) 直接跳过错误语句(具体方法在后面介绍)。

(3) 停止执行错误处理子程序。例如:

```
Sub Form_Click()
    On Error GoTo HandleError
    x=/(a+b)
    On Error GoTo 0
    …
HandleError:
    …
End Sub
```

当无法用错误处理子程序对出现的错误进行处理时，用 On Error GoTo 0 禁止错误陷阱，不再执行错误处理子程序。

【例 16.4】 从键盘上输入两个整数，计算并输出它们相除所得的商和余数。

程序如下：

```
Private Sub Form_Click()
    dividend = InputBox("Enter dividend:")
    dividend = Val(dividend)
    divisor = InputBox("Enter divisor:")
    divisor = Val(divisor)
    Quotient! = dividend / divisor
    Remainder = dividend Mod divisor
    Print "The quotient is : "; Quotient!
    Print "The Remainder is : "; Remainder
End Sub
```

上述程序运行后，利用输入对话框输入两个数，程序计算并输出两个数相除所得的商及余数。在该程序中，没有设置错误陷阱，将按正常方式处理所遇到的错误。当输入的被除数 divisor 为 0 时，程序停止运行，并显示“除数为 0”信息，如图 16.33 所示。

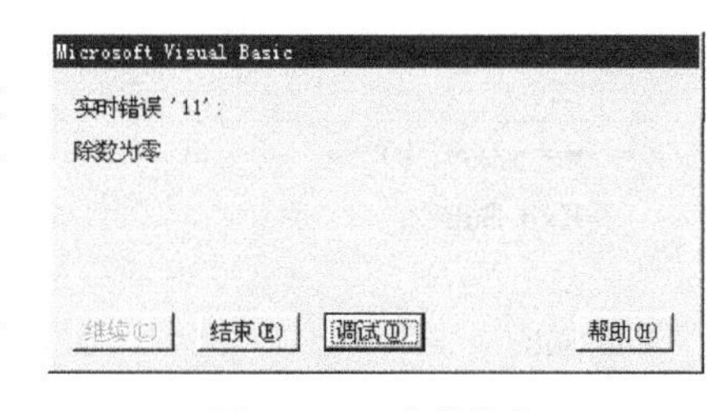

图 16.33　出错信息

利用错误陷阱，可以使上述程序在出现错误时不停止运行，并要求重新输入数据。修改后程序如下：

```
Private Sub Form_Click()
    New_Line = Chr$(13) + Chr$(10)
    On Error GoTo handler
Begin:
    dividend = InputBox("Enter dividend:")
    dividend = Val(dividend)
    divisor = InputBox("Enter divisor:")
    divisor = Val(divisor)
    Quotient! = dividend / divisor
    Remainder = dividend Mod divisor
```

```
    Print "The quotient is : "; Quotient!
    Print "The Remainder is : "; Remainder
    Exit Sub
handler:
    msg$ = "注意:除数不能为 0! "
    msg$ = msg$ + New_Line + "请重新输入"
    MsgBox msg$ , 16
    Resume Begin
End Sub
```

该程序用“On Error GoTo Handler”来设置错误陷阱，当发生错误时，转移到 Handler 开始的错误处理子程序。在子程序中，用 MsgBox 语句输出较为明确易懂的出错信息，如图 16.34 所示，要求重新输入。单击“确定”按钮后，“Resume Begin”语句使得在错误处理子程序之后从“Begin:”处继续执行。

图 16.34 执行错误处理子程序

这个例子比较简单，如果不使用错误处理子程序，也可以达到目的。这里只是为了说明错误陷阱和错误处理子程序的用法。

3. 跳过错误继续执行

有时候，可能希望在发生错误时不要中断程序，而是跳过错误继续执行。这可以通过 On Error Resume Next 语句来实现。例如：

```
Private Sub Form_Click()
    On Error Resume Next
    …
    x=y/(a+b)
    Exit Sub
    …
End Sub
```

该过程用“On Error Resume Next”避开发生错误的语句。当发生错误时，不对错误进行任何处理(即没有错误处理子程序)，直接跳到产生错误的语句的下一个语句。

16.5.2 错误的模拟

如前所述，Visual Basic 中的错误有 4 类，即语法错误、编译错误、运行错误和逻辑错误。用 Error 函数可以模拟程序运行错误。

1. Error $ 函数

格式：

字符串 = Error$[(错误代码)]

Error $ 函数返回与“错误代码”相对应的出错信息。在 Visual Basic 中，每个出错信息都有与之对应的错误代码，其取值在 0～65535。如果省略“错误代码”，则返回最后执行错误语句的出错信息；如果程序中没有错误，则返回空字符串。如果所给的“错误代码”不是 Visual Basic 预定义的错误代码，则返回的信息是“应用程序定义或对象定义错误”。例如：

```
Print Error $ (52)
```

将输出“错误的文件名或号码”。而

```
Print Error(56)
```

将返回“应用程序定义或对象定义错误”，因为 56 不是 Visual Basic 预定义的错误代码。

2. Error 语句

格式：

```
Error  错误代码
```

Error 语句用来模拟发生一个 Visual Basic 错误。“错误代码”的取值范围为 1～32767。如果所给出的“错误代码”属于 Visual Basic 预定义的错误代码，则模拟所发生的错误，同时输出预定义的出错信息。

说明：

(1) Error 语句用来模拟错误的发生，因此应设置错误陷阱并定义错误处理子程序，否则也会发生错误而停止程序运行。

(2) 如果给出的“错误代码”不是 Visual Basic 预定义的，则可定义用户自己的错误代码。定义之后，就可以在程序中使用。例如：

```
    …
    On Error GoTo pp
    Age=InputBox("How old are you?")
    If Age>200 Then Error 210
    …
pp:
    …
```

上面的程序段定义了一个错误代码 210。用这种方法定义的错误代码必须放在错误处理子程序中处理，即在错误处理子程序中定义与该代码相对应的出错信息。请看下面的例子。

【例 16.5】 用 Error 语句模拟错误，防止输入的年龄小于 0 或大于 150。

```
Private Sub Form_Click()
    On Error GoTo Handler
    msg $  = "Ok"
    Age = InputBox("Enter your age(0～150):")
    If Age <= 0 Then
```

```
            Errcode = 97
            Error Errcode
        ElseIf Age > 150 Then
            Errcode = 98
            Error Errcode
        End If
        MsgBox msg $
        Exit Sub
    Handler:
        If Errcode = 97 Then
            msg $ = "Age is too small"
        ElseIf Errcode = 98 Then
            msg $ = "Age is too old"
        End If
        Resume Next
    End Sub
```

上述过程对输入的年龄值进行测试，如果小于或等于 0，则把变量 Errcode 的值置为 97，接着用“Error Errcode”语句模拟这个错误，使程序认为真的发生了这个错误，其错误代码为 97，使错误陷阱起作用，执行从“Handler:”开始的错误处理子程序。在错误处理子程序中，定义了与错误代码 97 相应的出错信息。当测试到 Age > 150 时，程序进行类似的处理。

运行上述程序，在对话框中输入－3，结果如图 16.35 所示。

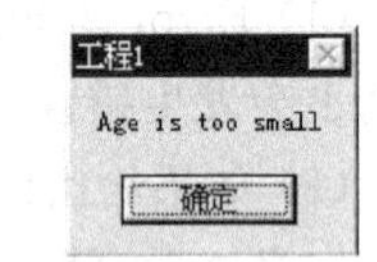

图 16.35　模拟错误

在上面的程序中，定义了用户自己的错误代码 97、98 及其相应的出错信息。当定义自己的错误代码时，必须保证不与 Visual Basic 预定义的错误代码发生冲突。怎样才能知道哪个代码是预定义的呢？这可以通过 Error $ 函数来测试。如果由该函数返回的信息为“应用程序定义或对象定义错误”，则该代码不是预定义的，否则是预定义的。例如执行

```
Print Error $ (5)
```

结果为“无效的过程调用或参数”，表明 5 是预定义的错误代码，其相应的信息为“无效的过程调用或参数”。而

```
Print 30;Error $ (30)
```

输出“30 应用程序定义或对象定义错误”，表明 30 不是预定义的错误代码。

【例 16.6】　编写程序，输出 100 以内预定义的错误代码及其相应的信息。

```
Private Sub Form_Click()
    Static j As Integer
    For i = 1 To 100
        If Error $ (i) <> "应用程序定义或对象定义错误" Then
            j = j + 1
```

```
            If Len(Error$(i)) < 5 Then
                Print i; Error$(i), ,
            Else
                Print i; Error$(i),
            End If
            If j Mod 2 = 0 Then Print
        End If
    Next i
End Sub
```

上述程序对 100 以内的代码进行测试,用每个代码作为实参调用函数 Error$,看它的返回值是否为"应用程序定义或对象定义错误"。如果是,则表明该代码不是预定义的错误代码,否则为预定义的错误代码,程序输出该代码及其相应的出错信息。程序的执行结果如图 16.36 所示。

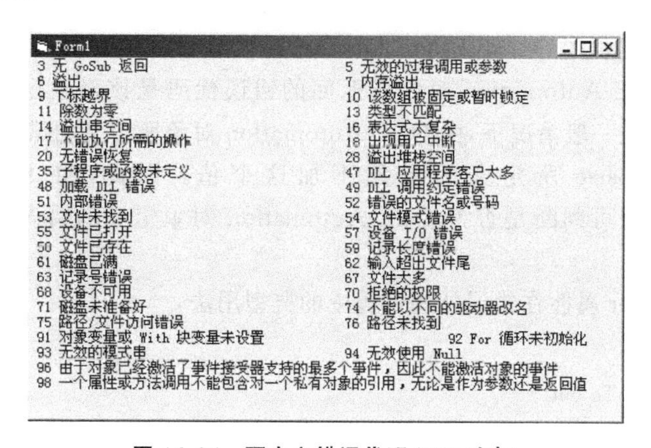

图 16.36　预定义错误代码(100 以内)

如前所述,Visual Basic 中错误代码的取值范围为 0～65535,其中预定义错误代码只占很少一部分。有兴趣的读者可以对上述程序略加修改,看一看预定义错误代码究竟有多少。

16.6　Err 对象

Err 是 Visual Basic 6.0 中的一个对象,在 Err 对象中含有运行时错误的信息。也就是说,在发生运行错误后,与错误有关的信息都保存在 Err 对象中。因此,如果在执行应用程序时产生了错误,可以查看 Err 对象的属性以确定产生错误的原因。

16.6.1　Err 对象的属性和方法

和其他对象一样,Err 对象有自己的属性和方法,但没有与之相关的事件。

1. Err 对象的属性

Err 对象有以下几个属性:

(1) Number 属性。

用来返回或设置表示错误的代码,格式如下:

Err. Number [= 错误代码]

这里的"错误代码"是长整型数,用来标识一个错误代码。如果省略"[= 错误代码]",则返回当前的错误代码,否则设置错误代码。

Number 是 Err 对象的默认属性,因此,在默认情况下,Err 属性所包含的代码就是 Err. Number。以前版本中的 Err 函数可以返回一个错误代码,它与 Err. Number 的作用相同。Number 属性是一个长整型值,用来标识 Visual Basic 的一个错误代码。可以在运行时设置这个值,也可以在产生错误后查看它的值,以确定产生错误的原因。

Visual Basic 提供了一个名为 vbObjectError 的常量,其值为-2147221504,可用它来确定由某个 OLE Automation 对象所返回的错误代码是该对象定义的,还是 Visual Basic 所定义的。在一般情况下,由 OLE Automation 对象所定义的错误代码会加上这个值,而由 Visual Basic 所定义的对象不加这个值。因此,将 Err. Number 减去 vbObjectError 后便可判断是否为 OLE Automation 对象定义的错误代码(本书不涉及 OLE Automation)。

下例是 Number 属性在错误处理过程中的典型用法:

```
Sub test()
    On Error GoTo out

    Dim x, y
    x = 1 / y            ' 引发一个"除以零"的错误
    Exit Sub
out:
    MsgBox Err. Number
    MsgBox Err. Description
    ' 检查是否发生"除以零"的错误
    If Err. Number = 11 Then
        y = y + 1
    End If
    Resume
End Sub
```

(2) Description 属性。

用该属性可以返回或设置一个与 Err 对象相关联的描述性字符串。

当无法处理或不想处理错误的时候,可以用 Description 属性提醒用户。在产生用户自定义的错误时,可以把有关该错误的一个简短描述赋予 Description 属性。如果没有设置 Description 属性,而且 Number 属性的值与 Visual Basic 运行时错误一致,那么在产生错误时，将把 Error 函数返回的字符串放置在 Description 中。

下面的语句将一个用户自定义的信息指定给 Err 对象的 Description 属性：

```
Err.Description = "It was not possible to access an object necessary " _
        & "for this operation"
```

【例 16.7】

```
Private Sub Command1_Click()
    On Error GoTo handler
    Open "temp.dat" For Input As #1
    Input #1, st$
    Close #1
    Exit sub
handler:
    If Err.Number = 53 Then
        Resume Next
    Else
        MsgBox Err.Description, vbCritical, "文件操作错误"
        Resume Next
    End If
End Sub
```

在上面的例子中，打开当前目录中的一个名为 temp.dat 的文件，如果文件不存在，则产生错误。文件运行后，单击命令按钮，将显示一个信息框，如图 16.37 所示。

图 16.37　显示 Description 属性

(3) Source 属性。

用该属性可以返回或设置一个字符串表达式，指明产生错误的对象或应用程序的名称。格式如下：

```
Err.Source [= 字符串表达式]
```

其中"字符串表达式"是产生错误的对象或应用程序的名称。

Source 属性用来确定产生错误的对象或应用程序。此外，也可以在运行时设置 Source 属性，以把类似的信息传送给 Err 对象。

【例 16.8】

```
Private Sub Command1_Click()
    On Error GoTo handler
    Open "temp.dat" For Input As #1
    Input #1, st$
    Close #1
    Exit Sub
handler:
        MsgBox "错误是：" & Err.Description & Chr$(13) _
                & "错误产生在：" & Err.Source
```

```
    Resume Next
End Sub
```

运行上面的程序,如果文件不存在,将产生错误,并把产生错误的对象或应用程序名放到 Err 对象的 Source 属性中。程序的执行结果如图 16.38 所示。

注意,在上面的程序中,执行错误处理子程序的 Resume Next 语句后,从 Input #1, st$ 语句开始执行,但由于文件号 #1 无效,因而再次产生错误,执行错误处理子程序,结果如图 16.39 所示。

图 16.38 显示 Source 属性(1)

图 16.39 显示 Source 属性(2)

(4) HelpFile 属性。

用该属性返回或设置一个字符串表达式,该表达式是 Microsoft Windows 帮助文件的名字(包括路径)。格式如下:

```
Err. HelpFile [ = 文件名]
```

这里的"文件名"是帮助文件的名字,包括完整的路径名。如果 HelpFile 属性中指定了帮助文件,则当在出错信息对话框中单击"帮助"按钮(或按 F1 键)时,将自动调用帮助文件。如果 HelpContext 属性(见下)包含被指定文件的有效的上下文 ID,则自动显示该主题。如果未指定 HelpFile,则显示 Visual Basic 帮助文件。

(5) HelpContext 属性。

用该属性可以返回或设置一个字符串,其内容为 Microsoft Windows 联机帮助文件中一个主题的上下文 ID。格式如下:

```
Err. HelpContext [ = 上下文 ID]
```

如果已经用 Err 对象的 HelpFile 属性设置了一个帮助文件,则可用 HelpContext 属性为这个帮助文件中的主题提供上下文 ID。此外,在 HelpContext 属性中含有当前帮助文件的上下文 ID。

2. Err 对象的方法

(1) Clear 方法。

Clear 方法用来清除 Err 对象的全部属性设置。格式如下:

```
Err. Clear
```

产生一个错误后,将设置 Err 对象的各个属性。如果接着产生另一个错误,则重新设置 Err 对象的属性。为了能正确地处理所产生的每个错误,应在处理完一个错误后,用 Clear 方法重新设置 Err 对象的属性。

除在处理错误之后显式地用 Clear 来清除 Err 对象外，每当执行下列语句时将会自动调用 Clear 方法：

- 任何类型的 Resume 语句。
- Exit Sub、Exit Function。
- 任何 On Error 语句。

注意，当处理因访问其他对象产生的错误时，与其使用 On Error GoTo，不如使用 On Error Resume Next。如果在每一次访问对象之后都检查 Err，则可避免在访问对象时产生混淆，可以确认是哪个对象将错误引入 Err. Number 中，也可以确认最初是哪个对象产生了这个错误(Err. Source 中指定的对象)。

【例 16.9】

```
Private Sub Command1_Click()
    Dim Result(10) As Integer
    Dim indx
    On Error Resume Next
    Do Until indx = 10
    ' 下面计算若有错误发生，便显示出错信息
        Result(indx) = Rnd * indx * 20000
        If Err. Number <> 0 Then
            MsgBox Err, , "Error Generated: ", Err. HelpFile, Err. HelpContext
            Err. Clear    ' 清除 Err 对象的属性
        Else
            indx = indx + 1
        End If
    Loop
End Sub
```

该程序中的 Result 是一个整型数组，其元素的有效范围为－32768～32767。在 Do-Loop 循环中，用随机数与数组下标及 20000 的乘积为每个数组元素赋值，当该值超过 32767 时，产生溢出错误，此时 Err. Number 不等于 0，从而执行 Err. Clear，把 Err. Number 重新设置为 0。如果在代码中省略 Clear 方法，则在发生错误之后，每执行一次循环便会显示一次出错信息，不论程序中的计算结果是否真的有错误。

(2) Raise 方法。

Raise 方法用来产生运行时错误。格式如下：

```
Err. Raise number, source, description, helpfile, helpcontext
```

Raise 方法有 5 个参数，其含义见表 16.2。

除 number 之外，Raise 的所有参数都是可选的。如果在使用 Raise 时不指定某些参数，并且 Err 对象的属性含有未清除的值，则把这些值作为 Err 的属性值。

Raise 被用来生成运行时错误，可代替 Error 语句。

表 16.2　Raise 方法参数

参　数	作　用
number	必需。是一个长整数，标识错误性质(错误代码)
source	可选。是一个字符串表达式，用来指明产生错误的对象或应用程序的名字。如果没有指定 source，则使用当前 Visual Basic 工程的程序设计 ID
description	可选。是一个字符串表达式，给出错误的文字描述。当省略该参数时，将检查 Number 的值，如果可以将错误映射成 Visual Basic 运行时错误代码，则将 Error 函数返回的字符串作为 description 使用。如果没有与 Number 对应的 Visual Basic 错误，则该参数值为"应用程序定义的错误或对象定义错误"
helpfile	可选。Microsoft Windows 帮助文件的文件名及其完整路径，在帮助文件中可以找到有关错误的帮助信息。如果省略，则将使用 Visual Basic 帮助文件的完整路径和文件名
helpcontext	可选。识别 helpfile 内主题的上下文 ID，而 helpfile 提供了有助于了解错误的描述信息。如果省略，则使用处理有关错误的 Visual Basic 帮助文件的上下文 ID，该 ID 与 Number 属性对应

【例 16.10】

```
Private Sub Command1_Click()
    On Error GoTo Handler
    Err.Number = 700
    Err.Description = "这是一个由用户自己定义的错误"
    Err.Raise 700
Handler:
    MsgBox "错误陷阱：" & Err.Description, , "错误代码 #" & Err.Number
    Err.Clear
    Resume Next
End Sub
```

该程序首先设置 Err 对象的 Number 和 Description 属性，然后用 Raise 方法产生错误，并在错误处理程序中显示相应的信息。程序执行情况如图 16.40 所示。

图 16.40　用 Raise 方法产生错误

16.6.2　程序举例

【例 16.11】　从键盘上输入一个代码，然后输出该代码所对应的出错信息。

```
Private Sub Form_Click()
    Dim Msg, NL, UserError
    On Error GoTo ErrorHandler
    NL = Chr(10)
    Msg = "请输入一个错误代码："
    UserError = InputBox(Msg)
    Error UserError
    Exit Sub
```

```
ErrorHandler:
    Msg = "错误代码 " & Err.Number & " 的出错信息是:"
    Msg = Msg & NL & NL
    Msg = Msg & """" & Err.Description & """"
    MsgBox Msg
    Resume Next
End Sub
```

上述程序运行后，显示一个输入对话框。输入一个整数值后，程序输出以该整数值为错误代码的相应的出错信息。执行情况如图 16.41 所示。

在较复杂的应用程序中，某一类错误可能会多次出现。例如在文件操作中，为了查找磁盘上的某个指定文件，可能会出现以下几种错误：

(1) 文件名有问题。

(2) 磁盘未准备好(未插盘或插盘后未关门)。

(3) 未找到指定的文件。

(4) 设备不可用。

工程1

错误代码 5 的出错信息是:

"无效的过程调用或参数"

确定

图 16.41　输出错误代码及其信息

我们通过一个例子来说明如何处理这类问题。

【例 16.12】 编写程序，用来处理文件操作中可能出现的错误。

当出现问题时，一般有 3 种选择，即停止执行(Abort)、再试一次(Retry)和忽略(Ignore)。对于这样的问题可以用一个通用过程来解决。为了提高可读性，在窗体层定义如下的符号常量：

```
Const ABORT_PRESS = 3
Const RETRY_PRESS = 4
Const IGNORE_PRESS = 5
Const BadFileName = 52
Const DiskNotReady = 71
Const FileNotFound = 53
Const DeviceUnaviable = 68
```

编写如下用于排错的通用过程：

```
Function Centralerr(Value As Integer) As Integer
    Select Case Value
        Case FileNotFound
            Msg$ = "文件未找到"
        Case BadFileName
            Msg$ = "错误的文件名或号码"
        Case DeviceUnaviable
            Msg$ = "设备不能使用"
        Case DiskNotReady
            Msg$ = "磁盘未准备好"
    End Select
```

```
    FeedBack = MsgBox(Msg$, 18, "Disk Error")
    Select Case FeedBack
        Case ABORT_PRESS
            Centralerr = 3
        Case RETRY_PRESS
            Centralerr = 4
        Case IGNORE_PRESS
            Centralerr = 5
    End Select
End Function
```

上述过程有一个参数 Value,该参数是由主程序传送过来的错误代码(Err 函数的返回值)。根据错误代码的不同,显示不同的信息。然后用 MsgBox 函数返回用户的选择,返回值存入 FeedBack 变量。单击对话框中的"终止"按钮返回 3,单击"重试"按钮返回 4,单击"忽略"按钮返回 5。

可以用下面的事件过程调用上述通用过程:

```
Private Sub Form_Click()
    On Error GoTo handler
Begin:
    filename$ = InputBox$("输入文件名:")
    If filename$ = "" Then Exit Sub
    Filetemp$ = Dir$(filename$)
    If Filetemp$ = "" Then
        Errcode = 53
        Error Errcode
    End If
1000
    Print filename$
    Exit Sub
handler:
    answer = Centralerr(Err.Number)
    Print Err.Number
    Select Case Answer
        Case ABORT_PRESS
            End
        Case RETRY_PRESS
            Resume Begin
        Case IGNORE_PRESS
            Resume 1000
        Case Else
            Error Err.Number
            Resume 1000
    End Select
```

```
End Sub
```

上述事件过程设置了错误陷阱，并有一个错误处理子程序。程序运行后，输入要查找的文件名，然后用 Dir $ 函数在当前目录下查找该文件。如果未找到，则 Dir $ 函数的返回值为空字符串，表明发生了错误，转到从"Handler:"开始的错误处理子程序。当发生错误时，Err. Number 返回一个错误代码，在错误处理子程序中，以这个代码作为实参调用通用过程 Centralerr，并把函数的返回值放入变量 Answer。从函数过程 Centralerr 可以知道，该过程可以有 3 个返回值，分别为 3、4、5。然后根据不同的返回值采取不同的操作：如果返回值为 3(单击"终止"按钮)，则结束程序(End)；如果返回值为 4(单击"重试"按钮)，则从标号"Begin:"处继续执行，重新输入文件名；如果返回值为 5(单击"忽略"按钮)，则在行号 1000 处恢复执行，打印出输入的文件名。在其他情况下，用 Error 语句模拟发生的错误。

当 Dir $ 函数返回空字符串时，表示找不到该文件，用"Error Errcode"模拟错误，也可以跳到错误处理子程序去处理。

运行上面的程序，在对话框中输入一个不存在的文件名，则执行后将显示一个信息框，如图 16.42 所示。

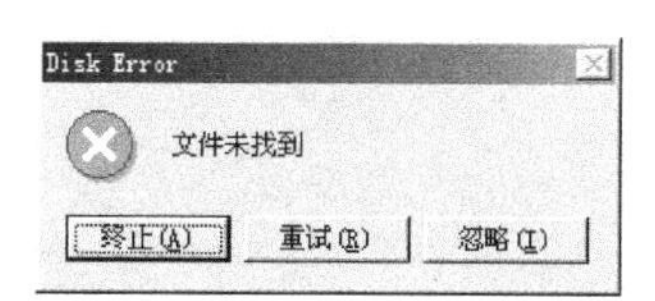

图 16.42　显示出错信息

第17章　常用内部函数

Visual Basic 提供了大量的内部函数。在这些函数中，有些是通用的，有些则与某种操作有关。大体上可分为转换函数、数学函数、字符串函数、时间/日期函数、随机数函数等五类，这些函数带有一个或几个自变量。

可以通过立即窗口试验每个函数的操作。在立即窗口中可以输入命令，命令行解释程序对输入的命令进行解释，并立即响应，与 DOS 下命令行的执行情况类似。例如：

```
x=2500      <CR>        (<CR>为回车键，下同)
print x     <CR>
 2500
```

第一行把数值 2500 赋予变量 X，第二行打印出该变量的值。Print 也可以用"?"代替，它与 Print 等价。例如：

```
?x+200      <CR>
 2700
```

以上操作在立即窗口中进行，如图 17.1 所示。

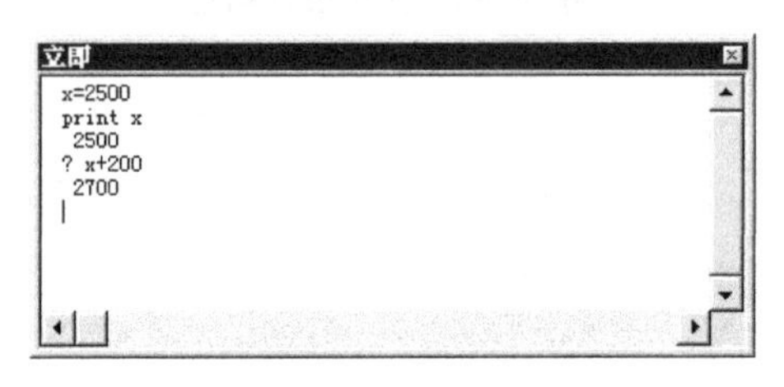

图 17.1　立即窗口

下面介绍 Visual Basic 中的函数，读者可以在立即窗口中试验这些函数的操作。

17.1　转换函数

转换函数用于类型或形式的转换，包括整型、浮点型、字符串型之间以及数值与 ASCII 字符之间的转换。

1. 取整函数 Int 和 Fix

有时候，需要将一个浮点数经过截断或舍入处理去掉其小数部分，这可以通过 Int 和 Fix 函数来实现。其中 Int 函数用来求不大于自变量的最大整数，而 Fix 函数去掉一个浮点数的小数部分，保留其整数部分。例如：

```
a=4.987        <CR>
?int(a)    <CR>
4
? fix(a)    <CR>
4
a=-4.987       <CR>
?int(a)    <CR>
-5
?fix(a)    <CR>
-4
```

可以看出，当自变量为正数时，Int 和 Fix 返回的值相同；对于负数，Int 函数返回的数的绝对值大。

在实际应用中，经常会遇到要求对数值保留到小数点一位、两位或几位的情况，这可以通过取整函数来实现。例如，为了使 105.678 保留两位小数，第三位小数四舍五入，可以用下面的表达式来实现。

```
int(105.678 * 100+0.5)/100
```

该表达式的值为：105.68。

保留 1 位、2 位或几位小数的一般格式为：

```
Int(x * d + 0.5) / d
```

这里的 d 是需要乘和除的因子，它是 10 的幂，当 d 为 10、100、1000…时，分别保留 1、2、3…位小数。

2. 数制转换函数

用 Hex$ 和 Oct$ 函数可以把一个十进制数分别转换为十六进制数和八进制数，转换后的结果是一个字符串值。例如：

```
num=1495       <CR>
?Hex$(num)    <CR>
5D7
?Oct$(num)   <CR>
2727
```

如果被转换的十进制数是一个浮点数，则函数 Hex$ 和 Oct$ 先对该数取整，然后再进行转换。

3. 类型转换函数

(1) 求 ASCII 码值。

格式：

```
x% = Asc(字符串)
```

这里的“字符串”通常是一个字符或字符串变量，Asc 函数返回“字符串”中第一个字符的 ASCII 码。例如：

```
?Asc("A")      <CR>
65
?Asc("BCDEF")    <CR>
66
```

(2) 求 ASCII 字符。

格式：

```
X$ = Chr$(表达式)
```

“表达式”是一个合法的 ASCII 码值。Chr $ 函数把“表达式”的值转换为相应的 ASCII 字符。例如：

```
?Chr$(65)    <CR>
A
?Chr$(33)    <CR>
,
```

在以前的各种 Basic 版本中，Chr $ 函数一直被用来描述字符码，即单字节的 ASCII 码，它只能用于英语字符集，不能用于非英语字符集(包括汉字字符集)。4.0 版以后的 Visual Basic(32 位版本)对此作了修改，使 Chr $ 函数可以把双字节代码转换为相应的字符。

在计算机信息处理中，汉字也有自己的编码，GB2312-80 就是汉字的标准编码。当然，与 ASCII 码相比，GB2312-80 不但数量大得多，而且编码方法也复杂一些。

当在计算机上用某种输入方法输入汉字时，使用的编码称为汉字的“外码”，必须把它们转换成汉字在计算机中的“内码”(即机内码)才能存储和输出。在计算机中，每个汉字都有一个机内码，通常用十六进制数表示。例如“微型计算机”这几个汉字的机内码为：

```
 微     型     计     算     机
CEA2   D0CD   BCC6   CBE3   BBFA
```

限于篇幅，这里不能详细介绍如何求汉字的机内码，请参阅有关资料。

用 Visual Basic 6.0 中的 Chr $ 函数可以把机内码转换为相应的汉字。例如：

```
? chr$(&hcea2)
```

其结果为“微”。图 17.2 是在立即窗口中用 Chr $ 函数进行转换的情况。

(3) 把字符串转换为数值。

格式：

```
x = Val(字符串)
```

该函数把“字符串”转换为数值。例如：

```
?Val("234.5")    <VR>
```

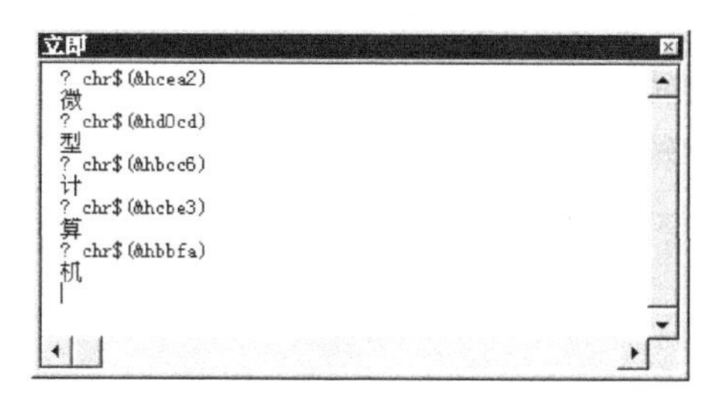

图 17.2 用 Chr $ 函数转换双字节代码

```
234.5
?Val("3e-2")    <CR>
3e-2
```

这里的"字符串"可以是连接几个字符串的表达式,Val 函数将表达式中的第一个字符串转换成数值。被转换的字符串必须由数值构成。如果在字符串转换过程中遇到字母(指数符号除外),则转换停止,字母字符不转换。"字符串"的内容不受转换过程的影响。例如:

```
?val("123ab"+"2345")        <CR>
123
?val("abc")        <CR>
0
```

(4) 把数值转换为字符串。

格式:

```
x$ = Str$(数值表达式)
```

Str $ 函数把"数值表达式"的值转换为一个字符串,表达式的值不受转换过程的影响。例如:

```
?str$(78.2718)      <CR>
 78.2718
```

(5) 变量值类型转换函数。

Visual Basic 提供了 6 个变量值类型转换函数。

① CInt(x)　把 x 的小数部分四舍五入,转换为整数。例如:

```
?CInt(123.65)      <CR>
 124
```

② CCur(x)　把 x 的值转换为货币类型值,小数部分最多保留 4 位且自动四舍五入。例如:

```
x=123456.654381      <CR>
?ccur(x)          <CR>
123456.6544
```

③ CDbl(x)　把 x 值转换为双精度数。

④ CLng(x)　把 x 的小数部分四舍五入转换为长整型数。

⑤ CSng(x)　把 x 值转换为单精度数。

⑥ CVar(x)　把 x 值转换为变体类型值。

上面各函数的自变量 x 是一个数值表达式。

4. 格式输出函数

用格式输出函数 Format $ 可以使数值或日期按指定的格式输出。一般格式为：

Format $ (数值表达式,格式字符串)

该函数的功能是：按“格式字符串”指定的格式输出“数值表达式”的值。如果省略“格式字符串”,则 Format $ 函数的功能与 Str $ 函数基本相同,唯一的差别是,当把正数转换成字符串时,Str $ 函数在字符串前面留有一个空格,而 Format $ 函数则不留空格。

用 Format $ 函数既可以对数值进行格式化,也可以对日期和时间进行格式化。我们已在教程中介绍过数值的格式化输出(见主教材的第 5 章),下面介绍日期和时间的格式化输出。

当用 Format $ 函数使日期和时间按指定的格式输出时,要求第一个自变量(即“数值表达式”)必须是日期或时间。第二个自变量(即“格式字符串”)所使用的格式说明符见表 17.1。

表 17.1　日期和时间格式说明符

字　符	作　　用
d	显示日期数字(1～31),个位前不加 0
dd	显示日期数字(01～31),个位前加 0
ddd	显示星期缩写(如 Sun, Mon, …, Sat)
dddd	显示星期全名(如 Sundy, Monday, …, Saturday)
ddddd	显示完整日期(日、月、年),默认格式为 mm/dd/yy
m	显示月份数字(1～12),个位数前不加 0
mm	显示月份数字(01～12),个位数前加 0
mmm	显示月份缩写(Jan～Dec)
mmmm	显示月份全名(January～December)
yy	显示年份,用两个数字(00～99)
yyyy	显示年份,用 4 个数字(0100～9999)
h	显示小时(0～23),个位数前不加 0
hh	显示小时(00～23),个位数前加 0
m	跟在 h 或 hh 之后,显示分(0～59)
mm	跟在 h 或 hh 之后,显示分(00～59)
s	显示秒(0～59),个位数前不加 0
ss	显示秒(00～59),个位数前加 0
tttt	显示完整的时间(包括时、分、秒)默认格式为 h:mm:ss
AM/PM	中午前用 AM 显示,中午后用 PM 表示
am/pm	中午前用 am 显示,中午后用 pm 表示
A/P	中午前用 A 显示,中午后用 P 表示
a/p	中午前用 a 显示,中午后用 p 表示

时间(分)的格式说明符 m、mm 与月份的说明符相同,区分的方法是：如果 m、mm 紧跟在 h 或 hh 的后面,则为分的格式说明符,否则为月份的格式说明符。

表 17.2 是日期、时间格式化输出的例子。

表 17.2　日期、时间格式化输出举例

格式字符串	输 出 结 果
"ddddd"	2009-5-19
"mmmm-yy"	May-09
"d-mmm"	19-May
"dddd,mmmm dd,yy"	Tuesday,May,19,09
"d-mmmm h:mm"	19-May,8:19
"m/d/yy"	5-19-09
"h:mm:ss a/p"	8:20:44 a

立即窗口中实验上面的格式化输出,结果如图 17.3 所示。

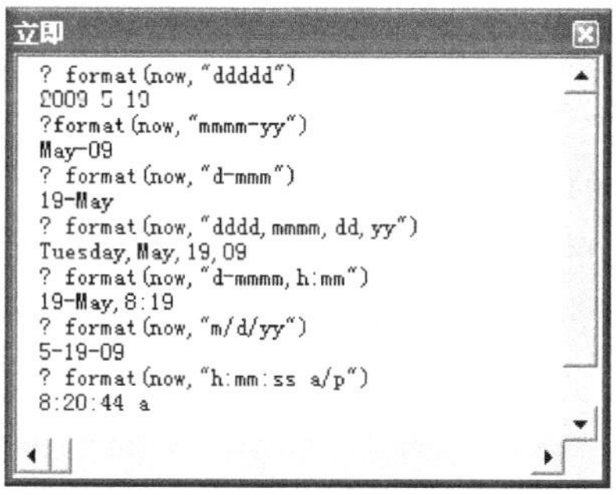

```
立即
? format(now, "ddddd")
2009 5 19
?format(now, "mmmm-yy")
May-09
? format(now, "d-mmm")
19-May
? format(now, "dddd, mmmm, dd, yy")
Tuesday, May, 19, 09
? format(now, "d-mmmm, h:mm")
19-May, 8:19
? format(now, "m/d/yy")
5-19-09
? format(now, "h:mm:ss a/p")
8:20:44 a
```

图　17.3

在上面的例子中,第一个自变量使用的是内部变量(Now),也可以使用其他内部变量(如 Date、Time),还可以是具体的时间或日期,但要放在一对 # 中,例如：

```
#4/24/2009#
#9:04:23 AM#
```

【例 17.1】

```
Private Sub Form_Click()
    Dim MyTime, MyDate, MyStr
    MyTime = #9:04:23 AM#
    MyDate = #4/24/2009#
    ' 以系统设置的长时间格式返回当前系统时间
    MyStr = Format(Time, "Long Time")
    Print MyStr
    ' 以系统设置的长日期格式返回当前系统日期
    MyStr = Format(Date, "Long Date")
    Print MyStr
    MyStr = Format(MyTime, "h:m:s")
```

```
    Print MyStr
    MyStr = Format(MyTime, "hh:mm:ss AMPM")
    Print MyStr
    MyStr = Format(MyDate, "dddd, mmm d yyyy")
    Print MyStr
    ' 如果没有指定格式,则返回字符串
    MyStr = Format(23)    ' 返回 "23"
    Print MyStr
End Sub
```

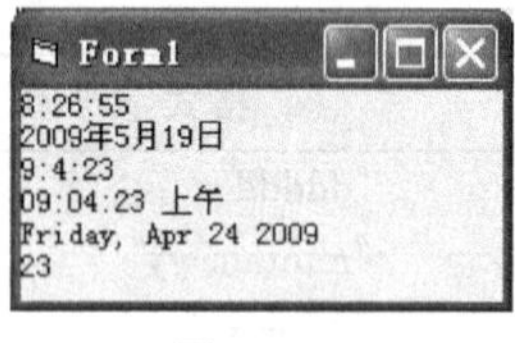

图 17.4

运行程序,单击窗体,结果如图 17.4 所示。

17.2 数学函数

数学函数用于各种数学运算,包括三角函数、求平方根、绝对值、对数及指数函数等。

1. 三角函数

Visual Basic 提供了 4 个三角函数:

Sin(x) 返回自变量 x 的正弦值。

Cos(x) 返回自变量 x 的余弦值。

Tan(x) 返回自变量 x 的正切值。

Atn(x) 返回自变量 x 的反正切值。

说明:

(1) 这里的 x 是一个数值表达式。其中 Sin、Cos 和 Tan 的自变量是以弧度为单位的角度,而 Atn 函数的自变量是正切值,它返回正切值为 x 的角度,以弧度为单位。

(2) 在一般情况下,自变量以角度给出,可以用下面的公式转换为弧度:

$$1\text{ 度}=\pi/180=3.14159/180(\text{弧度})$$

2. 绝对值函数(Abs)

Abs(x)函数返回自变量 x 的绝对值(x 为数值表达式,下同)。例如:

```
Print Abs(8)    <CR>
 8
?Abs(-8)    <CR>
 8
```

3. 符号函数(Sgn)

符号函数 Sgn(x)返回自变量 x 的符号。在执行 Sgn(x)函数时,根据表达式的值大于、等于、小于 0,函数返回不同的值,即:

当 x 为负数时,函数返回-1;

当 x 为 0 时,函数返回 0;

当 x 为正数时，函数返回 1。

4. 平方根函数(Sqr)

Sqr(x)函数返回自变量 x 的平方根，x 必须大于或等于 0。例如：

```
?Sqr(2)    <CR>
  1.414214
?Sqr(25)    <CR>
  5
```

5. 指数和对数函数(Exp、Log)

Exp(x)函数返回 e 的 x 次方，即 e^x。

Log(x)函数返回自变量 x 的自然对数(以 e 为底)。

在实际运算中，有时候需要求 x 以 10 为底的对数，即对数不以 e 为底。在这种情况下，可以使用如下换底公式：

$$\mathrm{Log}_{10}x=\frac{\mathrm{Log}_e x}{\mathrm{Log}_e 10}$$

17.3 字符串函数

Visual Basic 提供了大量的字符串函数，具有十分丰富的字符串处理能力。

1. 删除空白字符函数

LTrim $(字符串) 去掉“字符串”左边的空白字符。

RTrim $(字符串) 去掉“字符串”右边的空白字符。

Trim $(字符串) 去掉“字符串”左边和右边的空白字符。

空白字符包括空格、Tab 键等。例如：

```
a$="    Good Morning     "    <CR>
b$=LTrim$(a$)    <CR>
c$=RTrim$(b$)    <CR>
Print B$;c$;"ABC"    <CR>
Good Morning      Good MorningABC
```

2. 字符串截取函数

用来截取字符串的一部分，可以从字符串的左部、右部或中部截取。

(1) 左部截取。

```
Left$(字符串, n)
```

返回“字符串”的前 n 个字符。这里的“字符串”可以是字符串常量、字符串变量、字符串函数或字符串连接表达式。例如：

```
a $ ="ABCDEF"      <CR>
print Left $ (a $ , 4)     <CR>
ABCD
```

(2) 中部截取。

```
Mid $ (字符串，p[，n])
```

从第 p 个字符开始，向后截取 n 个字符。“字符串”的含义同前，p 和 n 都是算术表达式。如果省略 n 或 n 超过字符串的字符数(包括 p 处的字符)，则返回字符串中从 p 到末尾的所有字符。例如：

```
a $ ="ABCDEFGHIJK"     <CR>
Print Mid $ (A $ , 3, 4)      <CR>
  CDEF
a $ ="ABCDEFGHIJK"     <CR>
Print Mid $ (A $ , 5)      <CR>
  EFGHIJK
```

(3) 右部截取。

```
Right $ (字符串，n)
```

返回“字符串”的最后 n 个字符。“字符串”和 n 的含义同前。例如：

```
a $ ="ABCDEFGHIJK"     <CR>
Print Right $ (A $ , 4)      <CR>
  HIJK
```

3. 字符串长度测试函数

```
Len(字符串)
Len(变量名)
```

用 Len 函数可以测试字符串的长度，也可以测试变量的存储空间，它的自变量可以是字符串，也可以是变量名。例如：

```
a $ ="ABCDEFGHIJK"     <CR>
?len(a $ )     <CR>
  11
a=len(testvar#)     <CR>
b=len(testvar!)     <CR>
c=len(testvar%)     <CR>
print a,b,c     <CR>
  8              4              2
```

4. String $ 函数

```
String $ (n, ASCII 码)
String $ (n, 字符串)
```

返回由 n 个指定字符组成的字符串。第二个自变量可以是 ASCII 码,也可以是字符串。当为 ASCII 码时,返回由该 ASCII 码对应的 n 个字符;当为字符串时,返回由该字符串第一个字符组成的 n 个字符的字符串。例如:

```
A$=string$(5,65)        <CR>
b$=string$(5,"-")       <CR>
c$=string$(5,"abcde")   <CR>
print a$;b$;c$          <CR>
  AAAAA-----aaaaa
```

5. 空格函数

```
Space$(n)
```

返回 n 个空格。例如:

```
a$="a"+Space(4)+"b"     <CR>
print a$       <CR>
  a    b
```

6. 字符串匹配函数

在编写程序时,有时候需要知道是否在文本框中输入了某个字符串,这可以通过 InStr 函数来判断。

```
InStr([首字符位置,]字符串 1,字符串 2[,n])
```

该函数在"字符串 1"中查找"字符串 2",如果找到了,则返回"字符串 2"的第一个字符在"字符串 1"中的位置。"字符串 1"第一个字符的位置为 1。例如:

```
a$="Microsoft Visual Basic"   <CR>
  x=InStr(a$,"Visual")     <CR>
  print x    <CR>
    11
```

x 的值为 11。因为"字符串 2"的第一个字符"V"位于"字符串 1"的第 11 个字符处。

说明:

(1)"字符串 2"的长度必须小于 65535 个字符。

(2) InStr 的返回值是一个长整型数。在不同的条件下,函数的返回值也不一样,见表 17.3。

表 17.3 InStr 函数的返回值

条 件	InStr 返回
字符串 1 为零长度	0
字符串 1 为 Null	Null
字符串 2 为零长度	首字符位置

续表

条　件	InStr 返回
字符串 2 为 Null	Null
字符串 2 未找到	0
在字符串 1 中找到字符串 2	找到的位置
首字符位置 > 字符串 2	0

(3) “首字符位置”是可选的。如果含有“首字符位置”，则从该位置开始查找，否则从“字符串 1”的起始位置开始查找。“首字符位置”是一个长整数。

(4) 函数的最后一个自变量 n 是可选的，它是一个整型数，用来指定字符串比较方式。该自变量的取值可以是 0、1 或 2。如为 0 则进行二进制比较，区分字母的大小写，如为 1 则在比较时忽略大小写，如为 2 则基于数据库中包含的信息进行比较(仅用于 Microsoft Access)，默认为 0，即区分大小写。也可以通过 Option Compare 语句限定，该语句的格式如下：

```
Option Compare Binary
Option Compare Text
Option Compare Database
```

第一种格式按二进制比较匹配字符，因而区分大小写；第二种格式只比较字符的文本内容，因而不区分大小写；第三种格式对数据库中的信息进行比较。当 Option Compare 语句和自变量 n 均省略时，用区分大小写方式比较。

7. 字母大小写转换

```
Ucase$(字符串)
Lcase$(字符串)
```

这两个函数用来对大小写字母进行转换。其中 Ucase$ 把“字符串”中的小写字母转换为大写字母，而 Lcase$ 函数把“字符串”中的大写字母转换为小写字母。例如：

```
a$ ="Microsoft Visual Basic"    <CR>
b$ =Ucase$(a$)    <CR>
c$ =Lcase$(a$)    <CR>
print b$,c$    <CR>
  MICROSOFT VISUAL BASIC        microsoft visual basic
```

8. 插入字符串语句 Mid$

```
Mid$(字符串,位置[,L])=子字符串
```

该语句把从“字符串”的“位置”开始的字符用“子字符串”代替。如果含有 L 自变量，则替换的内容是“子字符串”左部的 L 个字符。“位置”和 L 均为长整型数。例如：

```
a$ = "ABCDEFG"       <CR>
Mid(a$, 4, 2) = "12"       <CR>
```

```
print a$            <CR>
ABC12FG
```

以上介绍了 Visual Basic 中的字符串函数,表 17.4 列出了这些函数的功能概要。

表 17.4　字符串函数

函　数	格　　式	功　　能
LTrim $	LTrim $ (字符串)	去掉字符串左边的空白字符
RTrim $	RTrim $ (字符串)	去掉字符串右边的空白字符
Trim $	Trim $ (字符串)	去掉字符串左边和右边的空白字符
Left $	Left $ (字符串,n)	取字符串左部的 n 个字符
Right $	Right $ (字符串,n)	取字符串右部的 n 个字符
Mid $	Mid $ (字符串,p,n)	从位置 p 开始取字符串的 n 个字符
Len	Len(字符串)	测试字符串的长度
String $	String $ (n,字符串)	返回由 n 个字符组成的字符串
Space $	Space $ (n)	返回 n 个空格
InStr	InStr(字符串 1,字符串 2,)	在字符串 1 中查找字符串 2
Ucase $	Ucase $ (字符串)	把小写字母转换为大写字母
Lcase $	Lcase $ (字符串)	把大写字母转换为小写字母

17.4　日期和时间函数

Visual Basic 提供了处理日期和时间的函数,同时提供了用于日期和时间操作的内部变量,具有较强的日期和时间处理功能。

1. Microsoft Windows 的计时系统

目前的计算机系统中都有一个不停运转的时钟,Windows 可以随时从时钟中获取时间值,它是作为双精度数存储的时间和日期。这个双精度数每毫秒更新一次,并提供给 Visual Basic,可以作为全局变量被程序引用。

Visual Basic 所使用的与时间有关的变量有多个,其中较重要的内部变量是 Now。它是一个双精度浮点数,通常带有小数,小数点左边的部分表示从 1899 年 12 月 31 日起到现在所经过的天数,而小数点右边的数字则表示从当天 0 点起所经过的毫秒数。

Now 是内部变量,不需要用户定义。如果在立即窗口中执行"Print Now",则可直观地显示出当前系统的日期和时间;如果把 Now 赋予一个双精度变量,然后输出该变量的值,则可以双精度的形式输出 Now。例如:

```
print now           <CR>
2009-5-19 8:36:30
c# =now             <CR>
print c#            <CR>
39952.3593981481
```

在上面的输出中，39952.3593981481是一个双精度数，其中小数点左边的部分是从1899年12月31日起到现在所经过的天数，而小数点右边的数字则表示从当天0点起所经过的毫秒数。

Now作为一个Variant类型的变量，其内部表示(用函数VarType函数确定)为7，表示可以转换成时间和日期的形式。Now的格式被称为时间标记(time signature)，其值作为Visual Basic的基本时间变量，可以用Visual Basic函数从Now变量中抽取日期和时间信息。除Now外，还有一个称为Timer的内部变量，它存有自午夜起到当前为止所经过的秒数。

2. 日期函数

Visual Basic提供了几个与日期有关的函数，它们从Now变量中抽取与日期有关的信息，分别返回当前日期的各个分量。这些函数包括：

(1) Day(标记)　返回当前的日期。

(2) WeekDay(标记)　返回当前的星期。

(3) Month(标记)　返回当前的月份。

(4) Year(标记)　返回当前的年份。

这里“标记”指的是Now标记变量。我们可以在立即窗口中试验上述函数的功能：

```
c# =now           <CR>
?c#            <CR>
 39952.3615509259
?now           <CR>
2009-5-19 8:41:52
?day(now)          <CR>
 19
?Month(now)          <CR>
 5
?year(now)          <CR>
 2009
?weekday(now)          <CR>
 3
```

在这里，Visual Basic把变量Now作为一个变体类型变量，并自动赋予它可读的格式。Now变量的实际格式是一个双精度数，必须先把它赋予一个双精度变量，才能看清它的实际值。上例中的C#就是这个值。

各个日期分量都有自己的取值范围。Year的取值范围为1753～2078，Month为1～12，Day为1～31。WeekDay的取值范围为1～7，但应注意，1代表星期日，2代表星期一，…，7代表星期六。

除上面几个日期函数外，Visual Basic还提供了Date$函数和Date$语句。其中Date$函数以“mm-dd-yyyy”格式显示系统的当前日期。例如：

```
?date$ <CR>
```

```
2009-5-19
```

而 Date $ 语句用来设置系统日期，一般格式为：

```
Date $ = 日期字符串
```

“日期字符串”的格式可以是“mm-dd-yy”、“mm-dd-yyyy”、“mm/dd/yy”或“mm/dd/yyyy”。例如：

```
Date $ ="10-12-2009"
```

变量 Now 与函数 Format $ 结合使用，可以用指定的格式显示当前日期。例如：

```
?Format $ (Now,"mm-dd-yyyy")          <CR>
5-19-2009
?Format $ (Now,"mm/dd/yy")            <CR>
5-19-09
```

与 Date $ 函数的作用类似。

3. 时间函数

与时间有关的函数有三个，其自变量与日期函数相同。即：

Hour(标记)　返回小时(0～23)；

Minute(标记)　返回分钟(0～59)；

Second(标记)　返回秒(0～59)。

例如：

```
SerialNo=Now    <CR>
HourNo%=Hour(SerialNo)    <CR>
MinuteNo%=Minute(SerialNo)    <CR>
SecondNo%=Second(SerialNo)    <CR>
Print HourNo%;":";MinuteNo%;":";SecondNo%    <CR>
 16 : 54 : 48
```

和 Date $ 函数、Date $ 语句类似，也可以用 Time $ 返回系统的当前时间，用 Time $ 语句设置系统时间，其格式均为“hh:mm:ss”。例如：

```
Time $ ="10:24:20"    <CR>
?Time $        <CR>
 10:25:00
```

4. 日期/时间数值化函数

Visual Basic 提供了两个函数，即 DateValue 和 TimeValue，分别用来返回日期和时间的序数值，一般格式为：

```
DateValue(日期字符串)
TimeValue(时间字符串)
```

DateValue 函数接收一个合法的可读日期字符串，并把它转换为类型号为 7 的变体类型的日期值，其格式与内部变量 Now 的格式相同，它表示从 1899 年 12 月 30 日开始所经过的天数。可以接受的日期格式有 4 种，即 dd-mm-yyyy、dd-mm-yy、dd/mm/yyyy 和 dd/mm/yy。

DateValue 函数返回的值以 1899 年 12 月 30 日(12/30/1899)为基数(0)，向前为负值，向后为正值，有效日期为 100 年 1 月 1 日～9999 年 12 月 31 日。例如：

```
c#=DateValue("12/30/1899")      <CR>
  ?c#      <CR>
  0
  c#=DateValue("12/29/1899")      <CR>
  ?C#      <CR>
   -1
  c#=DateValue("12/31/1899")     <CR>
  ?c#      <CR>
   1
  c#=DateValue("12/30/1900")     <CR>
  ?c#     <CR>
   365
  c#=DateValue("10/12/2000")
   ?c#
   36811
  c#=DateValue("10/12/0110")      <CR>
  ?c#   <CR>
   -653498
   c#=DateValue("10/12/9999")
  ?c#     <CR>
   2958385
```

TimeValue 函数把一个合法的可读时间转换成类型号(内部表示)为 7 的 Variant 类型的时间值，采用 Now 所使用的可视格式。函数的自变量是一个时间字符串，其值在 0:00:00～23:59:59 范围内，返回的值在 0～0.999988425925926 范围内，例如：

```
t#=timevalue("00:00:00")      <CR>
?t#     <CR>
  0
t#=timevalue("12:00:00")     <CR>
?t#     <CR>
  .5
t#=timevalue("11:59:59")     <CR>
?t#     <CR>
  .499988425925926
t#=timevalue("23:59:59")     <CR>
?t#     <CR>
```

```
.999988425925926
```

5. 日期/时间运算函数

利用函数 DateSerial 和 TimeSerial 可以实现日期或时间的运算。格式为：

```
DateSerial(年,月,日)
TimeSerial(时,分,秒)
```

DateSerial 函数求出三个自变量的值,并依次化简后再连接起来,返回一个序数,该序数的类型为 Variant。类似地,TimeSerial 求出三个自变量的值,返回一个序数,其类型也为 Variant。例如：

```
d#=DateSerial(1900,12,31)    <CR>
?d#    <CR>
 366
d#=DateSerial(1990,12,31)    <CR>
?d#    <CR>
 33238
d#=DateSerial(1995,12,31)    <CR>
?D#    <CR>
 35064
d#=DateSerial(2006,5,31)    <CR>
?D#
 38868
 t#=timeSerial(12,00,00)    <CR>
?t#    <CR>
 .5
t#=timeSerial(23,59,59)    <CR>
?t#    <CR>
 .999988425925926
```

DateSerial 和 TimeSerial 函数各有三个自变量,这三个自变量必须全部给出。

利用上述两个函数,可以通过计算确定有关的日期和时间。

当两个函数连用时,DateSerial 和 TimeSerial 函数返回的结果也以 Now 标记变量的形式组合成一个日期时间值。例如：

```
Once1=DateSerial(2009,8,12)    <CR>
Once2=TimeSerial(10,51,20)    <CR>
print once1+once2    <CR>
2009-8-12 10:51:20
```

上例把日期和时间的序数值分别送入变量 Once1 和 Once2 中,然后输出它们的结果。由于没有显式声明,Once1 和 Once2 默认为 Variant 类型。

用 DateSerial 函数可以查询在某个日期之后若干天的日期。例如：

```
?DateSerial(2009,5,1+260)    <CR>
```

```
2010-1-16
?DateSerial(2009,5,1+30)          <CR>
2009-5-31
?DateSerial(2009,5,1+100)          <CR>
2009-8-9
```

上例分别查询从 2009 年 5 月 1 日起过 260、30 和 100 天之后的日期。

6. 用变体类型表示日期

日期和时间格式是 Variant 类型的子类型,一个以时间标记格式表示的双精度值不能直接赋予一个 Variant 变量变成日期和时间值,必须用 CVDate 函数转换。格式为:

```
CVDate(数值)
```

该函数把 Variant 类型值转换成日期类型。例如:

```
?cvdate(now)          <CR>
2009-5-19 10:03:58
```

有时候,可能需要判断一个数值是否能被合法地解释成类型为 7 的日期值,这可以通过 IsDate 函数来实现。格式为:

```
IsDate(数值)
```

如果能合法地解释成类型 7 的日期值,则函数返回 True,否则返回 False。例如:

```
?Isdate(now)     <CR>
True
?IsDate(asd)      <CR>
False
```

17.5 随机数函数

在测试、模拟及游戏程序中,经常要使用随机数。Visual Basic 提供了产生随机数的函数。

1. 随机数函数 Rnd

格式:

```
Rnd[(x)]
```

自变量 x 是一个双精度浮点数,可以省略。

Rnd 函数产生一个 0~1 之间的单精度随机数。下一个要产生的随机数受自变量 x 的影响。分以下三种情况:

(1) 当 x<0 时,每次产生的随机数相同。例如:

```
Sub Form_Click ()
```

```
    For i = 1 To 5
        Debug.Print Rnd(-1)
    Next i
End Sub
```

上述程序运行后,将在立即窗口产生 5 个相同的随机数:

```
.224007
.224007
.224007
.224007
.224007
```

(2) 当 x>0 或省略时,产生下一个随机数。例如:

```
Sub Form_Click ()
    For i = 1 To 5
        Debug.Print Rnd(i)
    Next i
End Sub
```

运行上面的程序,将在立即窗口中显示 5 个随机数:

```
.7055475
.533424
.5795186
.2895625
.301948
```

(3) 当 x=0 时,所产生的随机数与上次产生的随机数相同。例如:

```
?Rnd      <CR>
 .7055475
?Rnd(0)    <CR>
 .7055475
```

Rnd 函数产生的随机数在 0~1 之间,是一个单精度浮点数。如果需要产生随机整数,可以通过把随机数乘以一个整数求得。一般格式为:

```
Int(Rnd * 整数)+1
```

这样可以产生 1 到"整数"范围内的随机数。例如:

```
for i=1 to 10:print Int(Rnd * 100)+1;:next i      <CR>
```

将产生 10 个 1 到 100 之间的随机数。下面是一次运行结果:

```
87  80  38  97  88  6  95  37  53  77
```

2. Randomize 语句

Visual Basic 中随机数的生成处理过程取决于 Timer 函数返回的值。当一个应用程序不断地重复使用随机数时，同一序列的随机数会反复出现，用 Randomize 语句可以消除这种情况。

格式：

```
Randomize[(x)]
```

这里 x 是一个整型数，它是随机数发生器的“种子数”，可以省略。如果省略，则 Visual Basic 取内部的 Timer 函数的时间值作为新随机数的种子数。由于内部时钟在不停地变化，所以每次执行时随机数种子数也不相同，从而可以产生不同的随机数序列。如果给出种子数(x 不省略)，则产生与 x 对应的一个特定序列的随机数。

【例 17.2】 用随机数模拟旋转的硬币。

实验证明，在一般情况下，旋转的硬币静止之后正面向上或反面向上的机率各为百分之五十。下面的程序用来模拟旋转的硬币，正面用字母 F 表示，反面用字母 B 表示。

```
Private Sub Form_Click()
    n = InputBox("请输入模拟次数")
    f = 0
    b = 0
    Randomize
    Print
    Print "模拟次数为:"; n
    For i = 1 To n
        If Rnd < 0.5 Then
            Print "B";
            f = f + 1
        Else
            Print "F";
            b = b + 1
            If a + b Mod 20 = 0 Then
                Print
            End If
        End If
    Next i
    Print
    Print "F="; f, "B="; b
End Sub
```

运行程序，单击窗体，在输入对话框中输入模拟次数，将在窗体上输出模拟结果。图 17.5 是分别模拟 200 次和 400 次的执行情况。

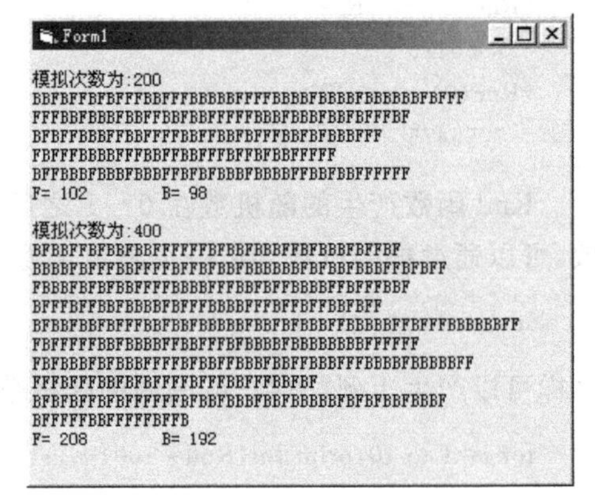

图 17.5

第三部分　上机实验安排

第18章　上机实验的目的和要求

Visual Basic 是可视化程序设计语言，其程序设计是一门实践性非常强的课程。从某种程度上来说，没有上机实验，要真正掌握 Visual Basic 程序设计是不可能的。因此，与学习面向过程的程序设计不同，学习 Visual Basic 程序设计必须十分重视实践环节，除了听课和看书外，必须保证有足够的上机实验时间，这样才能更好地理解和掌握所学到的内容。一般来说，上机和讲课时间之比应不小于1∶1。

1. 上机实验的目的

上机实验主要是为了验证自己所编写的程序的正确性，巩固学习的内容，进一步理解教材和课堂授课中介绍的知识，但还不止于此。总的来看，上机实验的目的有以下几个方面：

(1) 掌握程序调试技术。在实际的软件开发中，程序调试是十分重要的方面，因为程序错误是无法避免的，而且随着应用程序代码量的增加，出现错误的概率会成倍增长。为了发现和改正程序中的错误，各种程序设计语言都提供了自己的调试手段，利用这些手段，可以方便地发现程序错误。而要掌握某种语言的程序调试技术，上机实验可能是唯一的途径。与其他语言相比，Visual Basic 的程序调试技术全面、方便而且实用，只有通过多次上机实验，才能真正掌握，而只有掌握了调试技术，才能及时发现程序中的错误，并且能很快地排除这些错误，使程序能正确运行。经验丰富的人，当编译出现“出错信息”时，能很快地判断出错误位置和出错原因。

计算机技术是实践性很强的技术，要求从业人员不仅要了解和熟悉有关的理论和方法，而且要求自己能动手实现。对于程序设计人员来说，必须会编制程序并能上机调试通过。因此，调试程序本身是程序设计课程的一个重要内容和基本要求，应充分重视。程序调试固然可以借鉴他人的现成经验，但更重要的是通过自己的直接实践来积累，而且有些经验只能“意会”，不能“言传”。

(2) 加深课堂讲授和书本内容的理解。课堂讲授主要介绍语言的一些基本语法规则和注意事项，这些内容都很重要，但枯燥无味，而且很难记住。实践证明，通过上机来掌握语法规则是行之有效的方法。在多次上机实验的过程中，可以逐步加深对语法规则的理解，掌握程序设计方法。

(3) 熟悉 Visual Basic 的程序开发环境。一个程序必须在一定的环境下运行，这里的“环境”指的是所使用的计算机系统的硬件和软件条件。为了运行一个 Visual Basic 应用程序，主要应了解它所运行的软件环境。Visual Basic 应用程序的界面设计、代码编写以及调试、编译、运行等都是在这个环境下完成的。只有通过上机实验，才能熟悉和掌握这个环境，从而可以提高程序开发效率。

(4) 提高程序的“健壮”性。“健壮”性是程序设计的重要标准之一。计算机程序必须能正确地操作才有价值。但是，对一个程序来说，仅仅当提供的输入正确时才能产生正确的输出是不够的。一个设计得好的程序必须能在任何条件下，即在它运行过程中可能遇到的各种情况下都能正确地操作。应当把计算机程序设计得能够重复运行或连续运行；它必须很“耐用”，能够经得起偶然的或故意的错误使用。对于初学者来说，所编写的程序不是实用系统，其“健壮”性要求不很高，但有必要把它作为一个基本标准，以便从一开始就养成良好的程序设计习惯。而要提高程序的“健壮”性，就必须通过上机操作进行实验。

2. 上机实验的基本要求

(1) 上机前的准备工作。

在上机实验之前，应充分做好以下准备工作：

① 复习和掌握与本次实验有关的教学内容。

② 根据本次实验的内容，在纸上编写好准备上机的程序，并初步检查无误。

③ 准备好对程序的测试数据。

④ 对每种测试数据，给出预期的程序运行的结果。

⑤ 预习实验步骤，对实验步骤中提出的一些问题进行思考，并给出初步的解决方案。

(2) 上机实验的过程。

一般来说，上机实验应包括以下几个步骤：

① 启动 Visual Basic 集成开发环境。

② 根据需要打开不同的窗口。例如，如果要试验函数或表达式的输出结果，可打开立即窗口，如果要设计界面，可打开窗体设计器窗口，如果要编写事件过程，可打开窗体代码窗口，如果要编写标准模块的代码，可执行“工程”菜单中的“添加模块”命令，打开标准模块代码窗口，等等。在大多数情况下，需要打开窗体设计器窗口，设计界面，然后打开窗体代码窗口，编写事件过程。

③ 调试程序，观察运行结果是否与预期的结果相符，如果不符，应检查程序有无错误，并逐个修正。

④ 根据准备好的测试数据，对程序进行必要的测试。

⑤ 在程序调试和测试完毕后，正式运行程序，并将程序和运行结果打印在纸上，以备检查。

⑥ 按照实验步骤中的要求，对程序做必要的改动，或者增加一些功能等。例如改变程序中某些对象(窗体或控件)的属性或增加不同的事件过程，然后观察运行结果，从而进一步理解对象的操作。

3. 整理实验报告

上机实验结束后,要写出实验报告。主要内容包括:

(1) 实验目的和内容。

(2) 程序设计说明(包括程序结构、界面设计、使用模块等)。

(3) 经调试正确的源程序(包括界面设计和代码)。

(4) 程序的运行情况(包括对不同测试数据的运行结果)。

(5) 对运行结果的分析,并针对实验步骤中提出的问题,写出解决方案。

第 19 章　上机实验内容

19.1　实验 1　Visual Basic 集成开发环境

实验目的

(1) 学习怎样启动和退出 Visual Basic。

(2) 熟悉 Visual Basic 的工作环境，为以后的程序设计做好准备。

(3) 了解 Visual Basic 联机帮助的使用方法。

实验内容

1. 建立启动 Visual Basic 的快捷方式

按以下步骤操作：

(1) 启动 Windows，打开资源管理器，在 Visual Basic 的安装目录下找到 Vb6.exe。

(2) 把鼠标光标移到 Vb6.exe 图标上，按住鼠标右键，把该图标拖到桌面上，松开鼠标后，出现一个弹出式菜单，如图 19.1 所示。

(3) 单击"在当前位置创建快捷方式"，即可在桌面上建立启动 Visual Basic 的快捷方式，如图 19.2 所示。

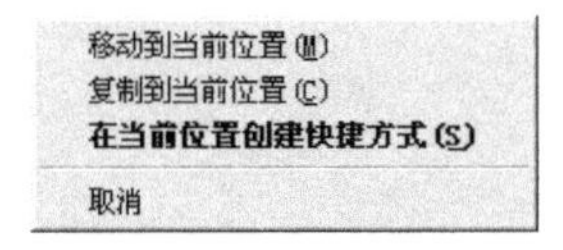

图 19.1　建立快捷方式(1)

图 19.2　建立快捷方式(2)

2. 启动和退出 Visual Basic

分别用以下几种方式启动 Visual Basic：

(1) 用"开始"菜单中的"程序"命令。

(2) 用"我的电脑"。

(3) 用"开始"菜单中的"运行"命令。

(4) 用上面建立的快捷方式。

分别用以下几种方式退出 Visual Basic：

(1) 单击主窗口右上角的"关闭"按钮。

(2) 执行"文件"菜单中的"退出"命令。

(3) 按 Alt+Q 组合键。

3. 修改 Visual Basic 的环境设置，使在启动 Visual Basic 时不显示“新建工程”对话框，直接进入单文档界面(SDI)方式并建立“标准 EXE”文件。

按主教材习题 1.5 的解答进行操作。

4. 用不同的方式执行菜单命令

用以下几种方式执行“打开工程”命令：

- 按 F10 键或 Alt 键，再按回车键，下拉显示“文件”菜单，然后按字母“O”键。
- 按 F10 键或 Alt 键，再按回车键，下拉显示“文件”菜单，然后用↓或↑键把条形光标移到“打开工程”上，按回车键。
- 按 Alt+F+O 组合键。
- 按 Ctrl+O 组合键。
- 单击工具栏上的“打开工程”按钮。

5. 打开和关闭窗口

(1) 打开工程资源管理器窗口。用以下几种方式打开：

- 单击工具栏上的“工程资源管理器”按钮。
- 执行“视图”菜单中的“工程资源管理器”命令。
- 按 Ctrl+R 组合键。

(2) 打开窗体设计器窗口。用以下几种方式打开：

- 执行“视图”菜单中的“对象窗口”命令。
- 按 Shift+F7 组合键。
- 在工程资源管理器窗口中选择要打开的窗体，然后单击该窗口顶部的“查看对象”按钮。

(3) 激活属性窗口。用以下几种方式激活：

- 单击属性窗口的任何部位。
- 按 F4 键。
- 单击工具栏上的“属性窗口”按钮。
- 执行“视图”菜单中的“属性窗口”命令。
- 按 Ctrl+PgUp 或 Ctrl+PgDn 组合键。

(4) 关闭窗口。所有窗口都可以用以下 3 种方式关闭：

- 单击窗口右上角的“关闭”按钮。
- 右击窗口的标题栏，弹出一个菜单，然后单击“关闭”命令。
- 把要关闭的窗口变为当前窗口(标题栏呈蓝色)，然后按 Alt+F4 组合键。

6. 使用联机帮助

(1) 启动 Visual Basic，执行“帮助”菜单中的“内容”命令，打开 MSDN Library Visual Studio 6.0 对话框。

(2) 在“活动子集”的下拉列表中选择“* Visual Basic 文档”。

(3) 单击“目录”选项卡，展开“MSDN Library Visual Studio 6.0”目录。接着展开“Visual Basic 文档”，然后展开“使用 Visual Basic”，再展开“程序员指南”，查看有关目录的内容。

(4) 单击“索引”选项卡，在“键入要查找的关键字”栏内输入要查找的关键字，例如输入“print 方法”(注意，在“print”和“方法”之间要空一格)。然后单击“显示”按钮，将显示“已找到的主题”对话框，在该对话框中选择“Print 方法”，然后单击“显示”按钮。

(5) 单击“搜索”选项卡，在“输入要查找的单词”栏中输入一个单词，例如输入“Internet”。然后单击“列出主题”按钮，将在“选择主题”框中列出查找到的所有与“Internet”有关的主题。选择(单击)其中的某个主题，然后单击“显示”按钮。

(6) 单击“书签”选项卡，然后单击“添加”按钮，将把当前显示的内容的主题添加到“主题”框中。

(7) 激活某个窗口(例如窗体设计器窗口)，按 F1 键，将显示该窗口的联机帮助信息。双击窗体，打开代码窗口，在代码窗口中输入一个关键字，把光标移到这个关键字上，然后按 F1 键，观察所显示的信息。

19.2 实验 2 Visual Basic 界面设计

实验目的

(1) 理解 Visual Basic 中对象的概念。

(2) 学习用属性窗口设置对象属性的方法。

(3) 了解对控件所执行的操作。

(4) 学习如何用对象(窗体和控件)建立界面。

实验内容

1. 设置窗体属性

(1) 启动 Visual Basic，激活窗体，然后打开属性窗口。

(2) 在属性窗口中双击“Caption”属性条，输入“窗体属性设置试验”。

(3) 在属性窗口中选择“BackColor”属性条，然后单击右端的箭头，在所显示的调色板中选择一种颜色(例如浅绿色)。

(4) 在属性窗口中选择“DrawStyle”属性条，然后单击右端的箭头，在下拉显示的列表中选择“Dot”。

(5) 在属性窗口中，把 Top、Left、Height 和 Width 属性的值分别设置为 500、1 000、3 000 和4 000，观察窗体的变化。

(6) 在属性窗口中选择“Picture”属性条，单击右端的“…”，打开“加载图片”对话框，用该对话框查找一个图形文件，把它加载到窗体上。

2. 设置控件属性

(1) 在窗体上画一个命令按钮，然后在属性窗口中设置如下属性：

```
Caption    执行操作
Font       黑体  粗体  14 (在打开的“字体”对话框中设置)
Name       cmdTest
Style      1 - Graphical
```

Picture　　c:\vb6\graphics\icons\arrows\arw10sw.ico

（2）在窗体上画一个文本框，然后设置如下属性：

MultiLine　True
Text　　"为了在 TextBox 控件中显示多行文本，要将 MultiLine 属性设置为 True。如果多行 TextBox 没有水平滚动条，那么即使 TextBox 调整了大小，文本也会自动换行。为了在 TextBox 上定制滚动条组合，需要设置 ScrollBars 属性。"
ScrollBar　2-Vertical
Font　　幼圆　粗体 16　（在"字体"对话框中设置）
BackColor　淡绿
ForeColor　深红

设置完上述属性的文本框如图 19.3 所示。

按 F5 键运行程序，然后通过滚动条滚动显示文本框中的文本。

3. 设计一个简易计算器面板

按以下步骤操作：

（1）把窗体的 Caption 属性设置为"简易计算器"。

（2）在窗体上画一个文本框，把它的 Text 属性设置为空白。

（3）在窗体上画 16 个命令按钮，适当调整其大小和位置，然后在属性窗口中把它们的 Caption 属性分别设置为 1、2、3、4、5、6、7、8、9、0、.、C、+、-、*、/。如图 19.4 所示。

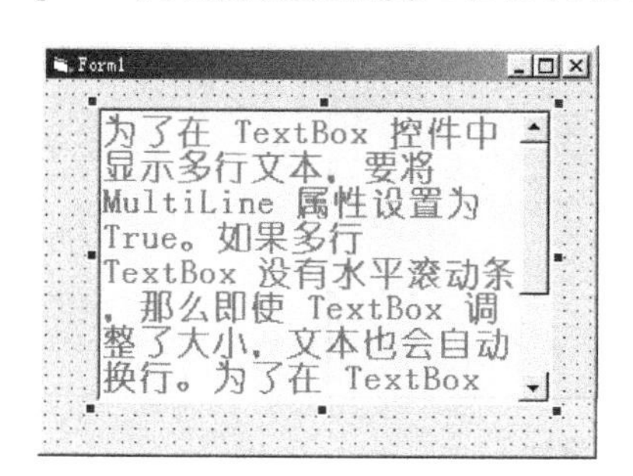

图 19.3　在文本框中显示文本

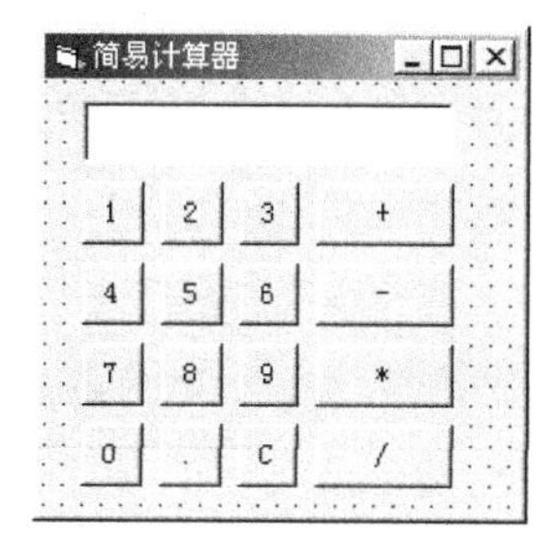

图 19.4　简易计算器面板

注意，在该实验中，需要画 16 个命令按钮，可以通过以下两种方式连续画多个命令按钮：

（1）当在工具箱中选择命令按钮时，先按下 Ctrl 键。这样选择后，可以连续画任意多个命令按钮，画完后单击指针。

（2）先画一个命令按钮，适当调整其大小，然后按 Ctrl+C 组合键，再按 Ctrl+V 组合键，在显示的对话框中单击"否"，即可复制一个命令按钮。重复上述操作，可以画出多个命令按钮。

19.3　实验 3　简单 Visual Basic 程序设计

实验目的

（1）初步了解如何用代码设置对象属性。

(2) 初步学习在代码编辑器中输入程序代码的基本操作。

(3) 基本掌握用 Visual Basic 开发应用程序的一般步骤。

(4) 进一步了解 Visual Basic 的集成开发环境。

实验内容

先学习主教材第 3 章中的例子，完成第 3 章的习题，然后实现如下操作：

在窗体上画三个文本框和两个命令按钮，当单击第一个命令按钮时，在三个文本框中显示不同的文本；当单击第二个文本框时，首先清除三个文本框中的内容，然后重新显示，并使三个文本框在高、宽方向上各增加一倍，文本框中的字体大小扩大一倍。

按以下步骤操作：

1. 建立界面

在窗体上画三个文本框和两个命令按钮，通过属性窗口把两个命令按钮的标题分别设置为“命令按钮 1”和“命令按钮 2”，同时把三个文本框中的内容(Text 属性)设置为空白。完成后的界面如图 19.5 所示。

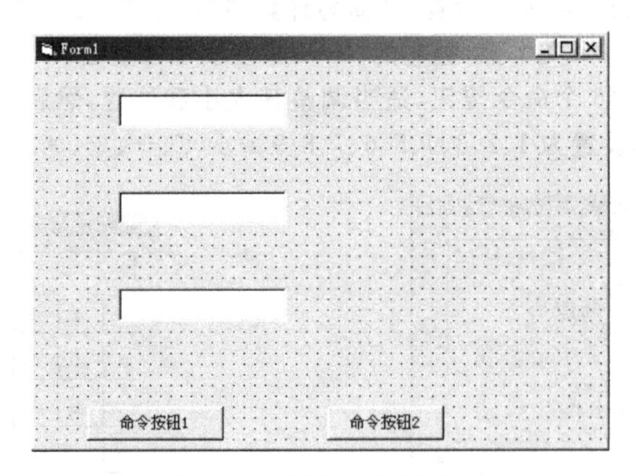

图 19.5　实验 3 界面设计

2. 编写代码

(1) 双击命令按钮 1，打开代码窗口，对该按钮编写如下代码：

```
Private Sub Command1_Click()
    Text1.Text = "Visual Basic 6.0 "
    Text1.FontSize = 10
    Text2.Text = "程序设计教程 "
    Text2.FontSize = 10
    Text3.Text = "上机实验指导"
    Text3.FontSize = 10
End Sub
```

上述代码分别把三个文本框的内容设置为不同的文本，并把三个文本框中字体的大小都设置为 10。

(2) 双击命令按钮 2，打开代码窗口，对该按钮编写如下代码：

```
Private Sub Command2_Click()
    Text1. Text = ""
    Text2. Text = ""
    Text3. Text = ""

    Text1. Height = Text1. Height * 2
    Text1. Width = Text1. Width * 2
    Text2. Height = Text2. Height * 2
    Text2. Width = Text2. Width * 2
    Text3. Height = Text3. Height * 2
    Text3. Width = Text3. Width * 2

    Text1. Text = "Visual Basic 6.0 "
    Text1. FontSize = 20
    Text2. Text = "程序设计教程 "
    Text2. FontSize = 20
    Text3. Text = "上机实验指导"
    Text3. FontSize = 20
End Sub
```

上述代码首先把三个文本框中的内容清空，接着把三个文本框的高、宽都增加一倍，然后把三个文本框中显示的文本的字体大小扩大一倍并显示出来。

文本框的高、宽属性分别为 Height 和 Width。上述代码中，

```
Text1. Height = Text1. Height * 2
```

的含义是，把第一个文本框的当前高度属性值(Height)乘以 2(增加一倍)，然后再赋予该文本框的高度属性，作为文本框新的高度。其他几个属性设置语句与此类似。

3. 运行程序

(1) 按 F5 键开始运行程序，单击命令按钮 1，结果如图 19.6 所示。

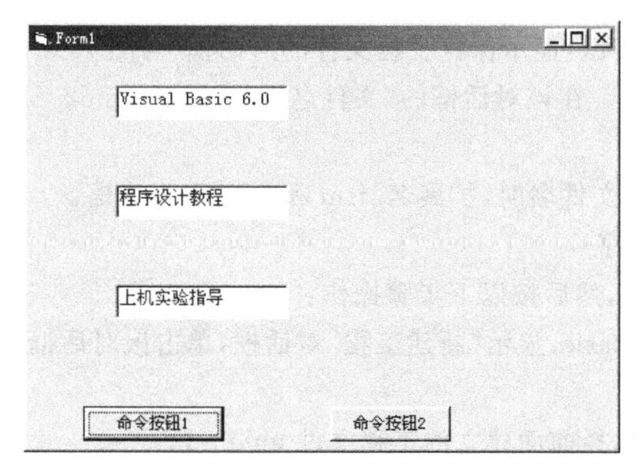

图 19.6　实验 3 运行结果(1)

(2) 单击命令按钮 2，结果如图 19.7 所示。

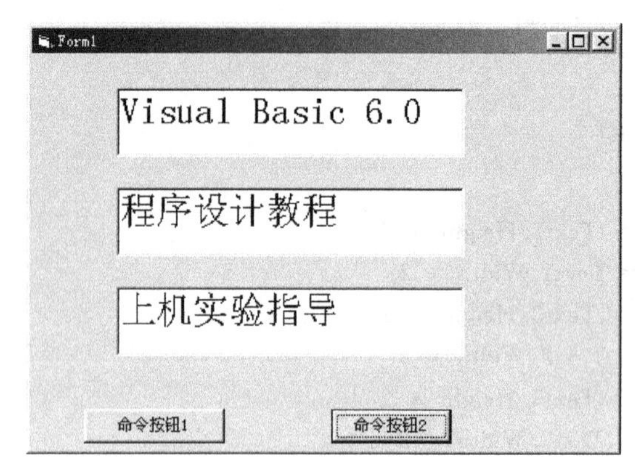

图 19.7　实验 3 运行结果(2)

4. 保存程序

(1) 打开 Windows 的资源管理器,在 D 盘上建立一个名为"test"的目录。

(2) 回到 Visual Basic,执行文件菜单中的"保存"命令,或者单击工具栏上的"保存工程"按钮,打开"文件另存为"对话框,该对话框用来保存窗体文件。把"保存在"栏中的路径改为 D 盘的 test,在"文件名"栏内输入 guid2_1. frm,如图 19.8 所示。

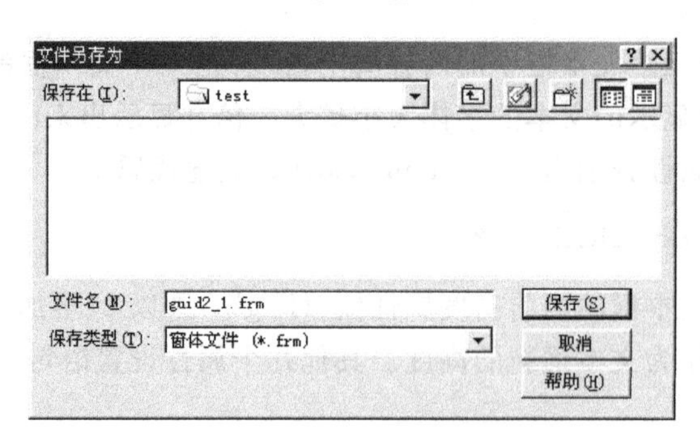

图 19.8　保存程序

(3) 单击"保存"按钮,显示保存工程文件的对话框(与图 19.8 类似,唯"保存类型"为"工程文件(*. vbp)")。在该对话框的"文件名"栏中输入 guid2_1. vbp,然后单击"保存"按钮。

注意,上面在输入文件名时,扩展名. frm 和. vbp 可以省略。

5. 装入(加载)程序

退出 Visual Basic,然后按以下步骤操作:

(1) 启动 Visual Basic,显示"新建工程"对话框,单击该对话框中的"最新"选项卡,其画面如图 19.9 所示。

(2) 在对话框中选择前面建立的工程文件 guid2_1。

(3) 单击"打开"按钮,即可装入该工程。

6. 编译生成可执行文件

(1) 执行"文件"菜单中的"生成 guid2_1. exe"命令,打开"生成工程"对话框,如

图 19.9 “新建工程”对话框(“最新”选项卡)

图 19.10 所示。

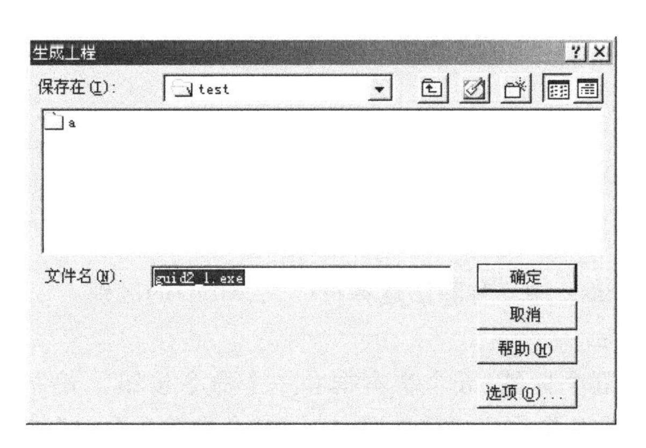

图 19.10 “生成工程”对话框

(2) 在“文件名”栏内输入要生成的.exe 文件的名字。默认情况下,系统使用工程文件的名字,加上扩展名.exe,如果不想改变,可直接单击“确定”按钮。例如,前面建立的工程文件为 guid2_1.vbp,在默认情况下,直接单击“确定”按钮,编译后生成的可执行文件名为 guid2_1.exe。

经过以上操作,将生成该工程的可执行文件(假定为 guid2_1.exe)。在 Windows 的资源管理器中,双击该文件名,即可执行程序,其结果与前面介绍的相同。

19.4 实验 4 数据类型、运算符和表达式

实验目的

(1) 掌握 Visual Basic 数据类型的基本概念。

(2) 掌握变量、常量的定义规则和各种运算符的功能及表达式的构成和求值方法。

(3) 了解 Visual Basic 标准函数，掌握部分常用标准函数的功能和用法。

(4) 巩固前面实验所学的知识。

实验内容

1. 熟悉部分标准函数的功能

(1) 完成主教材习题 4.8。

(2) 设

$$x = 2732.87$$
$$y = -658.236$$
$$z = 3.14159 * 30/180$$

模仿主教材习题 4.8，在立即窗口中实验以下函数的输出结果：

```
Int(x)
Fix(x)
Int(y)
Fix(y)
Cint(x)
Hex$(Int(x))
Oct$(Fix(x))
Abs(y)
Sin(z)
Cos(z)
```

2. 实验 Visual Basic 中三种除法运算符(/、\、Mod)的区别

按以下步骤操作：

(1) 在窗体上画五个标签、五个文本框和一个命令按钮。五个标签的标题分别为："被除数"、"除数"、"浮点除(/)"、"整数除(\)"和"余数除(Mod)"，把五个文本框清为空白，把命令按钮的标题设置为"执行除法运算"，如图 19.11 所示。

(2) 编写命令按钮的事件过程：

```
Private Sub Command1_Click()
    Dim diviD, diviS As Single
    diviD = Val(Text1.Text)
    diviS = Val(Text2.Text)
    Text3.Text = Str(diviD / diviS)
    Text4.Text = Str(diviD \ diviS)
    Text5.Text = Str(diviD Mod diviS)
End Sub
```

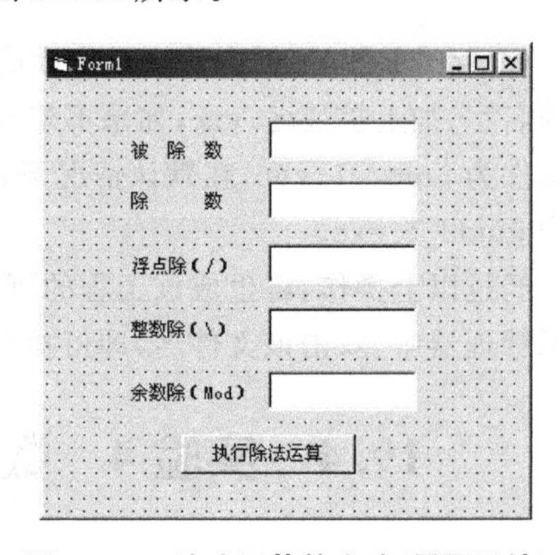

图 19.11 除法运算符实验(界面设计)

(3) 按 F5 键或单击工具栏上的"启动"按钮运行程序，在第一个文本框中输入被除数，在第二个文本框中输入除数，然后单击命令按钮，即可得到三种不同的相除结果。例如，在第一、第二个文本框中分别输入 3297 和 48，然后

单击命令按钮，结果如图 19.12 所示。

注意，在文本框中输入的数据一律看作是字符串。也就是说，程序运行后，即使在文本框中输入数值数据，Visual Basic 仍把它看作是字符串。如果需要这样的数据参加算术运算，则必须用 Val 函数把它转换为相应的数值。

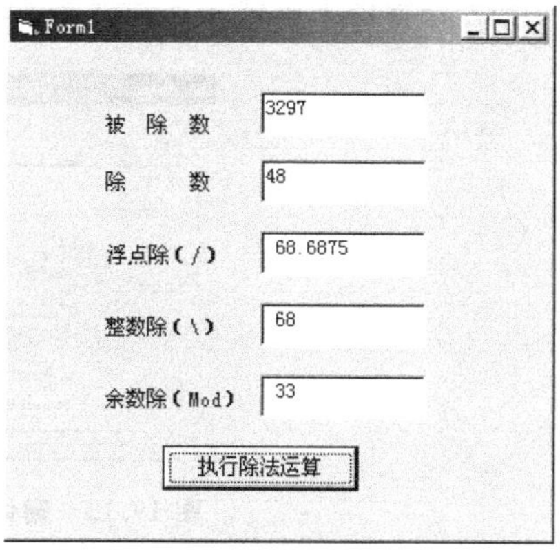

图 19.12 除法运算符实验（运行情况）

3. 先用手工计算下列表达式的值，然后在立即窗口中实验这些表达式的输出结果：

(1) 8 * 3 * 6\2

(2) 7/6 * 3.2/2.15 * (4.3+8.5)

(3) 34\4 * 4.0^3/1.6

(4) 65\3 Mod 2.6 * Fix(3.7)

(5) "abc" + "345" & "257"

(6) 279.37 + "0.63" = 280

(7) 4>8 And 4=5

(8) True Or Not (8+3>=11)

(9) 8>4 Or 5<9

(10) (True And False) Or (True Or False)

4. 设 x、y、z 均为布尔型变量，其值分别为：

x = True

y = True

z = False

求下列表达式的值。

(1) x Or y and z　　(2) Not x And Not y

(3) x Xor y Or z　　(4) Not x Eqv Not y

(5) (Not y Or x) And (y Or z)　　(6) x Or Not y Imp z

要求：先手工计算，再上机验证。

19.5 实验 5 数据输入输出

实验目的

(1) 了解窗体的构造及其属性、事件和方法（见主教材第 2 章），尤其是 Form_Load 事件过程的作用。

(2) 掌握基本的输入输出函数和语句，尤其是 InputBox 函数。

(3) 学习如何在窗体的文本文件中修改窗体模块。

实验内容

1. 窗体及控件的初始化设置

程序运行时，首先执行的是 Form_Load 事件过程。根据这一特性，可以在该事件过程中对窗体和控件的属性进行初始化设置。

(1) 在窗体上画两个命令按钮和一个文本框，如图 19.13 所示。

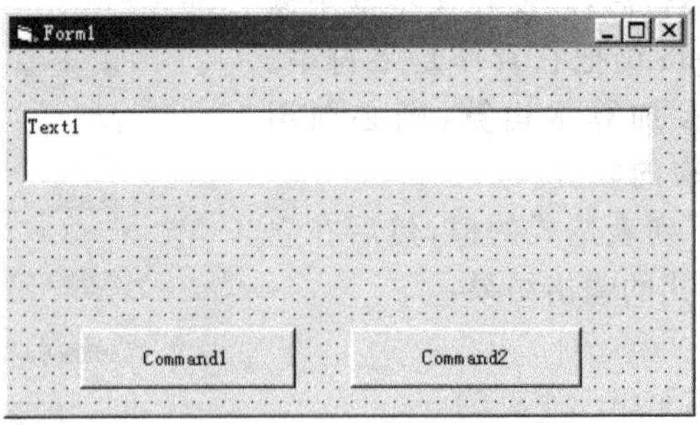

图 19.13　窗体和控件初始化实验(界面设计)

(2) 编写窗体的 Load 事件过程：

```
Private Sub Form_Load()
    Caption = "Visual Basic 应用程序"

    Text1.FontName = "魏碑"
    Text1.FontSize = 24
    Text1.FontBold = True
    Text1.FontItalic = True
    Text1.ForeColor = &HFF
    Text1.BackColor = &H80FFFF
    Text1.Visible = False

    Command1.Caption = "显　　示"
    Command1.FontSize = 20
    Command1.FontName = "隶书"
    Command2.Caption = "退　　出"
    Command2.FontSize = 20
    Command2.FontName = "隶书"
End Sub
```

在该事件过程中，设置了窗体的标题、文本框的字体和前景、背景颜色以及两个命令按钮的标题和字体属性，并把文本框的可见性设置为 False，使得在程序开始运行时隐藏文本框。在这种情况下，如果要在文本框中显示信息，必须先使文本框可见。

(3) 编写第一个命令按钮的事件过程：

```
Private Sub Command1_Click()
    Text1.Visible = True
    Text1.Text = "欢迎使用 Visual Basic"
End Sub
```

该过程用来在文本框中显示信息，它先把文本框的可见性设置为 True，然后显示。

(4) 编写第二个命令按钮的事件过程：

```
Private Sub Command2_Click()
    End
End Sub
```

该过程用来结束程序。

(5) 程序运行后，先执行 Form_Load 事件过程，对窗体和控件进行初始化，单击第一个命令按钮后，结果如图 19.14 所示。

从这个实验可以看出，窗体和控件的属性可以在 Form_Load 事件过程中设置，与通过属性窗口设置相比，这样可能要方便一些，而且容易修改。当然，对于只读属性，只能在属性窗口中设置。

2. InputBox 函数的操作

(1) 在窗体上画两个文本框和一个命令按钮，如图 19.15 所示。

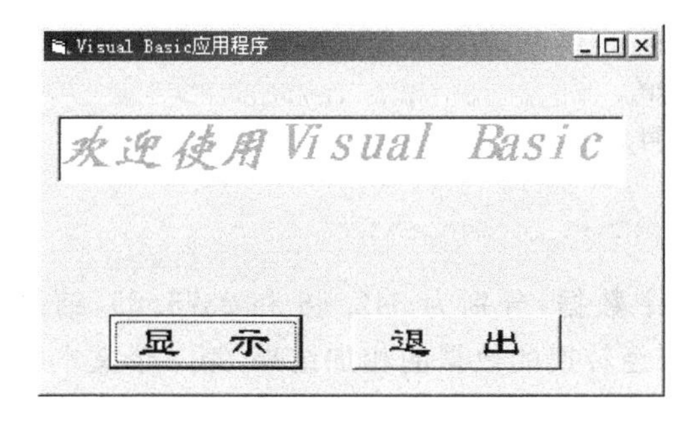

图 19.14 窗体和控件初始化试验(运行结果)

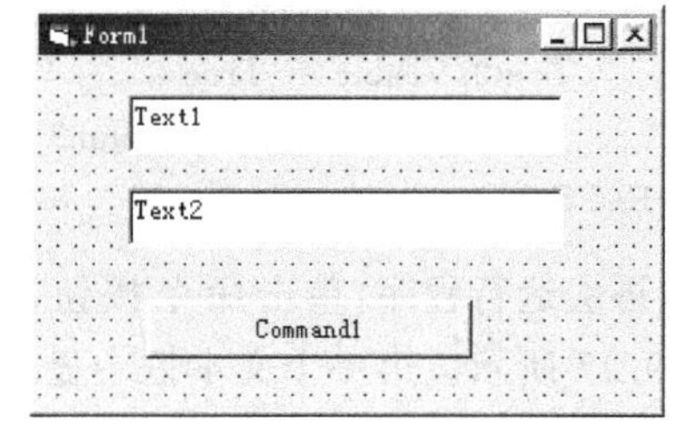

图 19.15 InputBox 函数操作试验(界面设计)

(2) 编写如下事件过程：

```
Private Sub Form_Load()
    Caption = "InputBox 函数功能试验"
    Text1.FontSize = 14
    Text1.FontBold = True
    Text2.FontSize = 14
    Text2.FontBold = True
    Text2.Visible = False
    Command1.Caption = "计算并输出"
    Command1.FontSize = 16
End Sub

Private Sub Command1_Click()
    num1 = InputBox("请输入第一个数")
    num2 = InputBox("请输入第二个数")
    Text1.Text = num1 + num2
End Sub
```

编程者的原意是从键盘上输入两个数值，然后把它们相加，并将结果在文本框中显示出来。程序运行后，单击命令按钮，分别在输入对话框中输入 12345 和 67890，结果如图 19.16 所示。

显然，这不是数值相加，而是字符串连接。为什么会这样呢？这是因为，用 InputBox 函数输入的数据是字符串，而“+”既可以作为数值相加运算符，又可以作为字符串连接运算符。在该程序中，num1 + num2 实际上执行的是字符串连接操作，而不是数值相加，因而出现了上面的结果。

为了真正实现数值相加，必须对输入的数据进行转换，即转换为指定类型的数值，这可以通过转换函数来实现。当然，也可以不考虑具体的类型，只是把它转换为数值类型，这可以通过 Val 函数来实现。把命令按钮事件过程改为：

```
Private Sub Command1_Click()
    num1 = InputBox("请输入第一个数")
    num2 = InputBox("请输入第二个数")
    Text1.Text = num1 + num2
    num1 = Val(num1)          '转换为数值
    num2 = Val(num2)          '转换为数值
    Text2.Visible = True      '使文本框可见
    Text2.Text = num1 + num2
End Sub
```

再次运行程序，单击命令按钮，输入两个数据，分别为 342.56 和 2375.89，结果如图 19.17 所示。第一个文本框中显示的是未经转换的数据的相加结果，第二个文本框中显示的是转换后的相加结果。

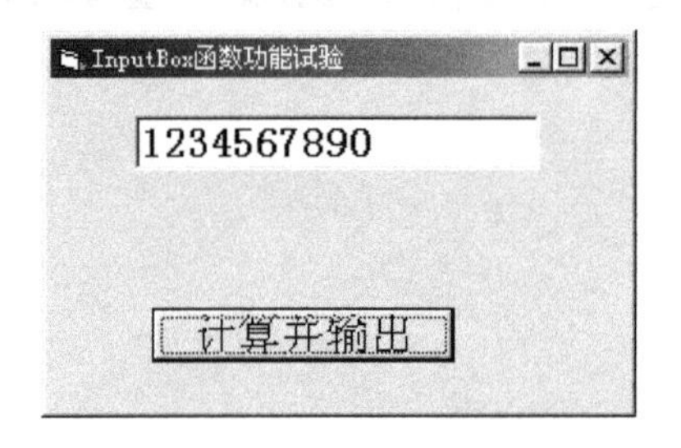

图 19.16　InputBox 函数操作试验(运行情况 1)

图 19.17　InputBox 函数操作试验(运行情况 2)

除用转换函数把字符串转换为数值外，通过显式地把变量定义为指定的类型也可以得到正确的结果。在上面的程序中，如果用下面的语句定义变量：

```
Dim num1 As Single
Dim num2 As Single
```

则即使不进行转换也可以按数值相加。

用 InputBox 函数输入的是字符串，不是数值。这看起来似乎是一个小问题，实际上不然。在某些情况下，如果不进行转换，可能会得不到预期的结果，而程序的运行又没有任何错误。因此，当用 InputBox 函数输入数据时，如果输入的是数值数据，而且该数据要参加运算，则应把它转换为数值。

类似的情况还发生在文本框(以及标签)中。我们可以通过文本框来输入数据，但文本框中的数据一律作为字符串来处理。因此，如果需要用文本框输入数值数据，而这个数值数据要参加数值运算，则必须在运算前把它转换为数值。

3. 用文本文件修改窗体模块

窗体是一个图形界面，Visual Basic 6.0 按 ASCII 文本格式存储窗体文件，可以在这个文本文件中修改窗体、控件的属性设置，同时可以修改程序代码。我们通过下面的实验来说明如何操作。

(1) 在窗体上画一个文本框和一个命令按钮，如图 19.18 所示。

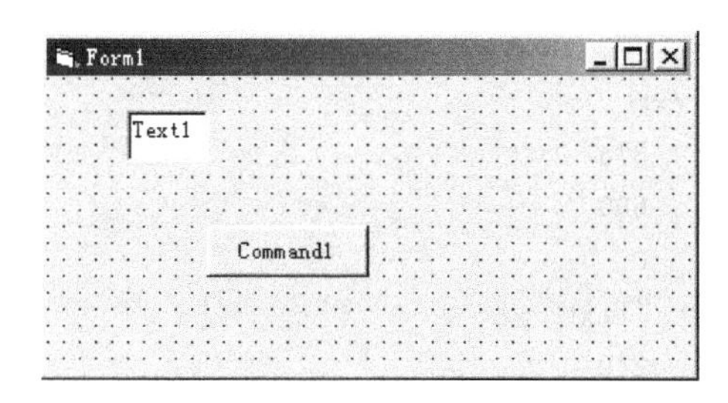

图 19.18　用窗体的文本文件修改窗体模块(界面设计)

(2) 对命令按钮编写如下事件过程：

```
Private Sub Command1_Click()
    Text1. Text = " Visual Basic 上机实验"
End Sub
```

(3) 保存文件，假定窗体的存盘的窗体文件名为 test. frm，工程文件为 test. vbp。

(4) 运行程序，单击命令按钮，结果如图 19.19 所示。

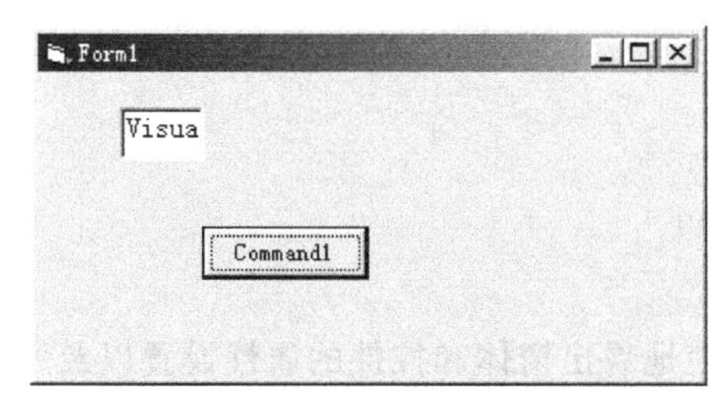

图 19.19　用窗体的文本文件修改窗体模块(初始运行结果)

(5) 在"记事本"中打开 test. frm 文件，内容如下：

```
VERSION 5.00
Begin VB. Form Form1
   Caption         =   "Form1"
   ClientHeight    =   2145
   ClientLeft      =   2685
   ClientTop       =   2520
```

```
    ClientWidth       =    4815
    LinkTopic         =    "Form1"
    ScaleHeight       =    2145
    ScaleWidth        =    4815
    Begin VB.CommandButton Command1
        Caption       =    "Command1"
        Height        =    375
        Left          =    1200
        TabIndex      =    1
        Top           =    1080
        Width         =    1215
    End
    Begin VB.TextBox Text1
        Height        =    375
        Left          =    600
        TabIndex      =    0
        Text          =    "Text1"
        Top           =    240
        Width         =    615
    End
End
Attribute VB_Name = "Form1"
Attribute VB_GlobalNameSpace = False
Attribute VB_Creatable = False
Attribute VB_PredeclaredId = True
Attribute VB_Exposed = False
Private Sub Command1_Click()
    Text1.Text = "Visual Basic 上机实验"
End Sub

Private Sub Form_Load()
    Text1.FontSize = 10
End Sub
```

在该文件中，可以清楚地看出窗体和控件的属性设置以及所编写的程序代码。

(6) 在“记事本”中对窗体文件作如下修改：

- 把窗体的 Caption 属性(原为"Form1")改为"Visual Basic 程序设计"。
- 把命令按钮的 Caption 属性(原为"Command1")改为"显示信息"。
- 把文本框 text1 的高度(Height 属性)改为 500。
- 把文本框 text1 的宽度(Width 属性)改为 4000。
- 把 Form_Load 事件过程中的代码改为：

```
Text1.FontSize = 18
```

- 把命令按钮的 Left 属性改为 3200(原为 1200)。

• 把命令按钮的 Top 属性改为 1280(原为 1080)。

完成上述修改后,执行"文件"菜单中的"保存"命令,保存所作的修改。

(7) 启动 Visual Basic,装入 test.vbp 文件。注意,如果该文件已经打开,则必须退出后重新装入。

(8) 运行程序,单击命令按钮,结果如图 19.20 所示。

图 19.20 用窗体的文本文件修改窗体模块(修改后运行情况)

从这个实验可以看出,用窗体文件的文本格式可以很方便地对窗体、控件的属性设置及对程序代码进行修改。在某些情况下,这种方式可能更为实用。

19.6 实验 6 常用内部控件

实验目的

掌握常用内部控件的主要属性、方法、事件,并把它们应用于具体的程序设计中。

实验内容

1. 在列表框中添加和删除项目

设计一个程序,可以在运行时向列表框中添加或删除项目,并可清除列表框中的所有内容,添加或删除后,显示当前列表框中的项目数。假定列表框中的项目为高等院校名称。

按以下要求上机实验:

(1) 窗体的初始界面包括四个命令按钮、三个标签、一个文本框和一个列表框,如图 19.21 所示,窗体和控件的属性在运行时设置。

(2) 程序运行后,如果没有在文本框中输入信息,则第一、第二、第三个命令按钮禁用,其窗体界面如图 19.22 所示。

(3) 在文本框中输入一个院校名后,第一、第二、第三个命令按钮启用。

(4) 单击"添加项目"按钮后,完成以下操作:

• 把在文本框中输入的院校名称添加到列表框中。

• 清除文本框中的信息,把焦点移到文本

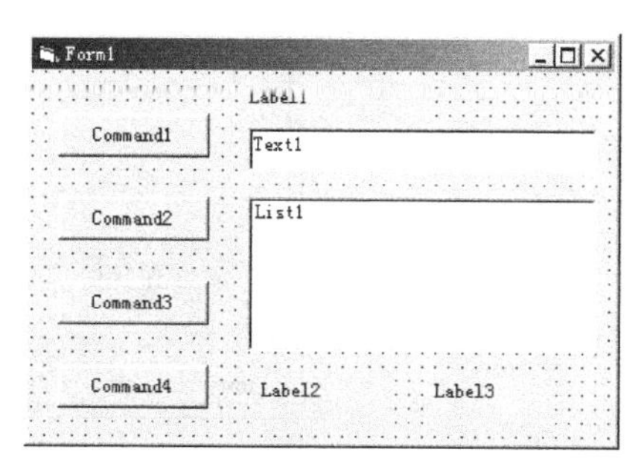

图 19.21 列表框操作(界面设计)

框中。

- 在第三个标签中显示当前列表框中的项目数。

(5) 在列表框中选择一个项目(院校名),单击“删除项目”按钮后,完成以下操作:

- 从列表框中删除所选择的项目。
- 在第三个标签中显示当前列表框中的项目数。

(6) 单击“清除”按钮后,完成以下操作:

- 清除列表框和文本框中的内容。
- 使“删除项目”按钮禁用。
- 在第三个标签中显示当前列表框中的项目数。

(7) 单击“退出”按钮后,结束程序运行。

程序的运行情况如图 19.23 所示。

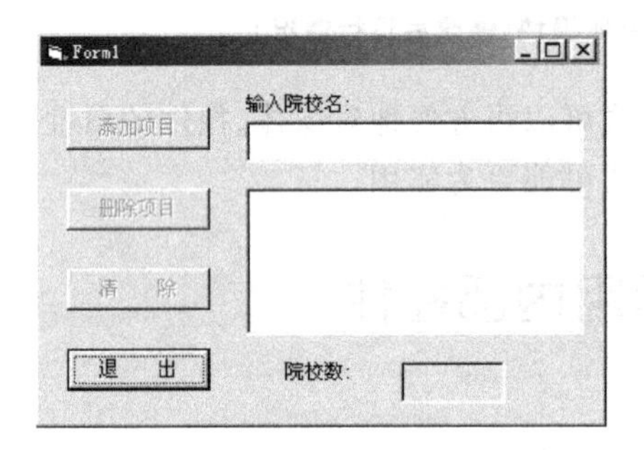

图 19.22 列表框操作(运行情况 1)

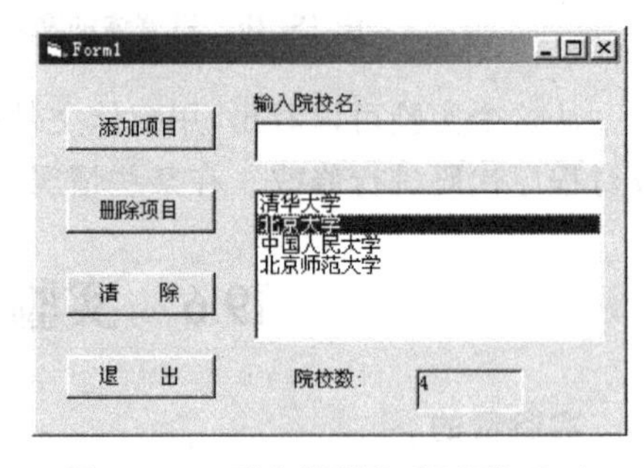

图 19.23 列表框操作(运行情况 2)

2. 格式化文本框字体

在文本框中只能显示一种字体,但可以改变字体的大小、名称、颜色以及粗体、斜体、加下划线等。请根据以下描述的设计要求上机编写程序,对文本框中所显示的信息进行简单格式化。

(1) 初始界面包括一个文本框、一个标签、一个水平滚动条、两个命令按钮和三个框架,其中第一个框架中有四个复选框,另外两个框架中各有四个单选按钮,如图 19.24 所示。

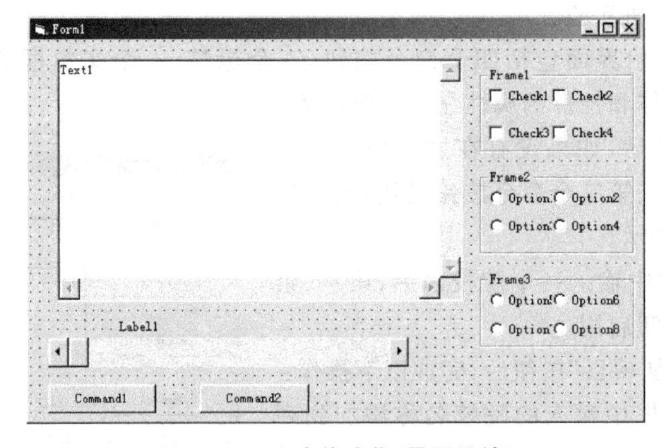

图 19.24 文本格式化(界面设计)

(2) 界面的初始化属性设置通过 Form_Load 事件过程来实现，包括：在文本框中显示一首诗，把标签的标题设置为“字体大小(8-80)”，两个命令按钮的标题分别设置为“清除”和“退出”，三个框架分别用来显示“字体外观”、“字体名称”和“字体颜色”，并对每个复选框和单选按钮设置相应的标题。其显示效果如图 19.25 所示。

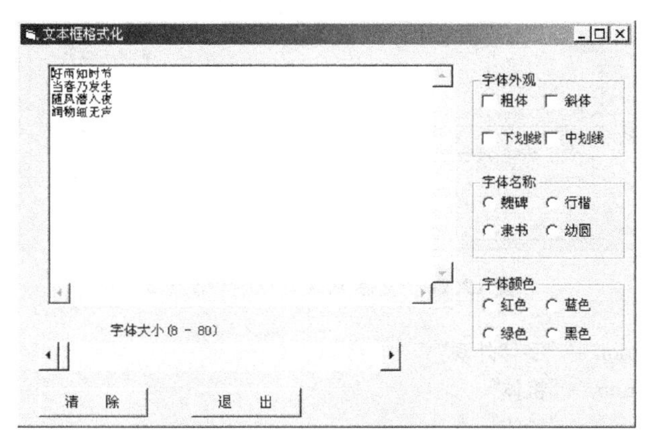

图 19.25　文本格式化(运行情况 1)

(3) 界面上各控件的作用如下：

- 文本框：显示格式化的文本，可以多行显示，并有水平和垂直滚动条。可以显示初始化时的文本，也可以清除原来的文本(用命令按钮 1)，然后重新输入。
- 水平滚动条：控制字体大小。其最小值(滚动条的 Min 属性)为 8，最大值(滚动条的 Max 属性)为 80。改变滚动块的位置，文本框中字体的大小随着改变。
- 命令按钮 1：清除文本框中的信息，并把焦点移到文本框中。
- 命令按钮 2：结束程序运行。
- 框架 1：设置字体外观，包括粗体、斜体、下划线和中划线。
- 框架 2：设置字体名称，包括魏碑、行楷、隶书和幼圆。
- 框架 3：设置字体颜色，包括红色、蓝色、绿色和黑色。

(4) 程序运行后，在“字体外观”框架中选择一个或多个复选框，在“字体名称”框架中选择一种字体，在“字体颜色”框架中选择一种前景颜色，然后移动滚动条中的滚动块，可以使文本框中的文本按所选择的参数显示。图 19.26 是一种显示结果。

下面的程序可供参考：

```
Private Sub Form_Load()
    cl = Chr(13) + Chr(10)
    Caption = "文本框格式化"
    HScroll1.Min = 8
    HScroll1.Max = 80
    Text1.Text = "好雨知时节" & cl & "当春乃发生" & cl _
                 & "随风潜入夜" & cl & "润物细无声"
    Label1.Caption = "字体大小(8-80)"
```

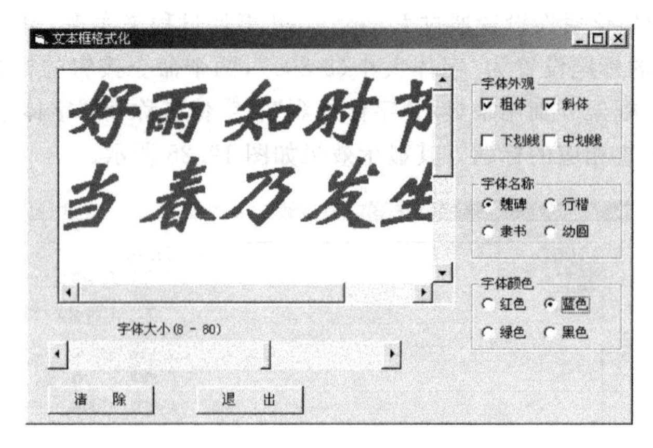

图 19.26 文本格式化(运行情况 2)

```
    Frame1.Caption = "字体外观"
    Check1.Caption = "粗体"
    Check2.Caption = "斜体"
    Check3.Caption = "下划线"
    Check4.Caption = "中划线"

    Frame2.Caption = "字体名称"
    Option1.Caption = "魏碑"
    Option2.Caption = "行楷"
    Option3.Caption = "隶书"
    Option4.Caption = "幼圆"

    Frame3.Caption = "字体颜色"
    Option5.Caption = "红色"
    Option6.Caption = "蓝色"
    Option7.Caption = "绿色"
    Option8.Caption = "黑色"

    Command1.Caption = "清      除"
    Command2.Caption = "退      出"
End Sub

Private Sub Check1_Click()
    Text1.FontBold = Check1.Value
End Sub

Private Sub Check2_Click()
    Text1.FontItalic = Check2.Value
End Sub

Private Sub Check3_Click()
```

```
    Text1.FontUnderline = Check3.Value
End Sub

Private Sub Check4_Click()
    Text1.FontStrikethru = Check4.Value
End Sub

Private Sub Command1_Click()
    Text1.Text = ""
End Sub

Private Sub Command2_Click()
    End
End Sub

Private Sub HScroll1_Change()
    Text1.FontSize = HScroll1.Value
End Sub

Private Sub HScroll1_Scroll()
    Text1.FontSize = HScroll1.Value
End Sub

Private Sub Option1_Click()
    Text1.FontName = Option1.Caption
End Sub

Private Sub Option2_Click()
    Text1.FontName = Option2.Caption
End Sub

Private Sub Option3_Click()
    Text1.FontName = Option3.Caption
End Sub

Private Sub Option4_Click()
    Text1.FontName = Option4.Caption
End Sub

Private Sub Option5_Click()
    Text1.ForeColor = vbRed
End Sub

Private Sub Option6_Click()
```

```
        Text1.ForeColor = vbBlue
End Sub

Private Sub Option7_Click()
        Text1.ForeColor = vbGreen
End Sub

Private Sub Option8_Click()
        Text1.ForeColor = vbBlack
End Sub
```

19.7 实验 7 Visual Basic 控制结构

实验目的

(1) 熟悉选择结构程序设计,可以灵活使用有关语句。

(2) 熟悉循环结构程序设计,可以灵活使用各种循环语句。

实验内容

1. 考试 5 门课程,符合下列条件之一的为优秀成绩:

- 5 门课成绩总分超过 450 分;
- 每门课都在 88 分以上;
- 每门主课(前 3 门)的成绩都在 95 分以上,每门非主课(其他两门)成绩在 80 分以上。

按上述条件编写程序,确定一个学生的成绩是否为优秀。要求如下:

(1) 在窗体上画一个框架、6 个标签、6 个文本框、两个命令按钮和一个图片框,其中 5 个标签和 5 个文本框放在框架中,如图 19.27 所示。

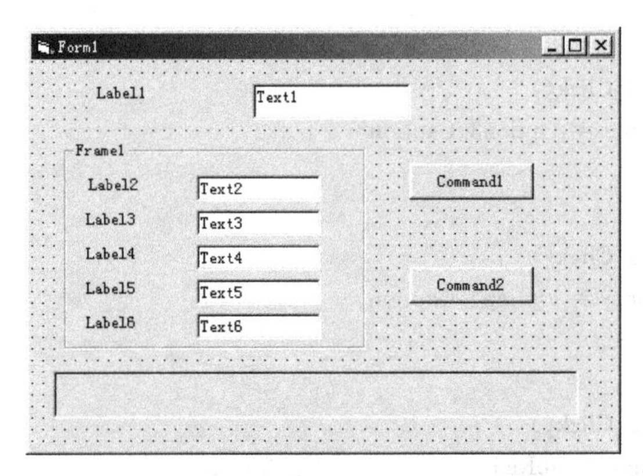

图 19.27 确定考试成绩是否优秀(界面设计)

(2) 窗体和控件的初始属性设置在 Form_Load 事件过程中实现,程序运行后的界面如图 19.28 所示。

图 19.28　确定考试成绩是否优秀(运行情况 1)

(3) 5 门课的成绩在窗体的 5 个文本框中输入。

(4) 在命令按钮的事件过程中判断一个学生的成绩是否为优秀,并在图片框中显示出来。

(5) 程序运行后,在各个文本框中输入学生姓名和各门课程的考试分数,然后单击“计算并输出”按钮,将在图片框中输出判断结果,如图 19.29 所示。

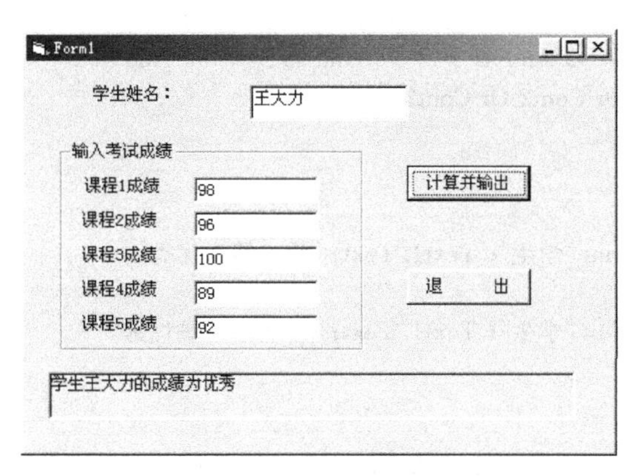

图 19.29　确定考试成绩是否优秀(运行情况 2)

(6) 按上面的要求上机编写出程序,对程序进行调试、运行,直到得到正确的结果,然后设计测试数据对程序进行测试。注意,必须仔细考虑 5 门成绩的各种情况都能测试到,以避免设计中出现的疏忽。请在运行时用表 19.1 中所列的几组测试数据进行测试,分析结果是否正确。

表 19.1　测试数据

	成绩 1	成绩 2	成绩 3	成绩 4	成绩 5
第一组数据	90	80	95	95	91
第二组数据	90	88	89	90	91
第三组数据	96	95	95	80	82
第四组数据	95	96	90	90	90

对于这个实验，要注意以下两个问题：

(1) 在文本框中输入的数据是作为字符串处理的，在参加运算前，应把它们转换为数值型数据。为了保证运算的正确性，最好显式定义变量的数据类型。

(2) 优秀成绩的条件有三个，只要符合这三个条件中的一个就是优秀，在判断时需要写一个很长的复合条件表达式。为了提高程序的可读性，可以在程序中定义布尔型变量，用这些变量来表示条件。

下面的程序可供参考：

```
Private Sub Command1_Click()
    Dim s, s1, s2, s3, s4, s5 As Single
    Dim Cont, Cont1, Cont2, Cont3 As Boolean
    s1 = Val(Text2.Text)
    s2 = Val(Text3.Text)
    s3 = Val(Text4.Text)
    s4 = Val(Text5.Text)
    s5 = Val(Text6.Text)
    s = s1 + s2 + s3 + s4 + s5

    Cont1 = s > 450
    Cont2 = s1 >= 88 And s2 >= 88 And s3 >= 88 And s4 >= 88 And s5 >= 88
    Cont3 = s1 >= 95 And s2 >= 95 And s3 >= 95 And s4 >= 80 And s5 >= 80
    Cont = Cont1 Or Cont2 Or Cont3

    Picture1.Cls
    If TJ Then
        Picture1.Print "学生"; Text1.Text; "的成绩为优秀"
    Else
        Picture1.Print "学生"; Text1.Text; "的成绩不是优秀"
    End If
End Sub
```

在上面的程序中，定义了 4 个布尔型变量，用来对“优秀”成绩进行判定。其中 Cont1 判断总分是否大于等于 450，Cont2 判断每门课的成绩是否都大于等于 88 分，Cont3 则判断前三门课的成绩是否都大于等于 95 分，并且后两门课的成绩都大于等于 80 分。只要上述 3 个变量的值有一个为 True，变量 Cont 的值就为 True，学生的成绩就是“优秀”，其他情况下学生的成绩不是优秀。

2. 运输部门的货物运费与里程有关，距离越远，每吨货物的单价就越低。假定每吨单价 p(元)与距离 s(公里)之间的关系如下：

$$p=\begin{cases}32 & s<100\\ 28 & 100\leqslant s<200\\ 25 & 200\leqslant s<300\\ 22.5 & 300\leqslant s<400\\ 20 & 400\leqslant s<1000\\ 15 & s\geqslant 1000\end{cases}$$

请编写程序，从键盘上输入要托运的货物重量 w(吨)，然后计算并输出总运费t(元)。计算公式为

$$t=p\cdot w\cdot s$$

要求：

(1) 在窗体上画一个文本框和一个命令按钮，在命令按钮的 Click 事件过程中输入数据(货物重量和运输距离)，进行处理，然后在文本框中输出总运费。

(2) 货物重量和运输距离的输入用 InputBox 函数来实现。

(3) 分别用 Select Case 语句和条件语句编写程序。

程序提示：

(1) 使用 Select Case 语句

```
Private Sub Command1_Click()
    Dim w, s As Single
    Dim p, t As Currency
    w = InputBox("输入货物重量(吨)")
    s = InputBox("输入托运距离(公里)")
    If s <= 0 Then End
    Select Case s
        Case Is < 100
            p = 32
        Case Is < 200
            p = 28
        Case Is < 300
            p = 25
        Case Is < 400
            p = 22.5
        Case Is < 1000
            p = 20
        Case Else
            p = 15
    End Select
    t = p * w * s
    Text1.Text = "总运费为." & t & "元"
End Sub
```

对程序进行分析，如果改变 Case 子句的顺序，结果会怎样？为什么？

(2) 使用块结构条件语句

请读者自己完成，然后运行程序，并对条件的设置进行分析。

3. 编写程序，用两种不同的格式输出“九九表”。第一种格式如图 19.30 所示，第二种格式如图 19.31 所示。

4. 假定有以下程序：

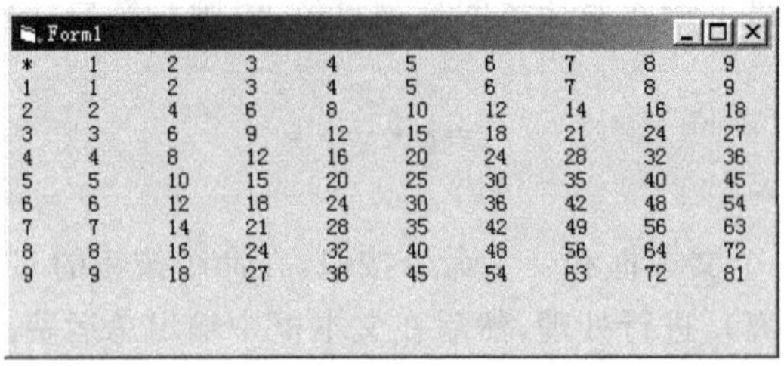

Form1

*	1	2	3	4	5	6	7	8	9
1	1	2	3	4	5	6	7	8	9
2	2	4	6	8	10	12	14	16	18
3	3	6	9	12	15	18	21	24	27
4	4	8	12	16	20	24	28	32	36
5	5	10	15	20	25	30	35	40	45
6	6	12	18	24	30	36	42	48	54
7	7	14	21	28	35	42	49	56	63
8	8	16	24	32	40	48	56	64	72
9	9	18	27	36	45	54	63	72	81

图 19.30　输出“九九表”(格式 1)

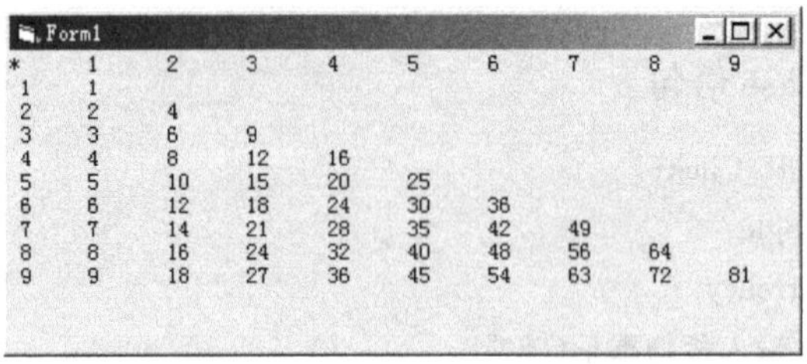

Form1

*	1	2	3	4	5	6	7	8	9
1	1								
2	2	4							
3	3	6	9						
4	4	8	12	16					
5	5	10	15	20	25				
6	6	12	18	24	30	36			
7	7	14	21	28	35	42	49		
8	8	16	24	32	40	48	56	64	
9	9	18	27	36	45	54	63	72	81

图 19.31　输出“九九表”(格式 2)

```
Private Sub Form_Click()
    For i = 1 To 4
        For j = 1 To 20 - 3 * i
            Print " ";
        Next j
        For k = 1 To 2 * i - 1
            Print "   *";
        Next k
        Print
    Next i

    For i = 3 To 0 Step -1
        For j = 1 To 20 - 3 * i
            Print " ";
        Next j
        For k = 1 To 2 * i - 1
            Print "   *";
        Next k
        Print
    Next i
End Sub
```

(1) 请阅读上面的程序，分析它的输出结果，然后将程序输入计算机，验证你的结论。

(2) 该程序由两个二重 For 循环组成。如果把第一个 For 循环中的第一个内层 For 循环改为：

```
For j = 1 To 20 - 2 * i
```

仍要程序输出与原来相同的结果，则程序的其他语句如何修改？

(3) 如果想使输出结果右移 10 个字符位置，程序应如何修改？

5. 用以下公式计算 sin x 的值：

$$\sin x = x - \frac{x^3}{3!} + \frac{x^5}{5!} + \frac{x^7}{7!} + \cdots + (-1)\frac{x^{2n-3}}{(2n-3)!} + (-1)\frac{x^{2n-1}}{(2n-1)!}$$

要求 x 的值由键盘输入，当所计算的项的绝对值小于 10^{-7} 时停止计算，输出结果。

算法提示：

假定用变量 t 存放某一项的值，当第 n 项的值小于 10^{-7} 时结束计算。因此，循环结束的条件是 t 的绝对值小于 10^{-7}。可以把算法描述为：

```
t = 第一项值
s = t
n = 1
Do Until Abs(t) < 1E-7
    n = n+1
    t = 第 n 项值
    s = s + t
Loop
```

第 n 项(t_n)与第 n−1 项(t_{n-1})的递推关系如下：

$t_1 = x$

$t_n = t_{n-1} * (-x * x)/((2 * n-2) * (2 * n-1))$

请根据上面的算法分析和递推关系编写计算 sin x 的值的程序。

19.8 实验 8 数 组

实验目的

(1) 掌握数组的定义方法。了解 Visual Basic 中的数组与其他语言中数组的区别(动态、静态数组、可变数组、数组初始化、控件数组等)。

(2) 正确理解和使用数组元素的下标，熟练掌握数组元素的引用、赋值、输入和输出。

(3) 学会用数组来解决一些实际问题。

实验内容

1. 用下面的程序试验静态数组和非静态数组的区别。

```
Option Base 1
Option Explicit

Private Sub Form_Click()
    Static Arr1(8) As Integer
    Dim Arr2(8) As Integer
```

```
    Dim i As Integer
    For i = 1 To 8
        Arr1(i) = Arr1(i) + i
        Arr2(i) = Arr2(i) + i
    Next i
    For i = 1 To 8
        Print Arr1(i);
    Next i
    Print "      ",
    For i = 1 To 8
        Print Arr2(i);
    Next i
    Print
End Sub
```

在该过程中,定义了一个静态数组 Arr1 和一个非静态数组 Arr2。和静态变量一样,静态数组可以“记住”上一次的结果,可以累加;而非静态数组每一次都要重新初始化,因而执行结果一样。程序运行后,每单击一次窗体执行一次程序,输出两个数组的元素,可以看到,数组 Arr1 各元素的值每次都不一样,而数组 Arr2 各元素的值每次执行时都相同。程序的运行情况如图 19.32 所示。

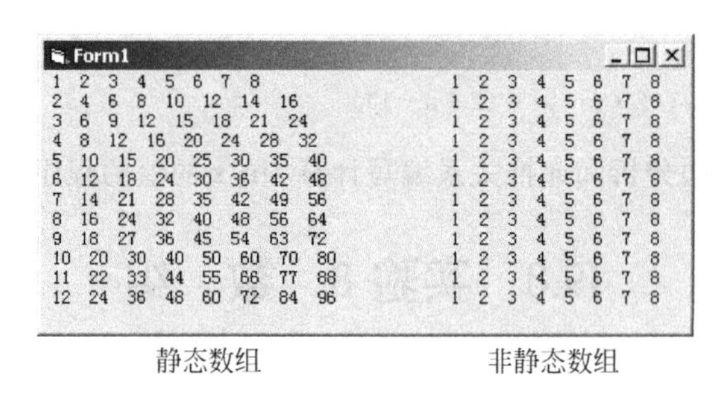

图 19.32　静态数组和非静态数组试验

修改上面的程序,把数组 Arr1 定义为非静态数组,运行程序,看一看输出结果有何变化;然后把 Arr2 定义为静态数组,再运行程序,观察执行结果。

2. 假定一个数组有 10 个元素,各元素的值在 1 到 100 之内,通过随机数函数产生。要求将数组的前 n 个元素进行“逆置运算”(n 的值由键盘输入),并输出逆置前及逆置后数组的值。例如,假定给 n 输入的值为 5,且数组的前 5 个元素的值为 1,2,3,4,5,则逆置后,数组的前 5 个元素的值变为 5,4,3,2,1。

(1) 编写程序,然后对程序调试、运行,直至得到正确结果。

(2) 定义一个具有 n 个元素的数组 b,要求逆置之后的结果放在数组 b 中,原来数组 a 中的内容不变。可将程序修改如下:

```
Private Sub Form_Click()
    Dim a(1 To 10) As Integer
    Dim b() As Integer
```

```
    Randomize
    Print "逆置前数组的值："
    For i = 1 To 10
      a(i) = Int(Rnd * 100)
      Print a(i);
    Next i
    Print
    Do
        n = InputBox("请输入 n 的值")
    Loop Until n >= 1 And n <= 10
    Print
    Print "输入的 n 的值为："; n
    ReDim b(1 To n)
    i = 1: j = n
    Do While i < j
        b(j) = a(i)
        b(i) = a(j)
        i = i + 1
        j = j - 1
    Loop
    Print "逆置后数组的值:"
    For i = 1 To n
      Print b(i);
    Next i
    Print: Print
End Sub
```

请读者运行程序,并观察运行结果(见图 19.33)。当输入的 n 值为奇数和偶数时,运行结果有什么不同,运行结果是否都正确？若不正确,请找出原因,并加以改正。

(3) 将数组 b 的大小改成与数组 a 相同,并将逆置的部分及没有逆置的部分都存放在数组 b 中。请读者修改上面的程序,并进行调试,得出正确的结果。

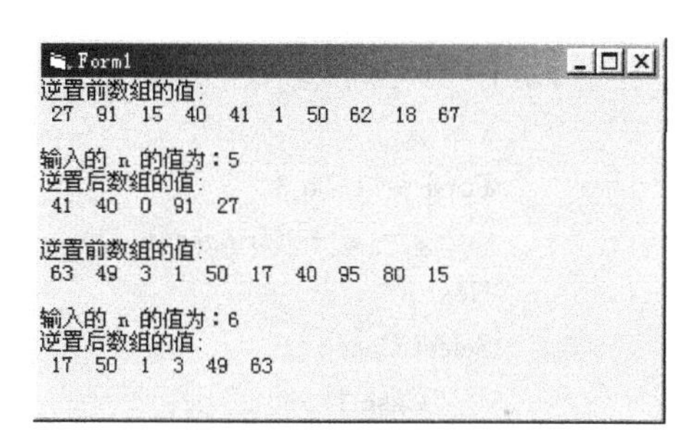

图 19.33 数组逆置运算

3. 四个家电商场一个月内销售电冰箱的情况见表 19.2。

表 19.2 电冰箱销售情况

商　　场	海尔牌	容声牌	阿里斯顿牌
第一商场	120	210	80
第二商场	145	324	186
第三商场	368	215	84
第四商场	243	258	136

假定三种牌号的电冰箱价格见表 19.3。

表 19.3　电冰箱的价格

牌　　号	价格/元
海尔牌	2300
容声牌	2600
阿里斯顿牌	2200

编写程序,计算各商场电冰箱的月营业额。要求:

(1) 把销售情况数据放在一个二维数组中,用 InputBox 函数输入各种电冰箱的销售数量。

(2) 把电冰箱的价格放在一个一维数组中,用 Array 函数输入三种电冰箱的价格。

程序提示:

```
Option Base 1
Private Sub Form_Click()
    Dim fridges(4, 3) As Integer
    Dim fridgep
    For i = 1 To 4
        For j = 1 To 3
            fridges(i, j) = Val(InputBox("请输入销售数量"))
        Next j
    Next i
    fridgep = Array(2300, 2600, 2200)
    Dim s As Currency
    For i = 1 To 4
        s = 0
        For j = 1 To 3
            s = s + (fridges(i, j)) * fridgep(j)
        Next j
        Select Case i
            Case 1
                Print "    第一商场:";
            Case 2
                Print "    第二商场:";
            Case 3
                Print "    第三商场:";
            Case 4
                Print "    第四商场:";
        End Select
        Print s; "元"
    Next i
End Sub
```

程序运行后，单击窗体，结果如图 19.34 所示。

4. 打印下列形式的杨辉三角形（前 10 行），用数组存储各行数字。

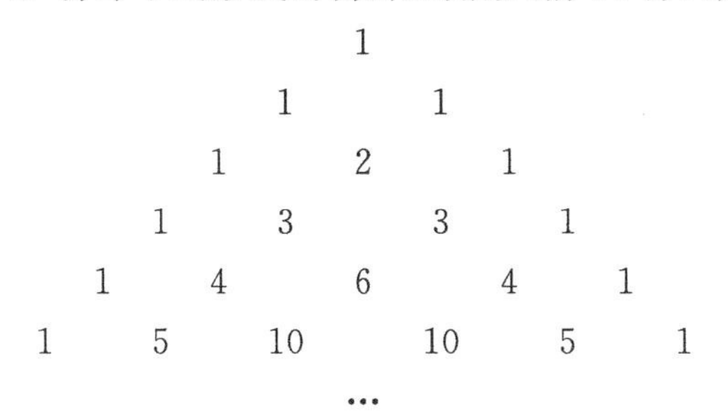

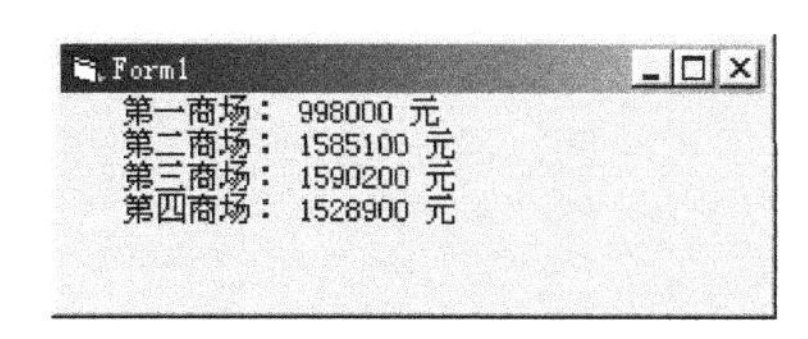

图 19.34　电冰箱销售情况

杨辉三角形有各种不同的形式，这里只是其中的一种。其特点是第 i 行有 i 个数字，且第 1 及第 i 个数字为 1，第 j 个数字（$2 \leqslant j \leqslant i-1$）是前一行的第 j－1 及第 j 个数字之和。可以用数组 A(10,10)存储杨辉三角形的前 10 行数字。

程序提示：

```
Private Sub Form_Click()
    Dim A(10, 10)
    For i = 1 To 10
        A(i, 1) = 1
        A(i, i) = 1
    Next i
    For i = 3 To 10
       For j = 2 To i - 1
           A(i, j) = A(i - 1, j - 1) + A(i - 1, j)
       Next j
    Next i
    For i = 1 To 10
        For j = 1 To 35 - 3 * i
            Print " ";
        Next j
        For j = 1 To i
            Print A(i, j);
            If A(i, j) < 10 Then
                Print "    ";
            Else
                Print "   ";
            End If
        Next j
        Print
    Next i
End Sub
```

程序运行后，单击窗体，结果如图 19.35 所示。

（1）在代码窗口中输入程序，进行编辑、调试、运行，直至得到正确结果。

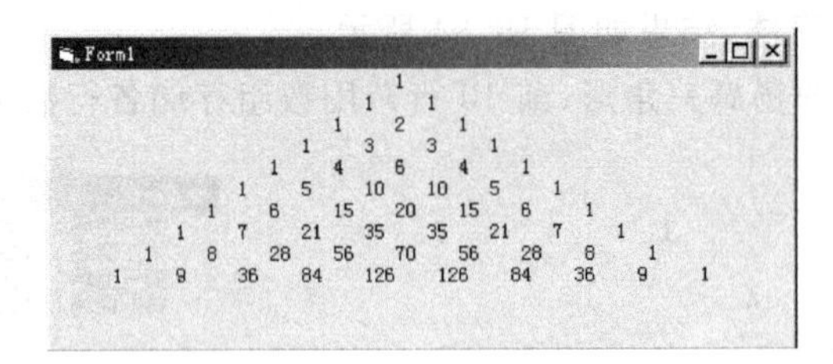

图 19.35 打印杨辉三角形

(2) 分析下面的程序段起什么作用

```
For j = 1 To 35 - 3 * i
    Print " ";
Next j
```

如果想使杨辉三角形在当前位置左移或右移 5 个字符位置,应如何修改程序?

(3) 上面的程序是用一个二维数组来实现的,请对该程序进行修改,用两个一维数组来输出杨辉三角形,并进行调试、运行,直至得到正确的结果。

(4) 实际上,不使用数组也可以输出上面的杨辉三角形,下面的程序可供参考:

```
Private Sub Form_Click()
    For m = 0 To 10
        c = 1
        For i = 1 To 30 - 3 * m
            Print " ";
        Next i
        Print c;
        For n = 1 To m
            c = c * (m - n + 1) / n
            Print "  "; c;
        Next n
        Print
    Next m
End Sub
```

5. 添加、删除控件数组元素

控件数组元素可以通过 Load 和 Unload 方法添加和删除。试编写程序,向原有控件数组中添加或删除元素。

程序提示:

(1) 在窗体上画三个命令按钮,其标题分别为“添加控件”、“删除控件”和“退出”,然后再建立含有两个标签的控件数组,其名称均为 Label1,标题分别为“标签 1”和“标签 2”,如图 19.36所示。

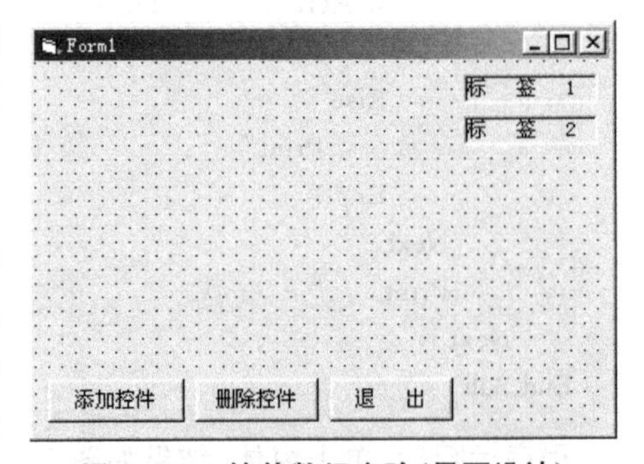

图 19.36 控件数组实验(界面设计)

(2) 编写“添加控件”按钮事件过程：

```
Private Sub Command1_Click()
    Static idx
    If idx = 0 Then idx = 1
    idx = idx + 1
    If idx > 7 Then Exit Sub
    Load Label1(idx)
    Label1(idx).Top = Label1(idx - 1).Top + 360
    Label1(idx).Caption = "标    签  " & idx + 1
    Label1(idx).Visible = True
End Sub
```

该过程用来向控件数组中添加数组元素(标签)，每单击一次命令按钮，用 Load 方法向控件数组 Label1 中添加一个元素。新添加的控件的 Top 属性值增加 360 twip，位于前一个元素的下面。由于控件数组的最大下标值定为 7，因此控件数组 Label1 的元素最多不超过 8 个(0～7)，超过 8 个后，将退出事件过程。

(3) 编写“删除控件”按钮事件过程：

```
Private Sub Command2_Click()
    Static idx
    If idx = 0 Then idx = 8
    idx = idx - 1
    If idx < 2 Then Exit Sub
    Unload Label1(idx)
End Sub
```

该过程用 Unload 方法删除控件数组 Label1 中的元素。从最后一个元素开始删除，当数组中只有两个元素时停止删除，并退出过程。

(4) 编写“退出”按钮事件过程：

```
Private Sub Command3_Click()
    End
End Sub
```

该过程用来结束程序。

(5) 编写控件数组的事件过程：

```
Private Sub Label1_Click(Index As Integer)
    Select Case Index
        Case 0
            Print "单击第一个标签"
        Case 1
            Print "单击第二个标签"
        Case 2
            Print "单击第三个标签"
```

```
        Case 3
            Print "单击第四个标签"
        Case 4
            Print "单击第五个标签"
        Case 5
            Print "单击第六个标签"
        Case 6
            Print "单击第七个标签"
        Case 7
            Print "单击第八个标签"
    End Select
End Sub
```

这是一个 Click 事件过程。与一般 Click 事件过程不同的是，它有一个参数 Index，这个参数实际上代表的是控件数组元素的下标（从 0 开始）。该过程将根据每个标签的 Index 参数值执行不同的操作（这里是输出字符串）。

(6) 运行程序，结果如图 19.37 所示。

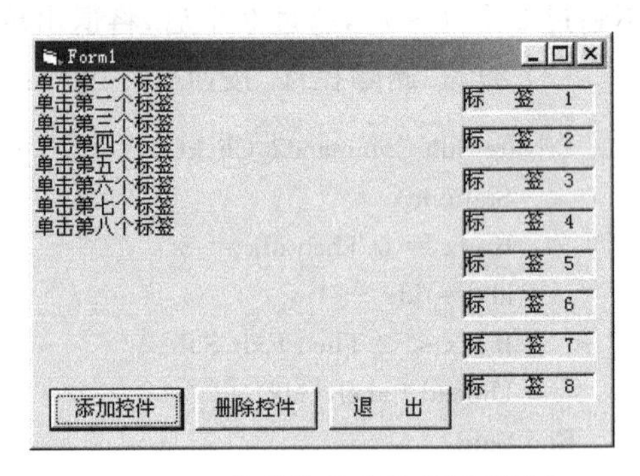

图 19.37　控件数组实验（运行情况）

请读者仿照上面的程序，编写一个控件数组的程序。要求：

(1) 把标签换成单选按钮。

(2) 在窗体上增加一个文本框，在文本框中显示一个字符串（内容任意）。

(3) 当单击控件数组的某个元素（单选按钮）时，用不同大小、不同外观、不同名称、不同颜色的字体格式化文本框中的字符串（自己设计）。

19.9　实验 9　过　程

实验目的

(1) 掌握通用过程的定义和调用方法。

(2) 了解参数传递的方式。

(3) 掌握简单的递归算法。

实验内容

1. 用不同的参数传送方式调用过程

(1) 编写如下两个 Sub 过程：

```
Sub proc(ByVal s As String)
    s = s & "天龙八部"
    Print "过程调用时，变量 s 的值为： "; s
```

```
End Sub

Sub proc1(s1 As String)
    s1 = s1 & "天龙八部"
    Print "过程调用时,变量 s1 的值为: "; s1
End Sub
```

前一个过程中的参数带有 ByVal 关键字,通过传值方式调用;而后一个过程没有 ByVal 关键字,通过传地址方式调用。

(2) 在窗体上画两个命令按钮,然后编写如下事件过程:

```
Private Sub Command1_Click()
    Dim s As String
    Print "传值调用:"
    s = "金庸:"
    Print "过程调用前,变量 s 的值为: "; s
    proc s
    Print "过程调用后,变量 s 的值为: "; s
    Print
End Sub
```

该过程通过传值方式调用过程 proc。

```
Private Sub Command2_Click()
    Dim s1 As String
    Print "传地址调用:"
    s1 = "金庸:"
    Print "过程调用前,变量 s1 的值为: "; s1
    proc1 s1
    Print "过程调用后,变量 s1 的值为: "; s1
    Print
End Sub
```

该过程通过传地址方式调用过程 proc1。

(3) 程序运行后,先单击"传值"按钮,然后单击"传地址"按钮,结果如图 19.38 所示。

(4) 在上面的程序中,如果在第一个命令按钮的事件过程中去掉下面一行:

```
Dim s As String
```

程序是否能正常运行?而如果在第二个命令按钮的事件过程中去掉下面一行:

```
Dim s1 As String
```

结果又会怎样?

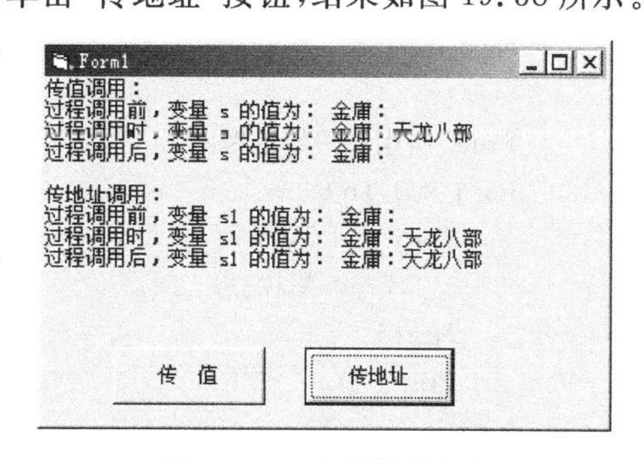

图 19.38　参数传送实验

本实验主要用来说明传值调用与传地址

调用的区别。传值调用只是把实参的值复制传送给形参，本身没有任何变化，调用前与调用后的值相同。而传地址调用传送的是实参的地址，调用过程后实参的值也随之变化。上面的执行结果说明了这一点。

2. 用随机数函数 Rnd 生成一个 8 行 8 列的数组(各元素值在 100 以内)，然后找出某个指定行内值最大的元素所在的列号。

(1) 求某一指定行中值最大的元素所在列号的操作通过一个 Function 过程来实现，代码如下：

```
Function Max(b() As Integer, row As Integer)
    m = b(row, 1)
    col = 1
    For i = 2 To UBound(b, 2)
        If b(row, i) > m Then
            Let m = b(row, i)
            col = i
        End If
    Next i
    Max = col
End Function
```

该过程有两个参数，其中第一个参数是数组，第二个参数是数组中指定行的行号。在这个过程中，首先把指定行的第一列的值赋予一个变量，其列号为 1，然后把该值与其后各列的值进行比较，如果比该值大，则用较大的值取代，同时记下其列号。

(2) 编写窗体的 Click 事件过程：

```
Private Sub Form_Click()
    Randomize
    Dim A(1 To 8, 1 To 8) As Integer
    Dim row As Integer
    For i = 1 To 8
        For j = 1 To 8
            A(i, j) = Int(Rnd * 100)
        Next j
    Next i

    Print "所生成的数组为："
    For i = 1 To 8
        For j = 1 To 8
            Print A(i, j);
        Next j
        Print
    Next i

    Do
```

```
        row = InputBox("请输入指定的行号:")
    Loop Until row >= 1 And row <= 8

    col = Max(A(), row)
    Print
    Print "第 "; row; " 行中最大元素所在列号为:"; col
End Sub
```

该过程首先用随机数函数 Rnd 生成一个 8 行 8 列的数组，然后输入一个行号，程序将输出该行中最大值所在的列号。

(3) 程序运行后，单击窗体，在输入对话框中输入一个行号，程序将输出该行中值最大的元素所在的列号，如图 19.39 所示。

(4) 将上面的程序(主程序及过程)输入代码窗口，进行编辑、调试、运行，直至得到正确结果。

(5) 将程序中的 Function 过程的功能改由 Sub 来实现，并进行调试、运行，直至得到正确结果。

(6) 对过程进一步进行修改，使得当在一行中存在多个最大值的情况下，能将所有最大值所在的列号都求出来。在设置子程序的参数时，需要设置数组 b 来存储最大值所在的列号，还需要设置一个整数参数 num 来存储最大值的个数。过程调用语句如下：

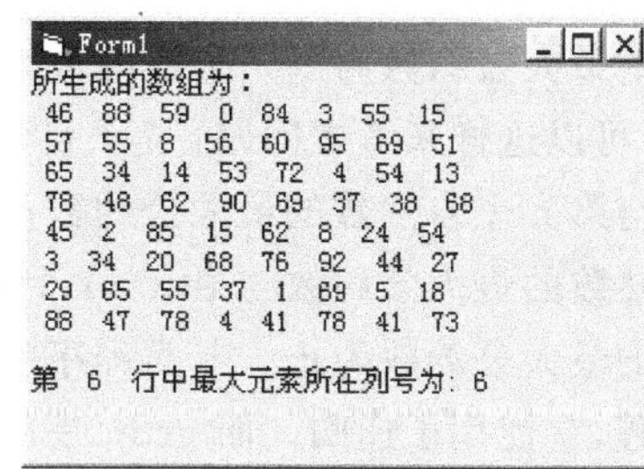

图 19.39 求数组某行中最大元素所在的列号

```
Max a(), row, b(), num
```

请读者对程序进行修改、调试、运行，直至得到正确结果。

3. 编写程序，求 n 个自然数的最大公约数和最小公倍数，用递归过程实现。

程序提示：

我们把 n 个自然数放在一个一维数组中，求 n 个自然数最大公约数的操作过程用 gcdn 来实现，求 n 个自然数最小公倍数的操作过程用 lcmn 来实现。

(1) 在窗体层输入如下代码：

```
Option Base 1
Dim a() As Long
```

(2) 定义 gcdn 过程：

```
Sub gcdn(a() As Long, n As Long, gcd As Long)
    If n = 2 Then
        gcd = gcd2(a(1), a(2))
    Else
        gcdn a(), n - 1, gcd
        gcd = gcd2(gcd, a(n))
    End If
```

```
End Sub

' 求两个自然数 a,b 的最大公约数
Function gcd2(a As Long, b As Long)
    If b = 0 Then
        gcd2 = a
    Else
        gcd2 = gcd2(b, a Mod b)
    End If
End Function
```

求 n 个自然数的最大公约数的一般方法是：先求两个数的最大公约数，再求已经求出的最大公约数与下一个数的最大公约数，……，直到 n 个数为止。为了用递归的方法解决，可以这样来考虑问题：n 个自然数的最大公约数就是求前 n－1 个自然数的最大公约数与第 n 个自然数的最大公约数；而求前 n－1 个自然数的最大公约数就是求前 n－2 个自然数的最大公约数与第 n－1 个自然数的最大公约数；……；直到求出最前面两个自然数的最大公约数为止。上面程序中的 gcd2 是用欧几里德方法求两个数的最大公约数的过程，它使用了递归。而 gcdn 是用递归方法求 n 个自然数的最大公约数的过程，在该过程中调用 gcd2 过程。

(3) 定义 lcmn 过程：

```
' 计算 n 个自然数的最小公倍数
Sub lcmn(a() As Long, n As Long, lcm As Long)
    If n >= 2 Then
        Call lcmn(a(), n - 1, lcm)
        lcm = lcm / gcd2(lcm, a(n)) * a(n)
    Else
        lcm = a(1)
    End If
End Sub
```

该过程用递归方法求前 n－1 个自然数的最小公倍数，再求此最小公倍数与第 n 个自然数的最小公倍数。据此可以求出 n 个自然数的最小公倍数。

(4) 编写调用过程：

```
' 主程序
Private Sub Form_Click()
    Dim n As Long, gcd As Long, lcm As Long
    Do
        n = InputBox("请输入自然数的个数")
    Loop Until n > 1
    ReDim a(n) As Long

    For i = 1 To n
```

```
        a(i) = InputBox("请输入第 " & i & " 个自然数")
    Next i
    Call gcdn(a(), n, gcd)
    Call lcmn(a(), n, lcm)

    Print
        For i = 1 To n
        Print a(i); " ";
    Next i

    Print "的最大公约数是:"; gcd
    Print
    For i = 1 To n
        Print a(i); " ";
    Next i
    Print "的最小公倍数是:"; lcm
End Sub
```

该过程首先要求输入自然数的个数,接着一个一个地输入每个数,然后调用 gcdn 和 lcmn 过程,分别求出最大公约数和最小公倍数。

(5) 运行程序,单击窗体,根据提示输入,即可输出最大公约数和最小公倍数。假定输入的 4 个自然数为 564、248、624、580,则结果如图 19.40 所示。

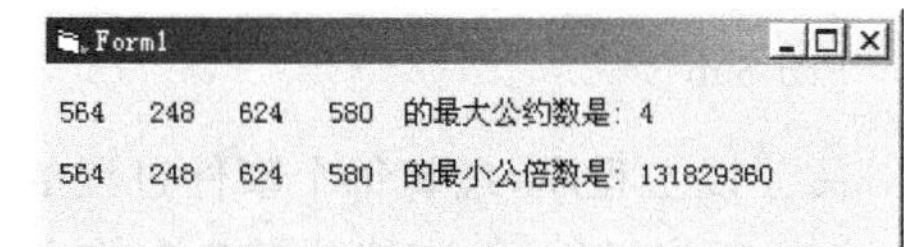

图 19.40 求最大公约数和最小公倍数

4. 完成习题 9.12。

19.10 实验 10 键盘与鼠标事件

实验目的

(1) 掌握常用键盘事件过程和鼠标事件过程的功能和用法。

(2) 掌握鼠标光标的形状和定义方法。

(3) 了解自动拖放和手动拖放的实现方法。

实验内容

1. 在窗体上画一个文本框和两个命令按钮,如图 19.41 所示。

编写如下程序:

```
Private Sub Form_Load()
    Text1.Text = ""
    Form1.KeyPreview = False
```

```
End Sub

Private Sub Command1_Click()
    KeyPreview = Not KeyPreview
    Print
End Sub

Private Sub Command2_Click()
    Text1.SetFocus
    Print
End Sub

Private Sub Form_KeyPress(KeyAscii As Integer)
    Print UCase(Chr(KeyAscii));
End Sub

Private Sub Text1_KeyPress(KeyAscii As Integer)
    Print Chr(KeyAscii);
    KeyAscii = 0
End Sub
```

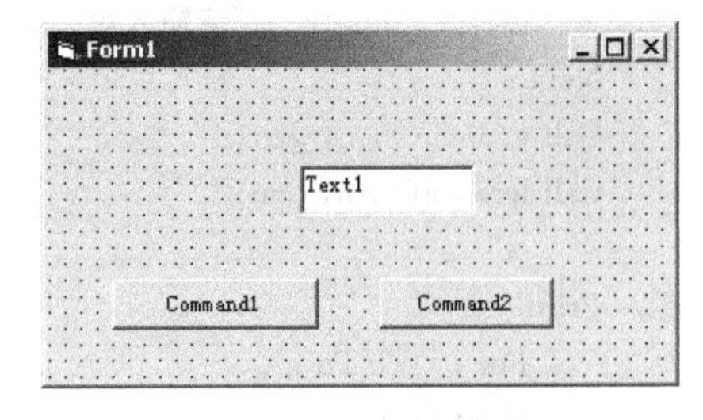

图 19.41 KeyPress 事件过程实验(界面设计)

阅读以上程序,理解每个事件过程的操作,然后回答以下问题:

(1) 程序运行后,直接从键盘上输入 abcdef,程序的输出是什么?

(2) 程序运行后,单击一次命令按钮 1,然后从键盘上输入 abcdef,程序的输出是什么?

(3) 程序运行后,单击两次命令按钮 1,再单击一次命令按钮 2,然后从键盘上输入 abcdef,程序的输出是什么?

(4) 程序运行后,单击一次命令按钮 1,再单击一次命令按钮 2,然后从键盘上输入 abcdef,程序的输出是什么?

(5) 程序运行后,单击两次命令按钮 1,然后从键盘上输入 abcdef,程序的输出是什么?

该实验主要用来加深理解窗体的 KeyPreview 属性。在默认情况下,控件的键盘事件优先于窗体的键盘事件,因此在发生键盘事件时,总是先激活控件的键盘事件。如果希望窗体先接收键盘事件,则必须把窗体的 KeyPreview 属性设置为 True,否则不能激活窗体的键盘事件。在上面的程序中,命令按钮 1 的事件过程用来对窗体的 KeyPreview 属性值进行切换,每单击一次该按钮,KeyPreview 属性改变一次值,即从 True 变为 False 或从 False 变为 True。当该属性为 True 时,首先执行的是窗体的 KeyPress 事件过程;如果该属性为 False,则执行文本框的 KeyPress 事件过程。而为了执行文本框的 KeyPress 事件过程,必须使文本框拥有焦点,命令按钮 2 的事件过程就是用来设置文本框的焦点。理解了这两个事件过程,上面的问题就很容易回答了。

答案如下:

(1) abcdef

(2) ABCDEF

(3) abcdef

(4) AaBbCcDdEeFf

(5) 无任何输出

2. 主教材例 10.5 是通过键盘移动滚动条上的滚动框，该例中的程序使用的是滚动条的 KeyDown 事件过程，请用滚动条的 KeyPress 事件过程实现相同的操作。

程序提示：

```
Private Sub HScroll1_KeyPress(KeyAscii As Integer)
    Select Case KeyAscii
        Case Asc("0")
            If HScroll1.Min <= HScroll1.Value - HScroll1.LargeChange Then
                HScroll1.Value = HScroll1.Value - HScroll1.LargeChange
            End If
        Case Asc("-")
            If HScroll1.Min <= HScroll1.Value - HScroll1.SmallChange Then
                HScroll1.Value = HScroll1.Value - HScroll1.SmallChange
            End If
        Case Asc("=")
            If HScroll1.Max >= HScroll1.Value + HScroll1.SmallChange Then
                HScroll1.Value = HScroll1.Value + HScroll1.SmallChange
            End If
        Case Asc("\")
            If HScroll1.Max >= HScroll1.Value + HScroll1.LargeChange Then
                HScroll1.Value = HScroll1.Value + HScroll1.LargeChange
            End If
    End Select
    Label1.Caption = Str$(HScroll1.Value)
End Sub
```

与 KeyDown 事件过程相比，KeyPress 事件过程更直观，更容易实现，因为可以直接使用 ASCII 码。

3. 仿照主教材例 10.7，用鼠标事件在窗体上输出信息。要求：如果按着鼠标右键移动鼠标，则可在窗体上输出指定的信息，否则不输出。

程序提示：

首先在窗体层定义如下变量

```
Dim PrintNow As Boolean
```

编写如下事件过程

```
Sub Form_MouseDown(Button As Integer, Shift As Integer, X As Single, Y As Single)
```

```
        PrintNow = True            '允许输出信息
    End Sub

    Sub Form_MouseUp(Button As Integer, Shift As Integer, X As Single, Y As Single)
        PrintNow = False        '禁止输出信息
    End Sub

    Sub Form_MouseMove(Button As Integer, Shift As Integer, X As Single, Y As Single)
        If PrintNow And (Nutton = 2) Then
            Print "VB程序设计教程题解与上机指导"    '输出信息
        End If
    End Sub

    Sub Form_Load()
        FontName = "幼圆"
        FontSize = 16
        FontBold = True
    End Sub

    Private Sub Form_DblClick()
        Cls
    End Sub
```

上述程序定义了一个布尔型变量 PrintNow,当按下鼠标左键(触发 MouseDown 事件)时,该变量的值为 True;而当松开鼠标左键(触发 MouseUp 事件)时,该变量为 False。如果变量 PrintNow 为 True ,则移动鼠标(触发 MouseMove 事件)将在窗体上输出信息。除鼠标事件外,上述程序还含有一个 Load 事件过程和一个 DblClick 事件过程。其中 Load 事件过程用来设置所输出信息的字体和大小,DblClick 事件过程用来清除所输出的信息。

运行程序,把鼠标光标移到窗体上,按着右键移动鼠标,则在窗体上输出指定的信息,如图 19.42 所示;松开鼠标右键或者按着左键移动鼠标,都不会输出信息。

4. 用 MouseIcon 属性设置自定义鼠标光标,把鼠标光标设置为指定的图标(.ico),用列表框进行试验。当列表框中有多个项目时,可以选择其中的一项,也可以选择其中的多项。程序要求,如果选择一项,则鼠标光标用一种图标显示;如果选择多项,则鼠标光标用另一种图标显示。

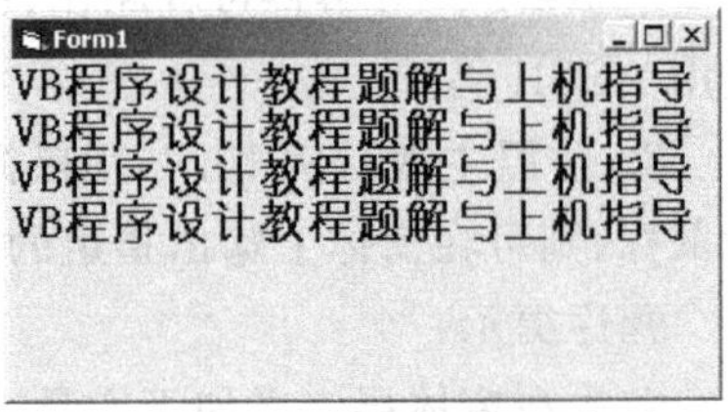

图 19.42 按着鼠标右键输出信息

程序提示:

在窗体上画一个列表框和一个标签,把列表框的 MultiSelect 属性设置为 1(或 2),然后编写如下事件过程:

```
Private Sub Form_Load()
    List1.AddItem "选择项 1"
    List1.AddItem "选择项 2"
    List1.AddItem "选择项 3"
    List1.AddItem "选择项 4"
    List1.AddItem "选择项 5"
End Sub

Private Sub List1_MouseDown(Button As Integer, _
        Shift As Integer, X As Single, Y As Single)
    '为多项选择设置自定义鼠标图标
    If List1.SelCount > 1 Then
        List1.MouseIcon = LoadPicture("D:\Resource\ico\point13.ICO")
        List1.MousePointer = 99
        Label1.Caption = "选择了 " & List1.SelCount & " 项"
    Else    '为单项选择设置自定义鼠标图标
        List1.MouseIcon = LoadPicture("D:\Resource\ico\point14.ICO")
        List1.MousePointer = 99
        Label1.Caption = "选择一项"
    End If
End Sub
```

程序运行后,用鼠标选择列表框中的项目,如果选择一个项目,则鼠标光标用图标 Point14.ico 显示;而如果选择多个项目,则鼠标光标用图标 Point13.ico 显示,并在标签中显示相应的信息,如图 19.43 所示。

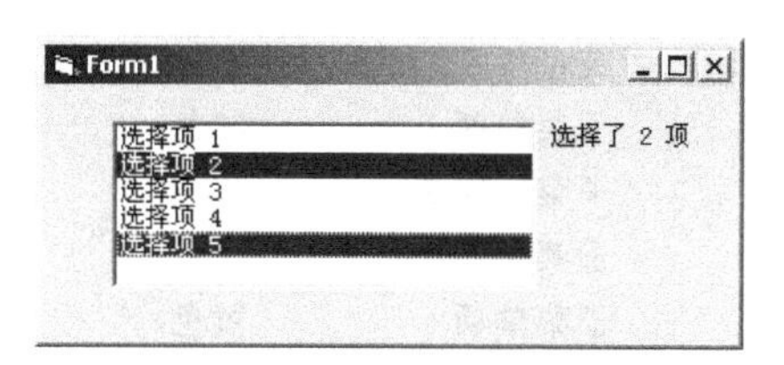

图 19.43 设置自定义鼠标

19.11 实验 11 菜单程序设计

实验目的

(1) 掌握下拉式菜单和弹出式菜单的设计方法。
(2) 掌握菜单事件过程的编写方法。

实验内容

1. 在窗体上画一个文本框,把该文本框的 MultiLine 属性设置为 True,Scrolls 属性设置为 3,在文本框中输入适当的文本,通过菜单命令控制文本框中字体的外观、名称、大小和颜色。在这个实验中,有 5 个主菜单项,每个主菜单有 2 到 4 个子菜单。

(1) 设计各菜单项的属性(见表 19.4)。

表 19.4　菜单项属性设置

分　　类	标　　题	名　　称	内缩符号
主菜单项 1	输入与退出	ioQuit	无
子菜单项 1	输入信息	Input	1
子菜单项 2	退出	quit	1
主菜单项 2	字体外观	fonFace	无
子菜单项 1	粗体	fonBold	1
子菜单项 2	斜体	fonItalic	1
子菜单项 3	加下划线	fonUnder	1
子菜单项 4	加中划线	fonStri	1
主菜单项 3	字体名称	fonName	无
子菜单项 1	宋体	fonS	1
子菜单项 2	隶书	fonL	1
子菜单项 3	魏碑	fonW	1
子菜单项 4	幼圆	fonY	1
主菜单项 4	字体大小	fonSize	无
子菜单项 1	14	fon14	1
子菜单项 2	20	fon20	1
子菜单项 3	24	fon24	1
子菜单项 4	32	fon32	1
主菜单项 5	字体颜色	fonColor	无
子菜单项 1	红色	fonRed	1
子菜单项 2	蓝色	fonBlue	1
子菜单项 3	黑色	fonBlack	1
子菜单项 4	黄色	fonYellow	1

设计完成后的菜单编辑器如图 19.44 所示，窗体如图 19.45 所示。

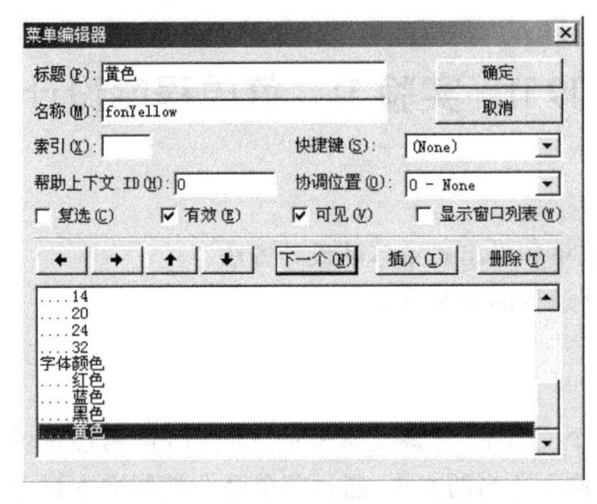

图 19.44　建立下拉式菜单(菜单编辑器)

(2) 编写 Form_Load 事件过程及各菜单命令的代码。

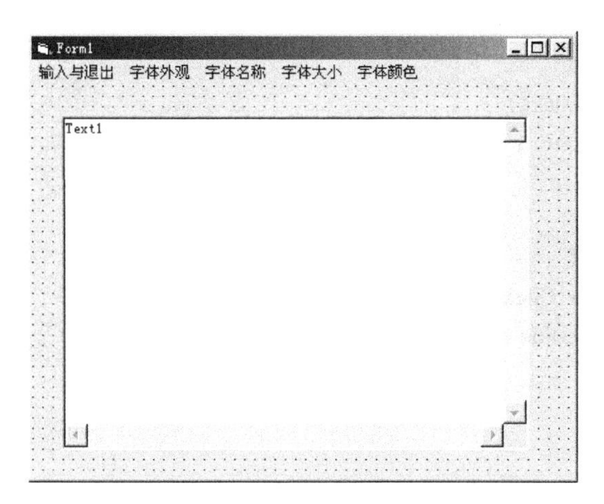

图 19.45　建立下拉式菜单(窗体设计)

```
Private Sub Form_Load()
    cl = Chr(13) + Chr(10)
    msg = "滚滚长江东逝水" & cl
    msg = msg & "浪花淘尽英雄" & cl
    msg = msg & "是非成败转头空" & cl
    msg = msg & "青山依旧在" & cl
    msg = msg & "几度夕阳红"
    Text1.Text = msg
End Sub

' 输入与退出--输入信息
Private Sub Input_Click()
    Text1.Text = ""
    Text1.SetFocus
End Sub

' 输入与退出--退出
Private Sub quit_Click()
    End
End Sub

' 字体外观--粗体
Private Sub fonBold_Click()
    Text1.FontBold = True
End Sub

' 字体外观--斜体
Private Sub fonItalic_Click()
    Text1.FontItalic = True
End Sub
```

```
'字体外观--加中划线
Private Sub fonStri_Click()
    Text1.FontStrikethru = True
End Sub

'字体外观--加下划线
Private Sub fonUnder_Click()
    Text1.FontUnderline = True
End Sub

'字体名称--宋体
Private Sub fonS_Click()
    Text1.FontName = "宋体"
End Sub

'字体名称--隶书
Private Sub fonL_Click()
    Text1.FontName = "隶书"
End Sub

'字体名称--魏碑
Private Sub fonW_Click()
    Text1.FontName = "魏碑"
End Sub

'字体名称--幼圆
Private Sub fonY_Click()
    Text1.FontName = "幼圆"
End Sub

'字体大小--14
Private Sub fon14_Click()
    Text1.FontSize = 14
End Sub

'字体大小--20
Private Sub fon20_Click()
    Text1.FontSize = 20
End Sub

'字体大小--24
Private Sub fon24_Click()
    Text1.FontSize = 24
```

```
End Sub

' 字体大小--32
Private Sub fon32_Click()
    Text1.FontSize = 32
End Sub

' 字体颜色--红色
Private Sub fonRed_Click()
    Text1.ForeColor = vbRed
End Sub

' 字体颜色--蓝色
Private Sub fonBlue_Click()
    Text1.ForeColor = vbBlue
End Sub

' 字体颜色--黑色
Private Sub fonBlack_Click()
    Text1.ForeColor = vbBlack
End Sub

' 字体颜色--黄色
Private Sub fonYellow_Click()
    Text1.ForeColor = vbYellow
End Sub
```

(3) 运行程序,执行菜单命令,对文本框中的文本进行格式化,运行情况如图 19.46 所示。

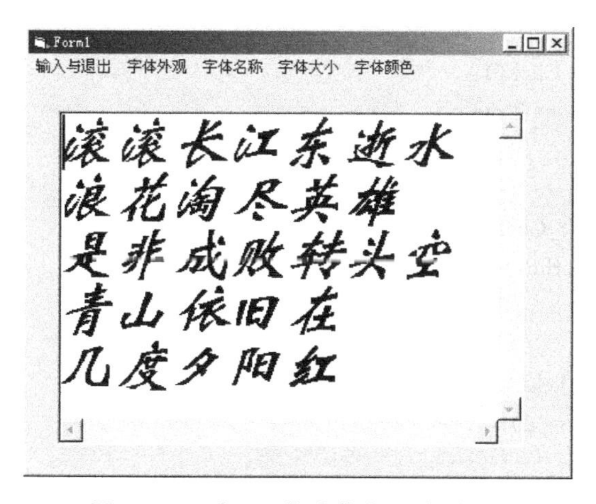

图 19.46　建立下拉式菜单(运行情况)

以上给出了完整的程序提示。请根据以下要求完成实验：

(1) 根据上面的实验描述，自己编写完整的程序，然后与程序提示对照。

(2) 增加1个主菜单项，该菜单项包括4个子菜单，分别为4首诗(或其他文字)的名字。单击某个子菜单命令后，在文本框中显示相应的诗文(或其他文字)内容。

2. 建立一个弹出式菜单，然后在窗体的不同位置显示该菜单。

在一般情况下，弹出式菜单在鼠标光标位置显示弹出式菜单，鼠标光标位于弹出式菜单矩形区域的左上角或右下角。使用 PopupMenu 方法，可以使弹出式菜单出现在窗体的不同地方。下面是程序提示：

(1) 在窗体上画一个文本框，然后画一个框架，在框架中画4个单选按钮，如图19.47所示。

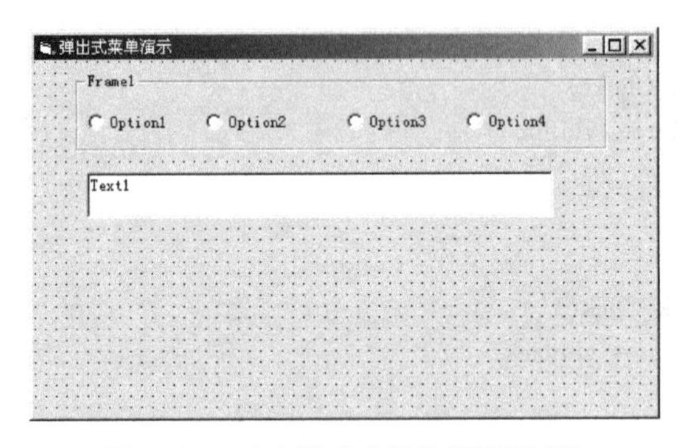

图 19.47　建立弹出式菜单(界面设计)

(2) 建立弹出式菜单。这里使用书中的例子，请参见主教材第11章例11.4。与弹出式菜单命令有关的代码如下：

```
Private Sub popbold_Click()
    Text1.FontBold = True
End Sub

Private Sub popItalic_Click()
    Text1.FontItalic = True
End Sub

Private Sub popUnder_Click()
    Text1.FontUnderline = True
End Sub

Private Sub font20_Click()
    Text1.FontSize = 20
End Sub

Private Sub fontLs_Click()
    Text1.FontName = "隶书"
```

```
End Sub

Private Sub quit_Click()
    End
End Sub
```

(3) 编写与窗体及控件有关的代码。

```
Private Sub Form_Load()
    Frame1. Caption = "选择显示位置"
    Option1. Caption = "靠左显示"
    Option2. Caption = "居中显示"
    Option3. Caption = "靠右显示"
    Option4. Caption = "当前位置显示"
    Text1. Text = "可视化高级程序设计语言"
End Sub

Private Sub Option1_Click()
    PopupMenu popFormat, 0, Me. ScaleLeft, _
            Me. ScaleHeight / 2
    Option1. Value = Not True
End Sub

Private Sub Option2_Click()
    PopupMenu popFormat, 0, Me. ScaleWidth / 3, _
              Me. ScaleHeight / 2
    Option2. Value = Not True
End Sub

Private Sub Option3_Click()
    PopupMenu popFormat, 0, Me. ScaleWidth - 1500, _
            Me. ScaleHeight / 2
    Option3. Value = Not True
End Sub

Private Sub Option4_Click()
    PopupMenu popFormat, 0, Frame1. Width - 1000, _
                 Frame1. Top + Frame1. Height
    Option4. Value = Not True
End Sub
```

在上面的程序中,Form_Load 事件过程用来设置框架和单选按钮的标题属性以及文本框的显示内容。其他 4 个事件过程用 PopupMenu 方法设置弹出式菜单的显示位置,分别为靠左显示、居中显示、靠右显示和在当前位置显示。这里给出的位置不一定准确,可根据窗体的大小调整。

(4) 运行程序,单击不同的单选按钮,可以在窗体的不同部位显示弹出式菜单,执行菜单中的命令,可以对文本框中的文本进行简单格式化。运行情况如图 19.48 所示。

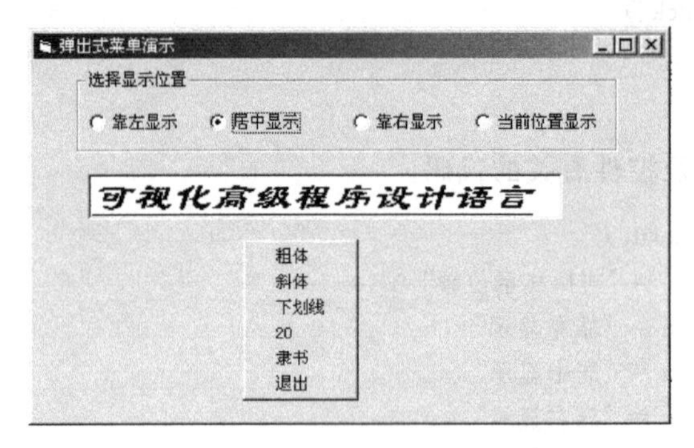

图 19.48 建立弹出式菜单(运行情况)

请完成以上实验,然后对程序进行如下修改:

在窗体上画一个图片框(把文本框删除),并重新建立一个弹出式菜单,该菜单有 5 个子菜单项,其中一个为"退出",用来结束程序运行;其余 4 个子菜单分别为 4 个图形文件的名字。单击某个子菜单命令后,在图片框中显示相应的图形。

19.12 实验 12 对话框程序设计

实验目的

(1) 了解对话框的分类及其特点。

(2) 掌握自定义对话框的设计方法。

(3) 掌握用通用对话框控件设计通用对话框的方法。

实验内容

1. 建立一个自定义对话框。利用该对话框,可以输入一个可执行程序文件名(包括路径),如果文件存在,则执行该程序,并可控制执行程序的窗口类型;如果文件不存在,则输出相应的信息。

程序提示:

按以下步骤操作。

(1) 在窗体上画一个标签、一个文本框和两个框架,在第一个框架中画三个单选按钮,在第二个框架中画两个命令按钮,如图 19.49 所示。

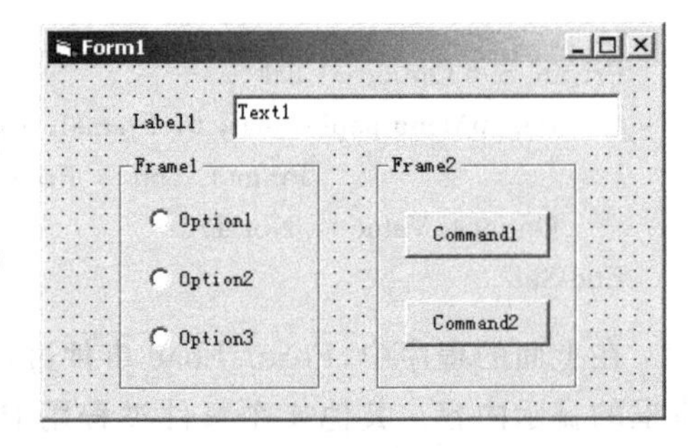

图 19.49 建立自定义对话框(界面设计)

(2) 编写如下事件过程:

```
Private Sub Form_Load()
    Frame1.Caption = "窗口类型"
```

```
    Option1.Caption = "常规"
    Option2.Caption = "最大化"
    Option3.Caption = "最小化"
    Frame2.Caption = "操作"
    Command1.Caption = "执行"
    Command2.Caption = "退出"
    Text1.Text = ""
    Label1.Caption = "文件名："
End Sub

Private Sub Command1_Click()
    On Error GoTo errorHandler
    If Option1 Then x = Shell(Text1.Text, vbNormalFocus)
    If Option2 Then x = Shell(Text1.Text, vbMaximizedFocus)
    If Option3 Then x = Shell(Text1.Text, vbMinimizedFocus)
    Exit Sub
errorHandler:
    MsgBox "文件 " & Text1.Text & " 没有找到，请重新输入", , "出错"
    Resume Next
End Sub

Private Sub Command2_Click()
    End
End Sub
```

运行上面的程序，在文本框中输入要执行的程序的文件名(包括路径)，在第一个框架中选择所需要的窗口类型，然后单击"执行"按钮，即可用指定的窗口类型执行该程序如图 19.50 所示；如果文件不存在，则显示一个信息框，如图 19.51 所示。

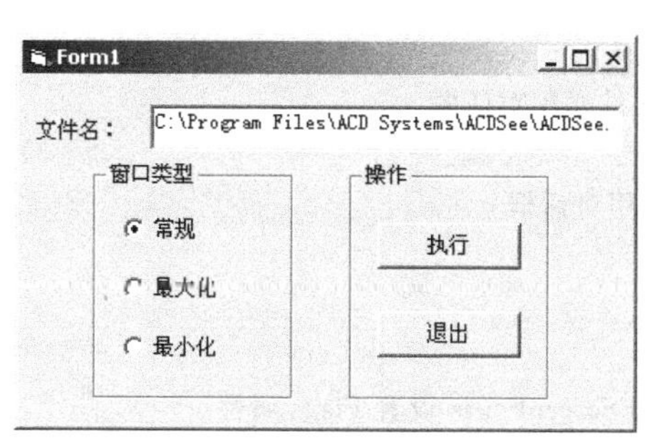

图 19.50 建立自定义对话框(运行情况 1)

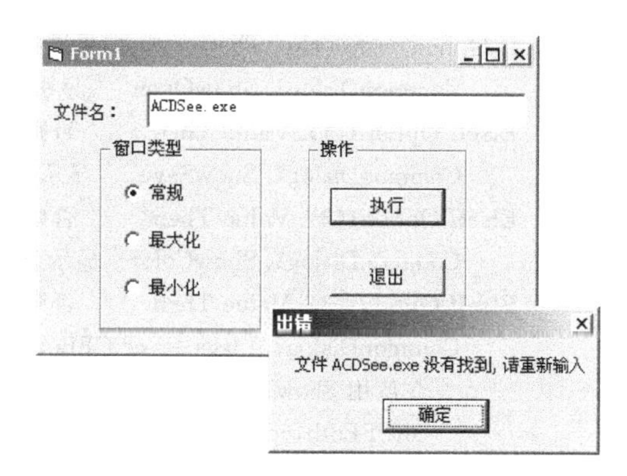

图 19.51 建立自定义对话框(运行情况 2)

2. 编写程序，建立由通用对话框提供的各种对话框。

程序提示：

在窗体上画一个通用对话框控件，再画一个命令按钮和一个单选按钮，并把单选按钮的 Index 属性设置为 0。然后编写如下两个事件过程。

```
Private Sub Form_Load()
    Command1.FontBold = True
    Command1.FontSize = 16
    Command1.Caption = "显示对话框"
End Sub

Private Sub Form_Paint()
    Static FlagFormPainted As Integer
    '当第一次画窗体时
    If FlagFormPainted <> True Then
        For i = 1 To 5
            Load Option1(i) '给数组添加 5 个单选按钮
            Option1(i).Top = Option1(i - 1).Top + 350
            Option1(i).Visible = True
        Next i

        Option1(0).Caption = "打开文件"  '在每个单选按钮上放置标题
        Option1(1).Caption = "保存文件"
        Option1(2).Caption = "颜色"
        Option1(3).Caption = "字体"
        Option1(4).Caption = "打印机"
        Option1(5).Caption = "帮助"
        FlagFormPainted = True
    End If
End Sub

Private Sub Command1_Click()
    If Option1(0).Value Then     '如果选择"打开文件"单选按钮,
        CommonDialog1.ShowOpen  '显示打开文件通用对话框
    ElseIf Option1(1).Value Then     '否则,
        CommonDialog1.ShowSave  '显示保存文件通用对话框
    ElseIf Option1(2).Value Then     '否则,
        CommonDialog1.ShowColor '显示颜色通用对话框
    ElseIf Option1(3).Value Then     '否则,
        CommonDialog1.Flags = cdlCFBoth
         '在使用 ShowFont 方法之前,必须给
         'cdlCFBoth,cdlCFPrinterFonts,或 cdlCFScreenFonts 设置 Flags 属性
        CommonDialog1.ShowFont  '显示字体通用对话框
        ElseIf Option1(4).Value Then     '或
        CommonDialog1.ShowPrinter   '显示打印机通用对话框
    ElseIf Option1(5).Value Then     '或
        CommonDialog1.HelpFile = "VB5.HLP"
        CommonDialog1.HelpCommand = cdlHelpContents
```

```
        CommonDialog1.ShowHelp ' 显示 Visual Basic 帮助目录主题
    End If
End Sub
```

这是一个通用对话框的综合测试程序。在事件过程 Form_Paint()中,通过程序代码建立单选按钮数组,并为每个元素(单选按钮)的 Caption 属性赋值,然后设置命令按钮的字体和 Caption 属性。程序运行后,显示单选按钮数组,分别代表不同的对话框,如果选择一个单选按钮,然后单击命令按钮,则显示相应的对话框。

在 Command1_Click()事件过程中,根据所选择的单选按钮执行相应的操作。例如,选择"打开文件"单选按钮,再单击命令按钮,则显示"打开"对话框;而如果选择"颜色"单选按钮,再单击命令按钮,则打开"颜色"对话框(见图 19.52);等等。

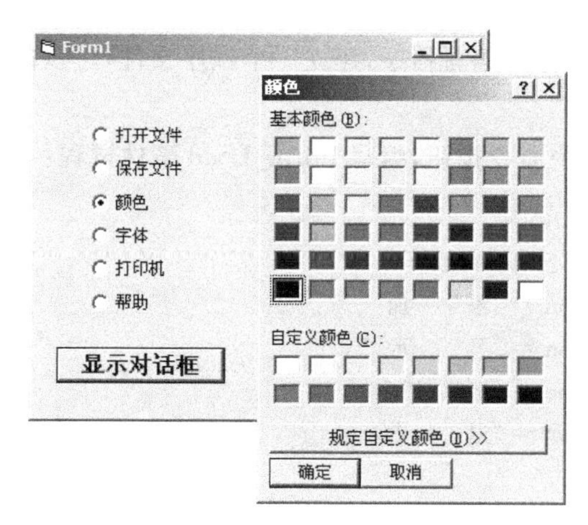

图 19.52　显示通用对话框

19.13　实验 13　多窗体

实验目的

(1) 掌握多窗体程序设计的一般步骤和方法。

(2) 掌握多文档界面(MDI)程序设计的方法。

实验内容

完成主教材习题 13.8,在计算机上编辑、调试、修改,直到能正确运行,然后对程序进行如下修改:

(1) 删除列表窗体,删除封面窗体上的"继续"按钮。其他窗体保持不变。

(2) 在封面窗体上建立一个名为"诗词选读"的菜单,其子菜单项包括:望天门山、送孟浩然之广陵、黄鹤楼、蜀相。当执行某个菜单命令时,在相应的窗体上显示该诗的内容。

(3) 增加两个窗体,每个窗体用来显示一首诗(内容自定),其界面和代码与另外 4 个窗体类似。

19.14 实验 14 数据文件

实验目的

(1) 进一步掌握文件的概念,了解数据在文件中的存储方式。

(2) 掌握顺序文件的读写方法。

(3) 掌握随机文件的读写方法。

(4) 掌握文件系统控件的功能和用法。

实验内容

1. 顺序文件读写操作。编写程序,建立一个顺序文件,可以向文件中添加记录,也可以插入或删除记录。

(1) 在窗体上画 4 个命令按钮,编写 Form_Load 事件过程:

```
Private Sub Form_Load()
    Caption = "顺序文件读写操作"
    Command1.Caption = "添　　加"
    Command2.Caption = "显　　示"
    Command3.Caption = "删除/插入"
    Command4.Caption = "退　　出"
End Sub
```

运行后的初始画面如图 19.53 所示。

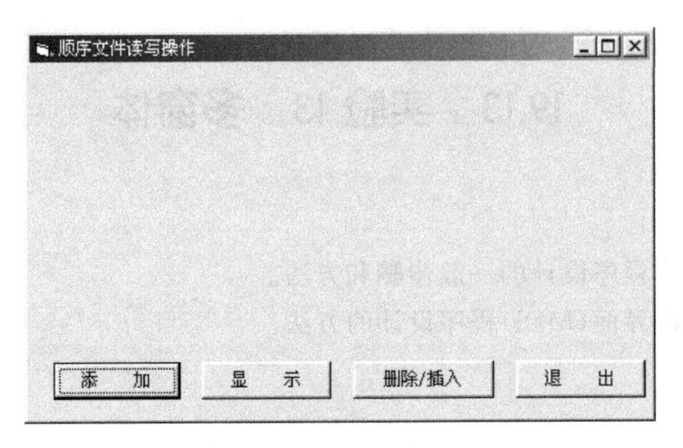

图 19.53　顺序文件读写(初始运行界面)

(2) 要建立的顺序文件用来存放有关"酒"的信息,其结构见表 19.5。

(3) 当单击"添加"命令按钮时,将打开一个文件,其文件号为 #1,我们把它称为 wines.txt,存放在 d:\test 目录下。第一次运行程序时,将建立这个文件,然后向文件输入数据。以后再打开时,则要向文件中添加数据,即把记录添加到文件的末尾。在过程中通过 Do 循环从键盘上输入所需要的"酒"数据,循环一次输入一个记录,并计算出库存总

表 19.5　文件结构

名　称	编　号	库存量	单　价	库存总值
二锅头	1001	248	5.3	
杜康	1002	180	32.5	
五粮液	1005	85	183	
竹叶青	1008	158	73.6	

值，然后写入文件号为＃1(wines. txt)的文件中，当“名称”接收到的字符串为“end”时，表示这一组数据不是有效数据，而是用作终止循环的标志，此行数据不写入文件中，而是直接跳出 Do 循环，关闭文件，事件过程运行结束，一个数据文件就建好了。

(4)“显示”命令按钮用来显示当前文件中的数据。单击该按钮后，将在窗体上输出文件中的全部记录，每个记录一行，分为“名称”、“编号”、“库存量”、“单价”和“库存总值”等几项。

(5) 用“删除/插入”命令按钮可以删除文件中的任一个记录，也可以在文件的任意位置插入一个记录。例如，假定要在文件中插入表 19.6 所列的两个记录，要求按“编号”的顺序插入到文件中(如“1004”插在“1005”之前)，同时删去“五粮液”的记录。插入和删除后的文件名仍为 wines. txt。

表 19.6　要插入的记录

名　称	编　号	库存量	单　价	库存总值
剑南春	1004	200	85	
双　沟	1007	150	72	

在该事件过程中要打开两个文件，即老文件 wines. txt 和临时文件 temp. txt。在 Do 循环中，先从老文件读入一个记录(包括名称，编号，库存量，单价和库存总值五项)，把此记录显示在窗体上(用 Print 方法)，然后询问是否要删除这个记录，并将用户输入的“y”(“Y”)或“n”(“N”)赋予一个变量(例如 flag1 $)，接着询问是否要添加记录，也将用户输入的“y”(“Y”)或“n”(“N”)赋予一个变量(如 flag2 $)。根据对“删除”和“插入”所作的不同回答(“Y”或“N”)，可以有 4 种不同的组合，程序通过 4 个块结构 If 语句来处理这些情况。

第一个块结构 If 语句用来处理“删除记录但不插入记录”的情况。在这种情况下，不把读出的记录写到 temp 文件中，原来要删除的记录在临时文件中不存在，意味着已删除此记录，删除后显示相应的信息。

第二个块结构 If 语句用来处理“既删除当前记录又插入一个新记录”的情况。在这种情况下，不把读出的记录写到 temp. txt 文件中，意味着已删除此记录，同时从键盘上输入要插入的记录，计算其库存总值，然后写到 temp. txt 文件中去。

第三个块结构 If 语句用来处理“不删除记录但要插入记录”的情况。在这种情况下，先从键盘上输入要插入的记录，计算出库存总值，然后写入 temp. txt 文件中，同时把从 wines. txt 中读入的记录写到 temp. txt 文件中。

第四个块结构 If 语句处理“既不删除记录也不插入记录”的情况。在这种情况下，只要将从 wines. txt 中读入的记录写到 temp. txt 文件中即可。

例如，为了插入上面所给出的两个记录，根据题目要求，在读入货号为 1001 和 1002 两个记录时，它应属于第四种情况（因为要插入的记录的“编号”为 1004），将它们写入 temp. txt 文件中，第三个记录的“编号”为 1005，题目要求删去“编号”为 1005 的记录，同时还要插入货号为 1004 的记录，属于第二种情况，将插入的记录从键盘接收，然后写入到 temp. txt 文件中。接着读出“编号”为 1008 的记录，因为“编号”为 1007 的记录应排在 1008 之前，所以这时应属于第三种情况，从键盘接收要插入的记录并写到 temp. txt 中，然后把从 wines. txt 中读出的货号为 1008 的记录也写到 temp. txt 中。当全部记录处理完后，关闭两个文件，删去老文件 wines. txt，将临时文件 temp. txt 重新命名为 wines. txt。

(6) “退出”按钮用来结果程序的运行。

程序的执行情况如下：

(1) 单击“添加”按钮，根据提示输入 4 个记录，然后单击“显示”按钮，结果如图 19.54 所示。

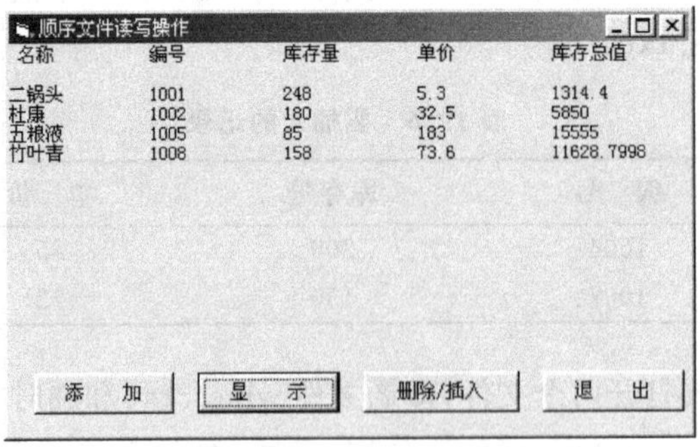

顺序文件读写操作

名称	编号	库存量	单价	库存总值
二锅头	1001	248	5.3	1314.4
杜康	1002	180	32.5	5850
五粮液	1005	85	183	15555
竹叶青	1008	158	73.6	11628.7998

添 加　显 示　删除/插入　退 出

图 19.54　顺序文件读写(运行情况 1)

(2) 单击“删除/插入”按钮，删除“五粮液”，按“编号”顺序插入“剑南春”和“双沟”，然后单击“显示”，结果如图 19.55 所示。

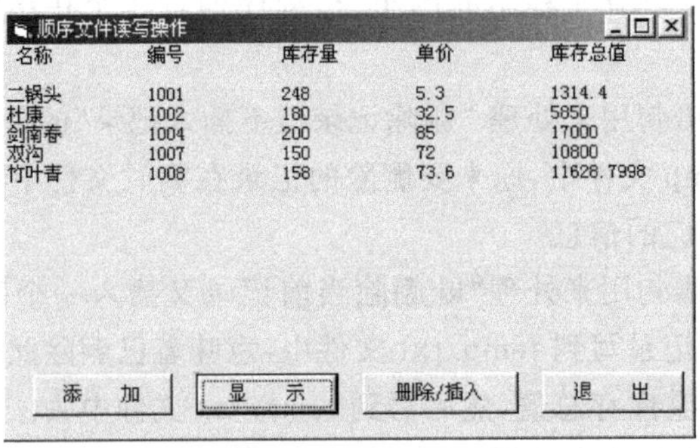

顺序文件读写操作

名称	编号	库存量	单价	库存总值
二锅头	1001	248	5.3	1314.4
杜康	1002	180	32.5	5850
剑南春	1004	200	85	17000
双沟	1007	150	72	10800
竹叶青	1008	158	73.6	11628.7998

添 加　显 示　删除/插入　退 出

图 19.55　顺序文件读写(运行情况 2)

“删除/插入”事件过程的执行情况如图 19.56 所示。

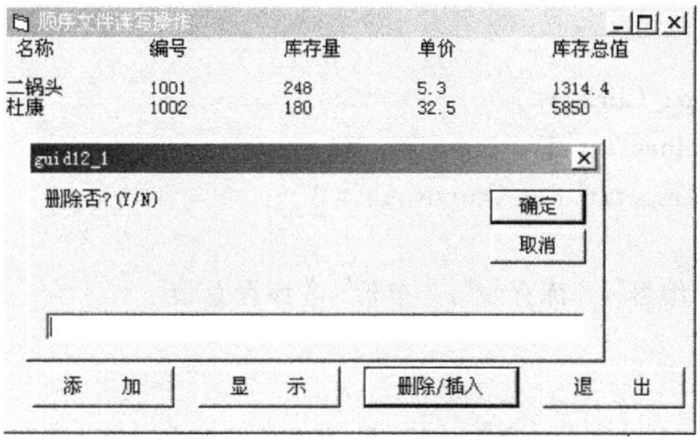

图 19.56　顺序文件读写(运行情况 3)

以上是该实验的操作描述和运行情况，请读者自己完成该实验。

程序提示：

```
Dim AlcoName As String
Dim Num As Integer
Dim Stock As Integer
Dim Price As Single
Dim Total As Currency

Private Sub Command1_Click()
    Open "d:\test\wines.txt", For Append As #1
    Do
        AlcoName = InputBox("请输入酒的名称")
        If UCase$(AlcoName) = "END" Then Exit Do
        Num = InputBox("请输入酒的编号")
        Stock = InputBox("请输入酒的库存量")
        Price = InputBox("请输入酒的单价")
        Total = Price * Stock
        Write #1, AlcoName, Num, Stock, Price, Total
    Loop
    Close #1
End Sub

Private Sub Command2_Click()
    Open "d:\test\wines.txt" For Input As #1
    Cls
    Print "名称", "编号", "库存量", "单价", "库存总值"
    Print
    Do While Not EOF(1)
        Input #1, AlcoName, Num, Stock, Price, Total
        Print AlcoName, Num, Stock, Price, Total
    Loop
    Close #1
```

```
End Sub

Private Sub Command3_Click()
    Open "d:\test\wines.txt" For Input As #1
    Open "d:\test\temp.txt" For Output As #2
    Cls
    Print "名称", "编号", "库存量", "单价", "库存总值"
    Print
    Do Until EOF(1)
        Input #1, AlcoName, Num, Stock, Price, Total
        Print AlcoName, Num, Stock, Price, Total
        flag1 = InputBox("删除否?(Y/N)")
        flag2 = InputBox("插入吗?(Y/N)")
        If UCase$(flag1) = "Y" And UCase$(flag2) = "N" Then
            MsgBox "该记录已删除!"
        End If
        If UCase$(flag1) = "Y" And UCase$(flag2) = "Y" Then
            n$ = InputBox("请输入酒的名称")
            id = InputBox("请输入酒的编号")
            id = Val(id)
            t = InputBox("请输入酒的库存量")
            t = Val(t)
            p = InputBox("请输入酒的单价")
            p = Val(p)
            s = p * t
            Write #2, n$, id, t, p, s
        End If
        If UCase$(flag1) = "N" And UCase$(flag2) = "Y" Then
            n$ = InputBox("请输入酒的名称")
            id = InputBox("请输入酒的编号")
            id = Val(id)
            t = InputBox("请输入酒的库存量")
            t = Val(t)
            p = InputBox("请输入酒的单价")
            p = Val(p)
            s = p * t
            Write #2, n$, id, t, p, s
            Write #2, AlcoName, Num, Stock, Price, Total
        End If
        If UCase$(flag1) = "N" And UCase$(flag2) = "N" Then
            Write #2, AlcoName, Num, Stock, Price, Total
        End If
    Loop
    Close #1
```

```
    Close #2
    Kill "d:\test\wines.txt"
    Name "d:\test\temp.txt" As "d:\test\wines.txt"
End Sub

Private Sub Command4_Click()
    End
End Sub

Private Sub Form_Load()
    Caption = "顺序文件读写操作"
    Command1.Caption = "添    加"
    Command2.Caption = "显    示"
    Command3.Caption = "删除/插入"
    Command4.Caption = "退    出"
End Sub
```

注意，在当前的程序中，当执行“删除/插入”操作时，必须对每个输入对话框回答“Y”或“N”，不要单击“取消”按钮，否则有可能删除不应该删除的记录。

2. 建立一个通信录文件，用来保存和增加、查找、删除记录。每个记录包括姓名、电话、邮政编码和通信地址等 4 个字段。程序运行后，可以在界面上增加新记录、显示前一个或后一个记录以及查找、删除指定的记录。建立和处理的文件为随机文件。

下面给出程序的初始界面和执行过程：

(1) 该程序的窗体包括 4 个文本框、6 个标签和一个菜单项，菜单项有 6 个菜单命令，如图 19.57 所示。

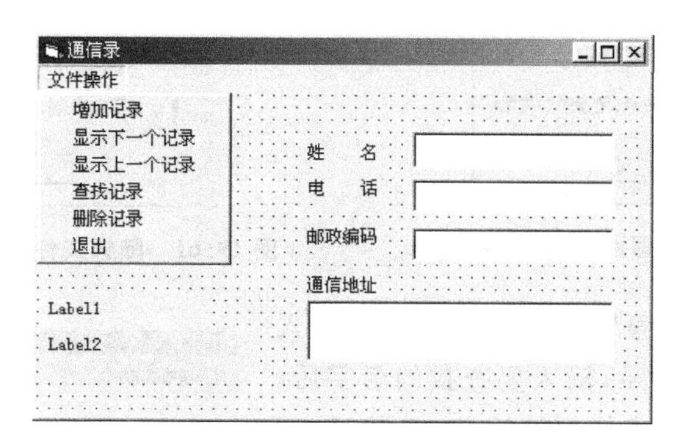

图 19.57　随机文件读写操作(界面设计)

(2) 程序运行后，初始界面如图 19.58 所示。

(3) 执行“文件操作”菜单中的“增加记录”命令后，将自动增加一个待输入的记录，如图 19.59 所示，由原来的 4 个记录变为 5 个记录，此时可以在文本框中输入所需要的信息。

(4) 执行“显示下一个记录”命令，将显示当前记录的下一个记录。如果当前记录是最后一个记录，则显示相应的信息，如图 19.60 所示。

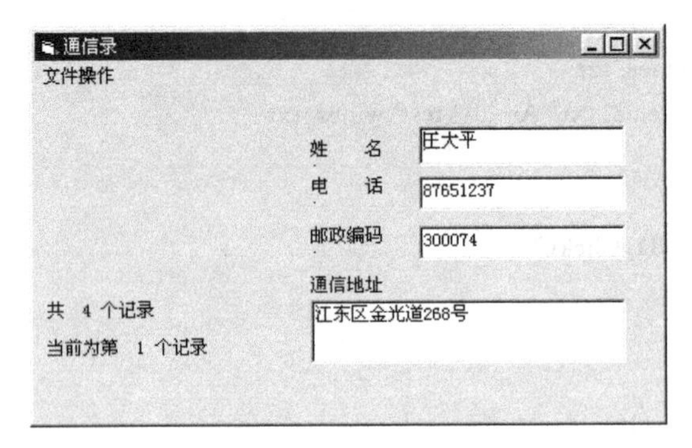

图 19.58 随机文件读写操作(运行情况 1)

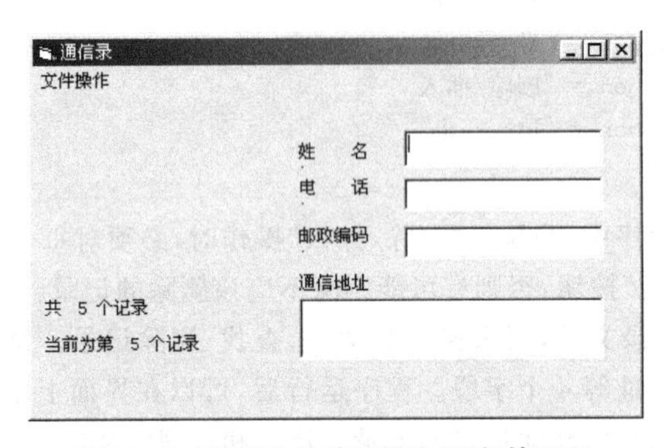

图 19.59 随机文件读写操作(运行情况 2)

(5) 执行"显示上一个记录"命令,将显示当前记录的前一个记录。如果当前记录是第一个记录,则显示相应的信息,如图 19.61 所示。

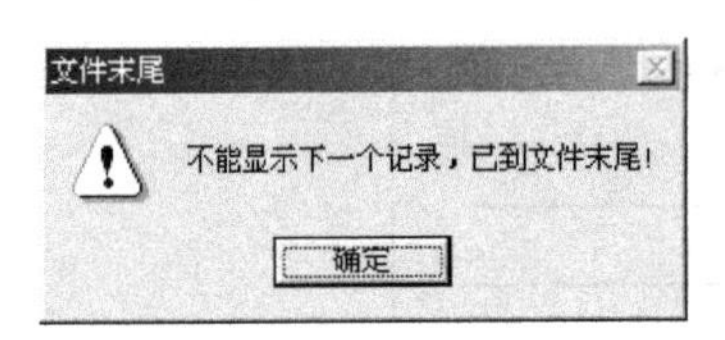

图 19.60 随机文件读写操作(运行情况 3)

图 19.61 随机文件读写操作(运行情况 4)

(6) 执行"查找记录"命令,将显示一个输入对话框,如图 19.62 所示,输入要查找的名字后,单击"确定"按钮,显示查找到的记录,如图 19.63 所示。如果要查找的记录不存在,则显示相应的信息,如图 19.64 所示。

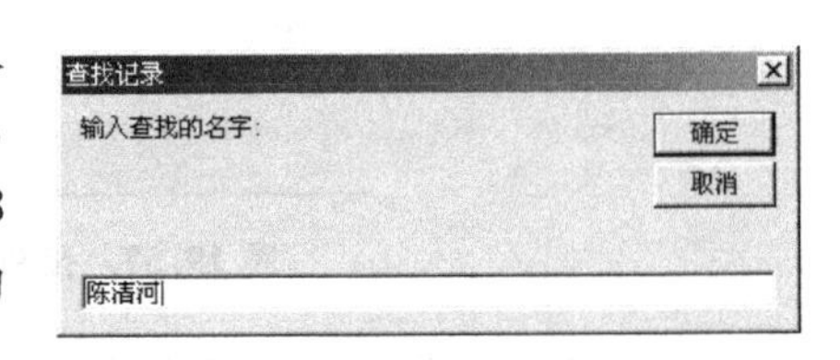

图 19.62 输入要查找的名字

(7) 执行"删除记录"命令,将显示一个对话框,如图 19.65 所示。如果单击"是"按钮,则删除当前记录,如果单击"否"按钮,则不删除。

(8) 执行"退出"命令,将保存当前文件,退出程序。

以上是程序的设计界面和执行过程。请根据这些描述编写程序,实现所有操作。这

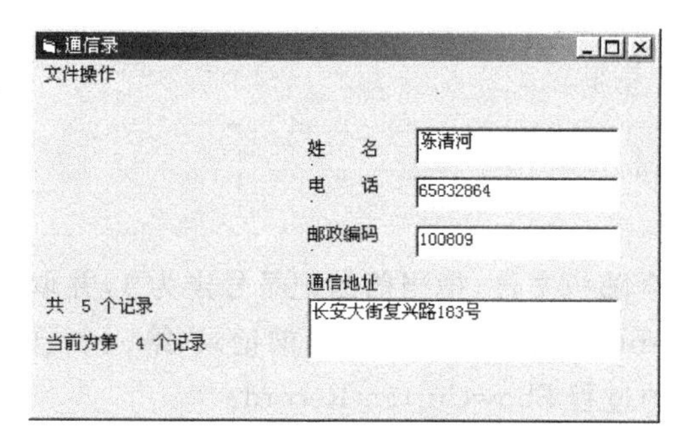

图 19.63　查找记录(找到)

图 19.64　查找记录(未找到)

图 19.65　删除确认

里给出部分程序提示。

(1) 记录类型定义:

```
Type PersonInfo
    Name As String * 40
    Phone As String * 40
    zip As String * 40
    address As String * 200
End Type
```

该记录包括 4 个字段,分别用来存放姓名、电话、邮政编码和通信地址,均为定长字符串类型,这里给出的长度可能大了些,可根据实际情况设置。但是应注意,每个字段的长度一旦确定,就不要再改变。

(2) 在窗体层定义有关的变量:

```
Dim person As PersonInfo          ' 记录类型变量
Dim filenum As Integer            ' 文件号
Dim recordLen As Long             ' 记录长度
Dim CurrentRecord As Long         ' 当前记录号
Dim lastRecord As Long            ' 最后记录号
```

(3) Form_Load 事件过程:

```
Private Sub Form_Load()
    recordLen = Len(person)
    filenum = FreeFile
    Open "personinfo.DAT" For Random As filenum Len = recordLen
    CurrentRecord = 1
    lastRecord = FileLen("personinfo.dat") / recordLen
```

```
    If lastRecord = 0 Then
        lastRecord = 1
    End If
    ShowCurrentRecord
End Sub
```

该过程用来打开一个随机文件，把当前的记录号定为1，并取得最后一个记录的记录号，然后调用 ShowCurrentRecord 过程，显示当前记录(第一个记录)。

(4) 显示当前记录的过程 ShowCurrentRecord：

```
Sub ShowCurrentRecord()
    Get #filenum, CurrentRecord, person
    txtname.Text = Trim(person.Name)
    txtphone.Text = Trim(person.Phone)
    txtzip.Text = Trim(person.zip)
    txtaddress.Text = Trim(person.address)
    Label1.Caption = "共 " & Str(lastRecord) & " 个记录"
    Label2.Caption = "当前为第 " & Str(CurrentRecord) & " 个记录"
End Sub
```

该过程用 Get #语句得到文件中的当前记录，并在各文本框中显示相应的字段，然后在两个标签中分别显示文件中的记录总数和当前的记录号。程序中使用了 Trim 函数，用来去掉字段字符串中的空白。

(5) 保存当前记录的过程 SaveCurrentRecord：

```
Sub SaveCurrentRecord()
    person.Name = txtname.Text
    person.Phone = txtphone.Text
    person.zip = txtzip.Text
    person.address = txtaddress.Text
    Put #filenum, CurrentRecord, person
End Sub
```

该过程用 Put #语句把当前记录写入文件。

请读者编写其他程序代码，实现6个菜单命令的操作。

3. 用文件系统控件编写一个程序，用该程序可以显示计算机磁盘上任意一个文件的大小。

请按以下要求设计和编写程序：

(1) 程序的设计界面如图19.66所示。

该界面包括一个驱动器列表框、一个目录列表框、一个文件列表框、一个组合框和两个命令按钮，此外还有5个标签。组合框中要求列出3种文件类型，如图19.67所示。

(2) 程序运行后，可以在界面上选择磁盘上的任何文件，单击"确认"按钮后，在信息框中显示该文件的大小，如图19.68所示。

请根据以上描述完成实验。

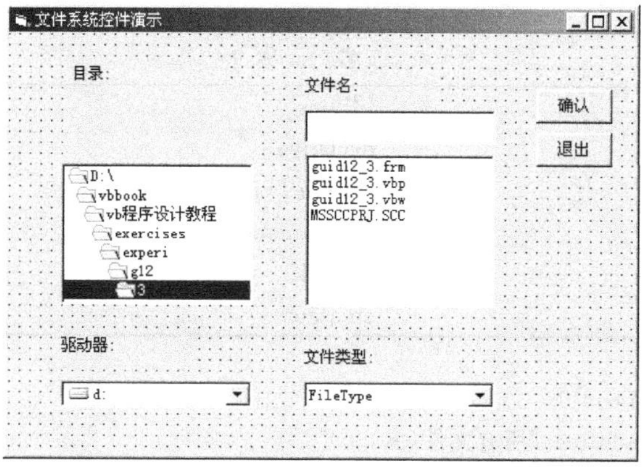

图 19.66　文件系统控件实验(界面设计)

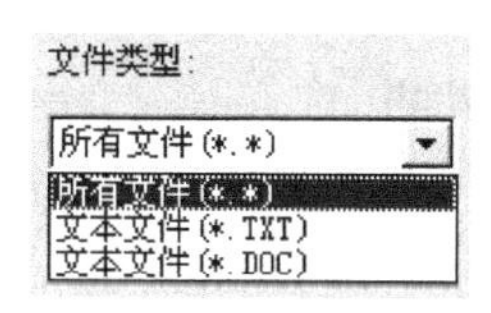

图 19.67　文件类型

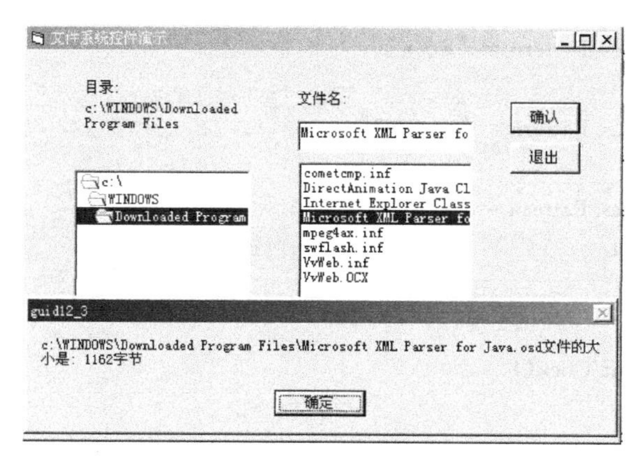

图 19.68　文件系统控件实验(运行情况)

程序提示：

程序中各控件的名称和标题见表 19.7。

表 19.7　控件名称和标题

控　　件	名　　称	标　　题
标签 1	lblDir	目录:
标签 2	lblFilename	文件名:
标签 3	lblDrive	驱动器:
标签 4	lblFiletype	文件类型:
目录列表框	dirDir	

续表

控　　件	名　　称	标　　题
文件列表框	filFiles	
驱动器列表框	drvDrive	
组合框	cboFileType	
文本框	txtFilename	
命令按钮 1	cmdOK	
命令按钮 2	cmdQuit	

```
Private Sub Form_Load()
    cboFileType. AddItem "所有文件( * . * )"
    cboFileType. AddItem "文本文件( * . TXT)"
    cboFileType. AddItem "文本文件( * . DOC)"
    cboFileType. ListIndex = 0
    lblDirname. Caption = dirDir. Path
End Sub

Private Sub cboFiletype_Click()
    Select Case cboFileType. ListIndex
        Case 0
            filFiles. Pattern = " * . * "
        Case 1
            filFiles. Pattern = " * . TXT"
        Case 2
            filFiles. Pattern = " * . DOC"
        End Select
End Sub

Private Sub cmdQuit_Click()
    Unload Me
End Sub

Private Sub cmdOK_Click()
    Dim Path_name As String
    Dim Filesize As String
    Dim Path
    If txtFilename. Text = "" Then
        MsgBox "必须选择一个文件!"
        Exit Sub
    End If
    If Right$ (filFiles. Path, 1) <> "\" Then
        Path = filFiles. Path + "\"
    Else
```

```
        Path = filFiles.Path
    End If
    If txtFilename.Text = filFiles.FileName Then
        Path_name = Path + filFiles.FileName
    Else
        Path_name = txtFilename
    End If
    On Error GoTo FileLenError
    Filesize = Str$(FileLen(Path_name))
    MsgBox Path_name + "文件的大小是:" + Filesize + "字节"
    Exit Sub
FileLenError:
    MsgBox Path_name + "文件未找到", 48, "Error"
    Exit Sub
End Sub

Private Sub dirDir_Change()
    filFiles.Path = dirDir.Path
    lblDirname.Caption = dirDir.Path
End Sub

Private Sub drvDrive_Change()
        On Error GoTo DriveError
        dirDir.Path = drvDrive.Drive
DriveError:
    drvDrive.Drive = dirDir.Path
End Sub

Private Sub filFiles_Click()
    txtFilename.Text = filFiles.FileName
End Sub

Private Sub filFiles_DblClick()
    txtFilename = filFiles.FileName
    cmdOK_Click
End Sub
```

新世纪计算机基础教育丛书书目

Access 基础与应用(第二版)
Access 2000 基础与应用题解及实验指导
Access 应用系统开发教程
Access 应用系统开发题解与实验指导
C 程序设计(第三版)
C 程序设计题解与上机指导(第三版)
C 程序设计试题汇编(第二版)
Delphi 程序设计(第二版)(Delphi 2005)
FORTRAN 语言——FORTRAN 77 结构化程序设计
FORTRAN 77 程序设计上机指导
FORTRAN 77 程序设计试题汇编
FORTRAN 77 结构化程序设计题解
FoxPro 及其应用系统开发
FoxPro 及其应用系统开发题解
Internet 基础(第三版)
Java 程序设计(第二版)
Java 程序设计题解与上机指导(第二版)
Visual Basic 程序设计教程(第三版)
Visual Basic 程序设计教程题解与上机指导(第三版)
Visual Basic 程序设计简明教程
Visual Basic 程序设计简明教程题解与实验指导
Visual Basic 程序设计试题汇编
Visual FoxPro 及其应用系统开发(第二版)
Visual FoxPro 及其应用系统开发题解(第二版)
Visual FoxPro 及其应用系统开发(简明版)
Visual FoxPro 及其应用系统开发(简明版)题解与实验指导
大学文科计算机教程(第一分册)计算机基础知识与操作平台
大学文科计算机教程(第二分册)计算机办公软件
大学文科计算机教程(第三分册)计算机网络应用基础
电子商务基础教程(第二版)
计算机公共基础(Windows 98 环境)
计算机公共基础(第四版)(Windows 98, Office 2000)
计算机公共基础习题与实验指导(Windows 98 环境)
计算机公共基础实验指导(Windows 98, Office 2000)
计算机公共基础(第五版)(Windows 2000, Office 2000)
计算机公共基础实验指导(Windows 2000, Office 2000)
大学计算机基础(第六版)(Windows XP, Office 2003)
计算机软件技术基础(第二版)
计算机软件技术基础习题解答(第二版)
计算机图形技术与 CAD
计算机网络应用技术教程(第三版)
计算机网络应用技术教程题解与实验指导(第二版)
计算机网络与多媒体应用基础
实用数据结构
实用数据结构题解
实用数据结构(C++ 描述)(第二版)
实用数据结构习题解答(C++ 描述)(第二版)
网页制作实用技术——FrontPage 2000(第三版)
网页制作实用教程
微型计算机原理及应用(第三版)
微型计算机原理及应用实验指导(第二版)